NF文庫
ノンフィクション

新装版

大砲と海戦

前装式カノン砲からOTOメララ砲まで

大内建二

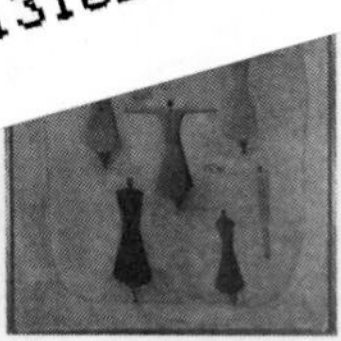

潮書房光人新社

まえがき

船に大砲が積み込まれ戦闘に使われ出したのはいつの頃からか。という問題は案外に難しいテーマなのである。実は陸上で大砲が使われ出したのがいつ頃なのか、という問題も本当のところははっきりと解明されていないのである。

火薬の発明は紀元前のことであることはほぼ解明されているが、この火薬がいつの頃から飛び道具の媒体として使われ出したのか、というテーマも実のところは今一つ明快な答えが出ていないのが実情なのである。ただ初歩的な鉄砲のように「出現したのは多分この時代頃ではなかろうか」という推定はされている。

つまり鉄砲にしろ、大砲にしろその出現の時期を正確に証拠立てる文献が見つけだされていないのである。確かに大砲についてはその姿を紹介した文献は存在する。しかしその姿はその大砲が出現してからかなり後の時代と考えられるものなのである。

火薬が飛び道具武器の媒体として戦いに使用された世界で最も古い文献上の記録は、十三世紀に中国の元軍が日本に来襲した時に使われた「鉄炮《てつほう》」である。この鉄炮とは残されている当時の図からも、火薬を容器に詰めて時限爆発させる一種の投擲武器であったと想像されている。

しかしこの鉄炮なるものが出現してから大砲や、より小型のハンドガン等の武器が文献上に現われるまでにはおよそ百五十年という長い時間がかかっている。ただ十五世紀に入る頃にはそれまでの最強の武器であった投石器の代わりに、火薬の爆発力を利用し、より大きな石をより遠くに飛ばす初期の大砲が出現してくるのである。そしてこの投石大砲が出現するとその後の大砲の発達は急速になるのである。

直径十センチほどに丸く整形した花崗岩や鍛造した鉄の弾丸を、最大射程数百メートルまで飛ばせる大砲が出現するまでにはさほどの時間はかからなかった。そしてこのタイプの陸戦用の大砲が出現すると、これらはたちまち船の強力な武器として乗せられ、艦載砲として海戦に使われ出したのである。それは十五世紀頃のことであった。

これらの初期型の艦載砲は海賊行為を有利に展開するための手段として使われ、一方ではこれら海賊船撃退用の武器として商船に搭載されるようになったのである。そしてこの大砲を搭載した商船はより強力な武装商船となり、そして軍艦へと発展していったのである。

船に搭載される大砲は原理的にも構造的にも陸上で使われる大砲と何ら変わるところはない。ただ船上という特殊な環境の中での取り扱いに適した形に型を変え、船という目標を破壊しやすい取り扱い上の工夫が様々に凝らされるようになった。そして艦載砲の歴史の中でも十八世紀から十九世紀という時代は、艦載砲の発展途上で最も変化に富んだ時代となったのである。

一方、砲を船に搭載することにより船自体にも大きな変化がもたらされることになった。つまり敵が搭載する大砲の攻撃から自船を護るための工夫、つまりは装甲という考え方の発展である。

特に近代的な後装式大砲が急速に発達を始めた一八六〇年頃からは、艦載砲の弾丸の破壊力は急速に向上し、弾丸にはいかに厚い装甲でも貫通する能力を持たせることに努力が払われる一方、いかに貫通されない装甲を造り出すか、という相矛盾する目的に対する技術開発が進められることになったのである。つまり大砲の発達は近代の「矛」と「盾」の「矛盾」の競争の時代に嫌でも突入することになったのである。この問題は砲の巨大化の限界と装甲強化による船の重量の増加という問題を抱えることになり、結局はどちらにも軍配の上がらない勝負のまま終焉を迎えることになるのである。

もう一つ艦載砲の大きな問題点はその命中率にあった。初期の射程の短い大砲では命中率にはさほどの努力を払う必要はなかった。しかし大砲の発達により射程が伸びると、ことは簡単には済まされなくなってくるのである。射程の伸遠とともに当然のことながら命中率は低下する。揺れる船から発射される弾丸を正確に目標に命中させることは簡単ではない。結局、艦載砲の歴史は命中率の向上に対して効果的な答えを出せないまま、艦載砲の歴史は終焉を迎えることになった。正確な命中率を求める武器としてミサイルが出現したことが大型艦載砲の時代を終わらせることになったのである。

船で使われる大砲の歴史はおよそ五百年になるが、その発達の過程で見られる様々な試行錯誤あるいは新しい「矛盾」の問題には、極めて興味深い問題が介在し艦載砲の歴史により大きな興味を抱かせることになる。

この書によって船と大砲の関係、またその活躍の姿について少しでも知っていただければ幸甚であります。

大砲と海戦——目次

第4章　海戦史に残る大海戦の実際

海上自衛隊むらさめ型搭載の76ミリOTOメララ砲

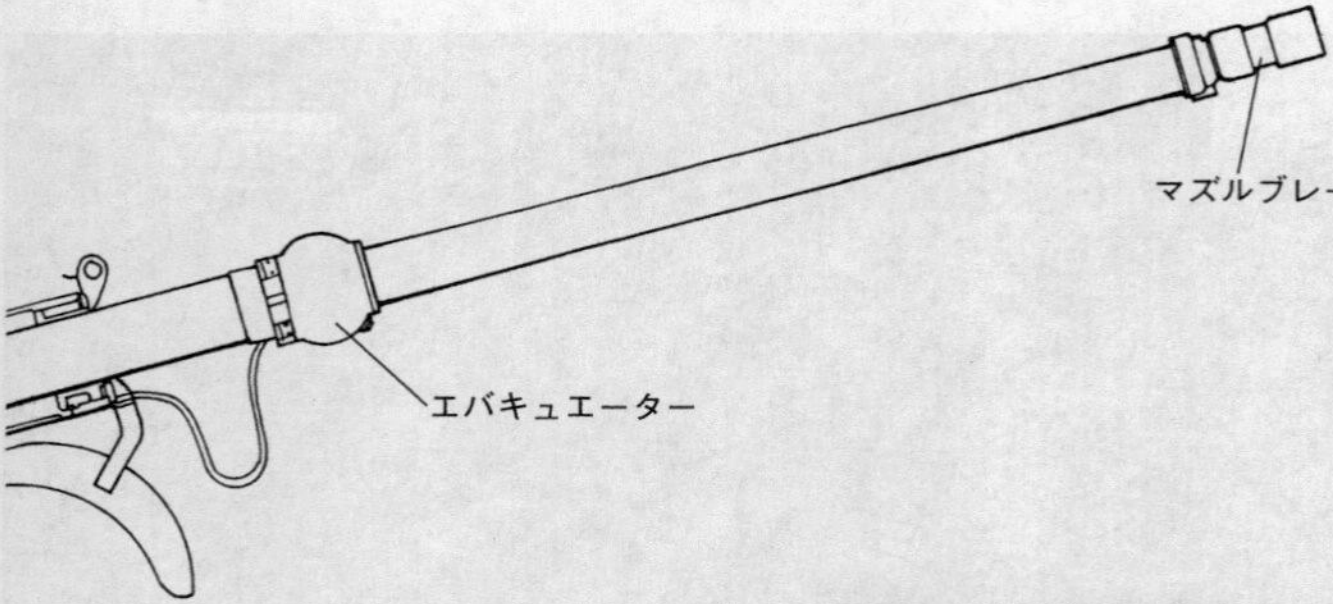

OTOメララ砲解剖図

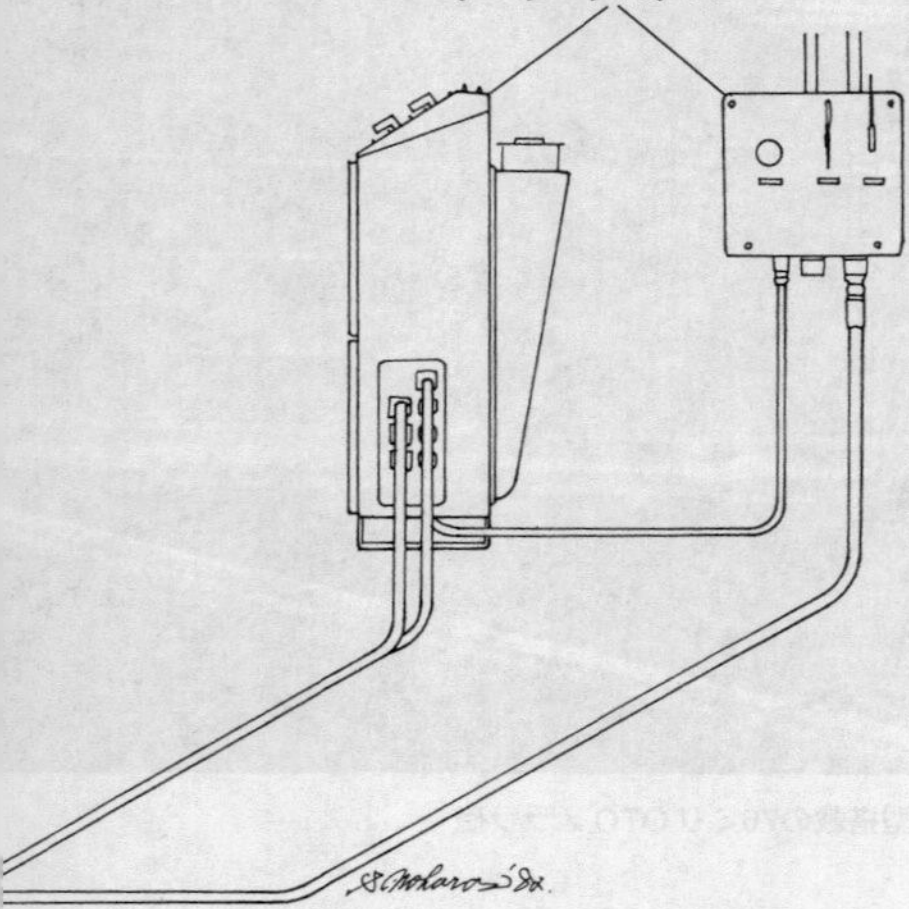

作図／野原茂

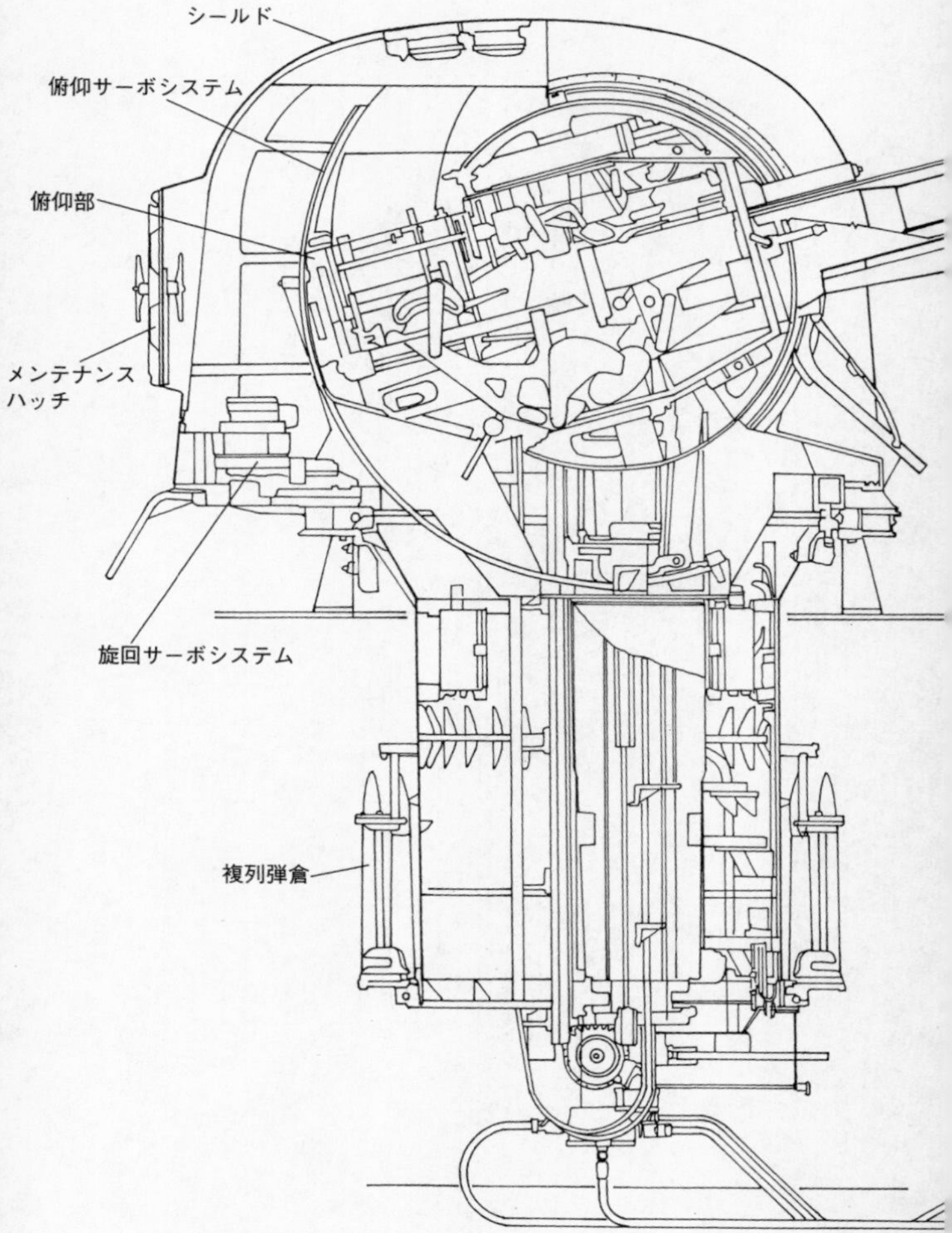
シールド
俯仰サーボシステム
俯仰部
メンテナンス
ハッチ
旋回サーボシステム
複列弾倉

大砲と海戦

前装式カノン砲からOTOメララ砲まで

第1章　火薬と大砲の誕生

その後の世界史に大変革をもたらした歴史上の三大発明は、火薬、羅針盤、活版印刷とされている。そしてこの三つの発明がいずれも古代中国で行なわれていたことは、現在では世の全ての歴史家が認めていることなのである。

この中で火薬が古代中国のいつ頃の時代に発明されたのかという謎解きについては、現在ではかなり明らかになっている。火薬の発明は戦争の産物ではなく、不老不死や霊薬を求めた当時の錬金術師たちの数限りない妙薬の調合や配合にあるとされている。つまりその中で偶然にできあがったものが火薬であったとする説が、現在では火薬起源説となっている。その時代は紀元前二百二十年頃とされているが、事の起こりは秦時代の始皇帝が不老不死の妙薬を煉丹術師たちに求めたことに始まるとされ、彼らはそのような妙薬が実在するものと信じ苦心の研究を続けたが、その中である煉丹術師が硫黄と木炭と硝石をある一定の割合で調合すると、突然に猛烈な爆発を起こすことを発見したのである。

この突然の発明の産物がその後どのような用途に使われたのか詳細は不明の部分が多いが、時代が下り中国の隋（紀元五八一年〜六一八年）や唐（紀元六一八年〜九〇七年）の時代に入ると、当時の古文書の中に「火薬」や「花火」という言葉の記載が散見されるようになるのである。

当時「火薬」は兵器の一つの要素ではなく、民衆の娯楽の中に溶け込み「花火」等として楽しまれていたらしいのだ。勿論この長い時間の経過の間には火薬の主原料である硝石も精錬方法が研究され、北宋時代（紀元九六〇年〜一一二六年）には火薬が兵器として応用され始めていたのである。つまり火薬の発明から兵器として使われるまでにはおよそ千年の時代が過ぎ去っていたことになる。ただこの千年という時間の間火薬が真実、兵器として使われなかったのか、大きな疑問が残されるところで、今後の研究を待たねばならないのだ。

北宋・南宋時代がフビライの台頭により元時代（紀元一二七一年〜一三六八年）となった時、世界史の上にはっきりと火薬が兵器として登場してくるのである。その明らかな証拠が日本への元寇の来襲の時の記録である。

鎌倉時代の日本史上の大事件、文永の役（一二七四年）と弘安の役（一二八一年）で、元と高麗の軍勢が突如北九州に来襲した時、この事件を記載した当時の日本側の記録に、元軍と高麗連合軍が上陸後、弓矢ばかりでなく「鉄炮《てつほう》」という空中で爆発する武器を使用している事が記載され、またその様子を描いた絵が残されているが、この絵については当時描かれたものではなく後の時代＝江戸時代＝に描かれたとする説もある。ただいずれにしても何らかの物証をもとに描いたものであろうし、当時の文章記録がある以上、この爆発物が使われたことが事実であることに間違いはないようである。

この「鉄炮」とは、球形の鉄あるいは陶器のような容器に火薬を詰め、その大きさからこれを相手に向かって投石機のようなもので投擲するが、あらかじめ火縄等に点火し爆発寸前に相手に向かって投げつけたものと想像されるのである。つまり極めて原始的な手榴弾であったらしいのだが、完全に火薬を使った武器である。

この「鉄炮」の記録は、世界史の上でも火薬兵器の存在を初めて記録したものとして極めて貴重なものなのである。ただ同じ頃には火箭《かせん》や火槍等、火薬を使ったと思われる個人携帯の兵器の存在も確認されている。つまり「鉄炮」は火箭や火槍よりも格段に優れた「砲弾」の元祖といえるものなのである。ちなみに火箭とは矢の先端に導火線を取り付けた火薬の包みを取り付け、導火線に点火後に弓で射るものである。火薬の仕掛けられた矢は敵に達した時に爆発を起こすように工夫されていたものなのだ。また火槍とは小規模な打ち上げ花火のような火薬の小さな包みを柄の長い槍の先に取り付け、これに導火線を取り付け敵陣に攻め込むときに花火を発射しながら進む、というものである。この火槍については日本でも中国から技術を導入し、室町時代の後期（一四八〇年代）に合戦で使われたという記録がある。

中国で発明された火薬は西暦八〇〇年前後にシルクロードを通り、中国から中東さらにヨーロッパ方面に伝わったとされている。ただヨーロッパにおける火薬の歴史はまだ不明な部分が多く、いつ頃火薬が武器として使われ出したかは諸説がある。ただヨーロッパや中東方面で火薬が兵器として使われ出したのは、中国とほぼ同じ頃の西暦一二〇〇年代とされている。

ただヨーロッパや中東における火薬の歴史については、中国からの伝播説とは別に西暦六〇〇年頃にギリシャで天然の硝石に硫黄と油を混ぜると爆発を起こすという事実を発見し、これがヨーロッパと中東における火薬の紀元だとする説も存在する。この火薬は当初「ギリシャの火」と呼ばれ、たちまち周辺諸国に広まり、ヨーロッパにおける火薬の発達を促したとするのである。

これら火薬の発明とそれを応用する技術の中で、火薬の強力な爆発力によって物を遠くに飛ばすという考えは早くから考えられていたであろう。そしてこの物を遠くに飛ばすという技術は相当に早い頃から中国で考えられていたのだ。

彼らは火薬が発明された早い時期に原始的な花火を作り上げていたようであるが、その一つの産物が爆竹である。そしてこの爆竹が発明されたのは紀元前後という古い時代であったことも、中国の様々な資料から確認されているのである。

中国で火薬の爆発力を応用した技術が開花したのにはそれなりの理由があった。それは竹の存在である。竹には様々な太さがあり、しかも幾つもの頑丈な節が存在する。円筒上の幹と節の配置そしてそこに火薬を準備すれば、それはまさに大砲の原理そのままとなるのだ。節を底にした竹筒に火薬を詰め込みこれを爆発させれば、爆圧は中空の筒から開かれた開口部に向かって放出される。つまり火薬と一緒に物を詰め込めばその物は勢いよく開口部か

第1図　世界最古の大砲の図
（ミリミートの写本による）

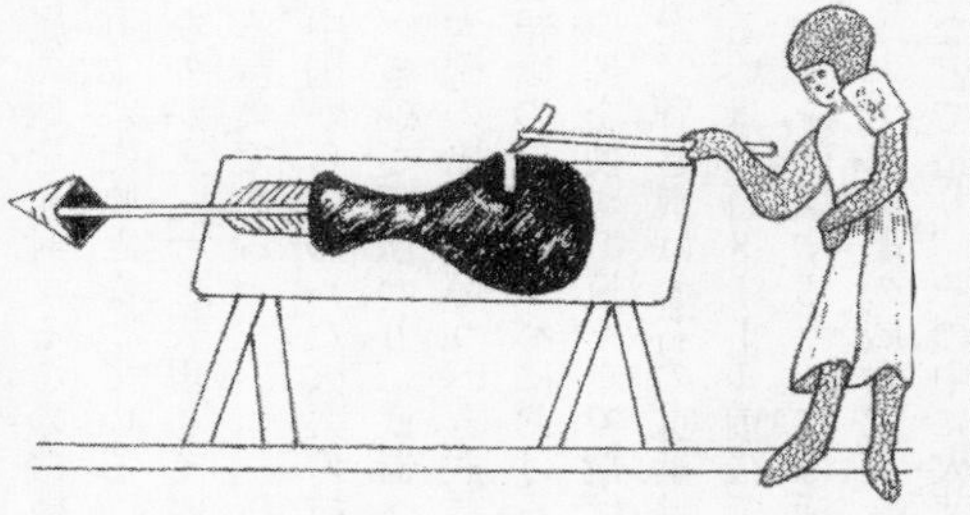

ら外に飛び出す。その飛び出し距離は火薬の量によって加減できる。これらの原理はたちまち広く知られるようになるのだ。

一二六〇年頃の南宋時代の末期の文献に「火老鼠」という言葉が出てくるが、これはその機能から正しく初期のロケット花火であることが確認されるのである。この「火老鼠」がたちまち武器に応用されて行くのは自明の理なのである。そして爆竹や「火老鼠」の技術はたちまちシルクロードを通り、中東やヨーロッパに伝えられていった。そして一三〇〇年代後半のイスラム圏の覇者オスマントルコでは、野戦や攻城戦で原始的な大砲を使い出している。

実はイスラム圏ばかりでなく、一三〇〇年代前半には現在のドイツを中心とする神聖ローマ帝国やフランス王国、さらにはイングランド王国やスウェーデン王国でも初期の大砲が続々と出現しているのである。

一三二六年にイングランドで印刷された彩色本に、極めて初期の大砲の絵が描かれていることが確認されている。この頃の大砲について十四世紀のイタリアの詩人であり学者のペトラルカが、自分の著述の中で大砲について言及している一説がある。それによると彼は「途方もない大きな音と同時に炎を噴出し金属の球を発射するこの機械は、数年前までは極めて珍しく驚愕の的であったが、現在ではありふれた物となっている。人間の精神は破壊的な技術を学ぶに際してはかくも速やかなものなのか……」と表現している。大砲が急速に武器として発達していく過程をよく表現している言葉である。

つまり中国から伝わった火薬の技術と原始的な大砲の原理は、中世ヨーロッパやイスラム圏に驚くべき速さで伝わり、武器へと発展していったのである。そしてこれからほどなくしてまさに大砲の原形というべき武器が出現してくるのである。

十四世紀頃のヨーロッパにおける最強の武器の一つに投石機があった。これは巨大な石を回転力の原理を使って遠くまで飛ばそうとする武器で、特に攻城用の武器としては重要な存在であった。弾き飛ばす石の重量は数十キロあるいは数百キロで、弾き飛ばす距離も数十メートルあるいは二百メートル前後であったと推定されている。つまりこの武器を使い頑丈な石造りの城壁を破壊するためには極めて重要な存在であったのである。

ヨーロッパでは火薬の威力はたちまちこの攻城兵器に応用された。つまり大口径の頑丈な筒を青銅などで造り、その中に火薬を詰め込み、そこへ丸く整形した大きな石を詰め込み、火薬を爆発させて石を弾き飛ばす方法を考えたのである。火薬の力はより大きな石を投石機よりも遠くへ飛ばすことができ、また勢いよく発射される重い石の打撃力は投石機を上回ったのである。

イギリスのスコットランドのエジンバラ城にこの時代に造られた石を飛ばす大砲が現存している。この大砲は「モンスメグ」と呼ばれ、一三四六年に造られたことが確認されている。このモンスメグは青銅製で直径五十センチに整形された百キログラムの石を発射したものとされている。そしてこのモンスメグが出現してから百年後に、大砲の頂点を極めるような巨大な大砲が出現し実戦に使われたのである。

第2図　モンスメグの大砲
（エジンバラ城保存）

イスラム圏の覇者オスマントルコは一三〇〇年代後半から次々と周辺国家を侵略していた。そしてこの時の野戦や攻城戦に使う大砲は、丸石や鉄球を撃ち出す初期の大砲であった。当時は巨大な石や鉄球を撃ち出したくとも大量の火薬の爆発力に耐え得る大砲本体を作る技術が未熟であった。この頃の大砲のほとんどは鋳型整形された青銅製のものであった。つまり使われる大砲も口径が五センチから十センチ程度で、丸石や鉄球の弾丸を浅い角度で発射し、その撃力で敵兵の群れを殺傷することが主な目的であった。それだけにこの程度の威力で頑丈な城を攻略することなどとうてい無理であったのだ。

オスマントルコは一四五三年四月に、それまで東ヨーロッパからイスラム圏にまたがり強大な勢力を握っていたビザンチン帝国の首都コンスタンチノープル（現在のイスタンブール）の攻撃を開始した。

コンスタンチノープルは東西南北全方角を頑丈な城壁で囲まれた難攻不落の城塞都市であり、同時にビザンチン帝国のシンボルでもあった。

この城塞都市の攻略の準備に入っていた攻め手のオスマン帝国の第七代スルタンであるメフメット二世に対し、ハンガリー人の武器製造者ウルバンなる人物が攻城用の巨大な大砲を売り込んだのである。ところが新進気鋭の若いスルタンは、この成功するかしないかも分からない途方もない話に乗ったのである。そして彼の考案した巨大大砲の製作を急がせた。

この大砲は製作者の名前をとりウルバン砲と呼ばれた。今に伝えられるこのウルバン砲の仕様は次のとおりであった。

大砲の素材　肉厚に鋳造された青銅製
砲身長　五・一二メートル
口径　六十六センチ
砲の重量　十九トン
砲弾　球形に整形された花崗岩
砲弾重量　三百キロ
射程　推定三百〜五百メートル

ウルバン砲は合計十二門製造されたと記録されている。そしてこの砲から発射される巨大な石製弾丸は、それまで城を守る兵士たちが如何なる戦闘でも見かけたことがないような勢いと破壊力で次々と城壁を破壊していった。そしてその破壊された城壁の一角からは城壁内にオスマンの軍勢が雪崩を打って侵入し、ビザンチン帝国兵団は恐怖の中にたちまち壊滅してしまったのである。ここに東ローマ帝国皇帝も倒れビザンチン帝国は滅亡したのであった。

ウルバン砲は絶大な威力を見せつけたが、決して成功した大砲ではなかった。そこには二つの欠点があったと記録されている。一つは砲身の内径より、球形の花崗岩の弾丸が少し小さく整形されていたために、強力な火薬の力で発射された弾丸が砲身を通過する際、砲身の内径と弾丸の外径の誤差によるガタガタ運動で砲身に摩擦熱を生じ、次の発射までは砲身を冷やさないと火薬の装填が不可能となり、一日の射撃回数は一門あたり七回程度であったとされている。また強力な火薬の爆発力で砲にひびが入ったり架台が破壊したりという事故も起き、決して成功した砲とはいえなかったが、一つの時代の変革を築いた歴史的変革の立て役者として、ウルバン砲の存在は極めて重要な位置を占めているのである。

後の時代にも数々の巨砲が現われたが、このウルバン砲ほどの威力を見せつけた大砲は現われていない。あえて言うのであれば、第二次大戦中のドイツの巨砲「グスタフ砲」がウルバン砲に近い活躍をした。

グスタフ砲はドイツ軍がソ連領のセバストポール要塞を攻撃した際に使われた大砲で、次のような仕様の砲であった。

口径　八十センチ

第3図　初期の大砲（その1）鍛造砲身の構造

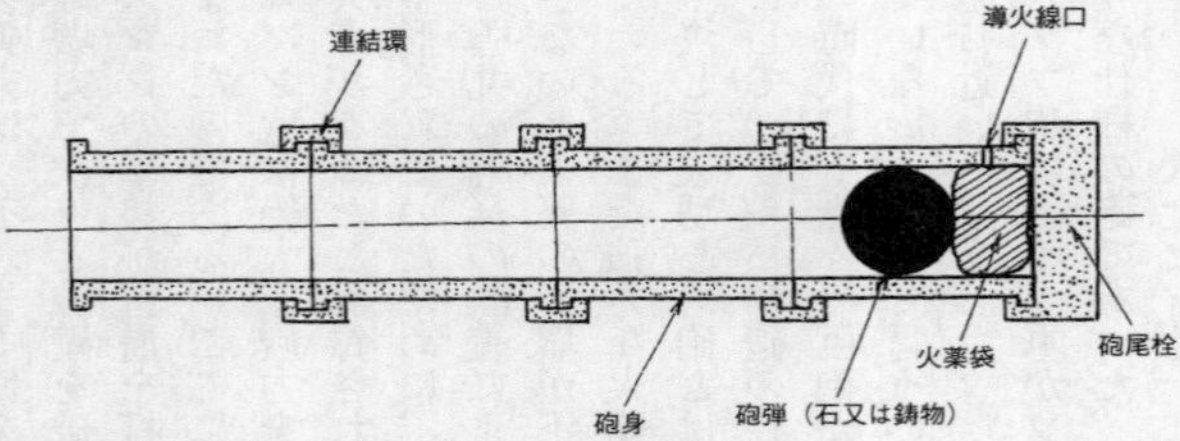

砲身長　　三十二メートル
射程　　四十キロ
砲弾重量　七トン
総重量　　千三百五十トン

この砲は分解されてドイツ国内から運ばれ、セバストポール要塞を砲撃したが、要塞の地下三十メートルにあった弾薬庫を一発の砲弾が直撃し、要塞は大爆発を起こしドイツ側の占領のきっかけとなったが、ウルバン砲のような劇的な歴史の転換の発端を築くことはなかった。

さて、それでは話を戻して、ウルバン砲を含めた初期の大砲はどのような構造をしていたのか解説したい。

初期の大砲の造り方には大別すると基本的には二つの方法があった。一つは鋳造で砲身を造る方法である。一方を閉ざした円柱状の筒状の型枠を造り、これに溶けた青銅を流し込み砲身を造る方法である。もちろん火薬が装塡される閉塞された側の砲身の肉厚は厚く造り、火薬の爆発に耐える構造としている。

しかし肝心なことはこの砲身を発射に際しどのように固定

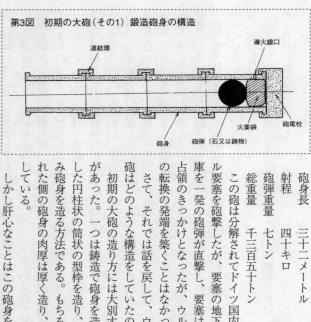

第4図　初期の大砲（その2）練鉄・樽構造の大砲

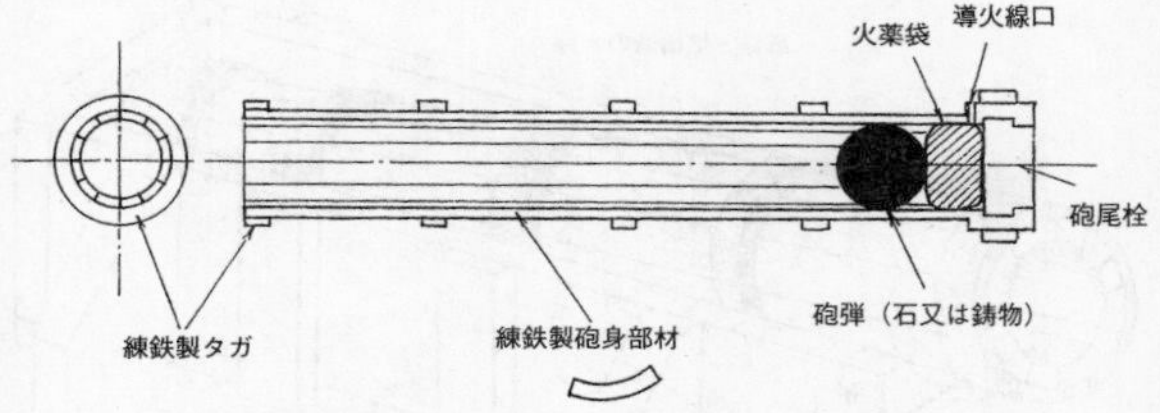

し、どのように角度をつけるかである。最初に考え出されていた方法は砲身を頑丈な木製の枠の中に発射角度をつけて固定する方法であるが、多くの場合発射の際の衝撃で木製の枠は破壊された。これを改善するために考え出された方法は砲身を鋳造する際に砲身の途中の両側に突起物も同時に形成し、完成した砲身を固定するための台座も別に鋳造で造り、ここに砲身の突起物を固定する方法である。これによって頑丈な砲座が完成し、砲身に迎角をつけることも可能になった。

もう一つ砲身の製作に際して重要なことは砲身側から装塡された火薬に点火する仕掛けである。ほとんどの場合砲の末端（閉塞された側）の外側から火縄を通す穴を穿ち、これに火縄を通し火薬に点火する方法がとられていた。この方法は十九世紀中頃の先込砲まで採用されていた。

もう一つの大砲の砲身を造る方法は最も原始的であった。それは木製の樽を造る方法に酷似していた。つまり樽の枠に相当する多数の断面が矩形の練鉄の鉄の長い平棒を製作し、これを鉄製のタガで何ヵ所も包み砲身を造る方法である。

この方法では火薬の爆発力との関係で大口径の砲を造るこ

第5図　木枠に固定された大砲
初期のカルバリン砲（樽構造式）

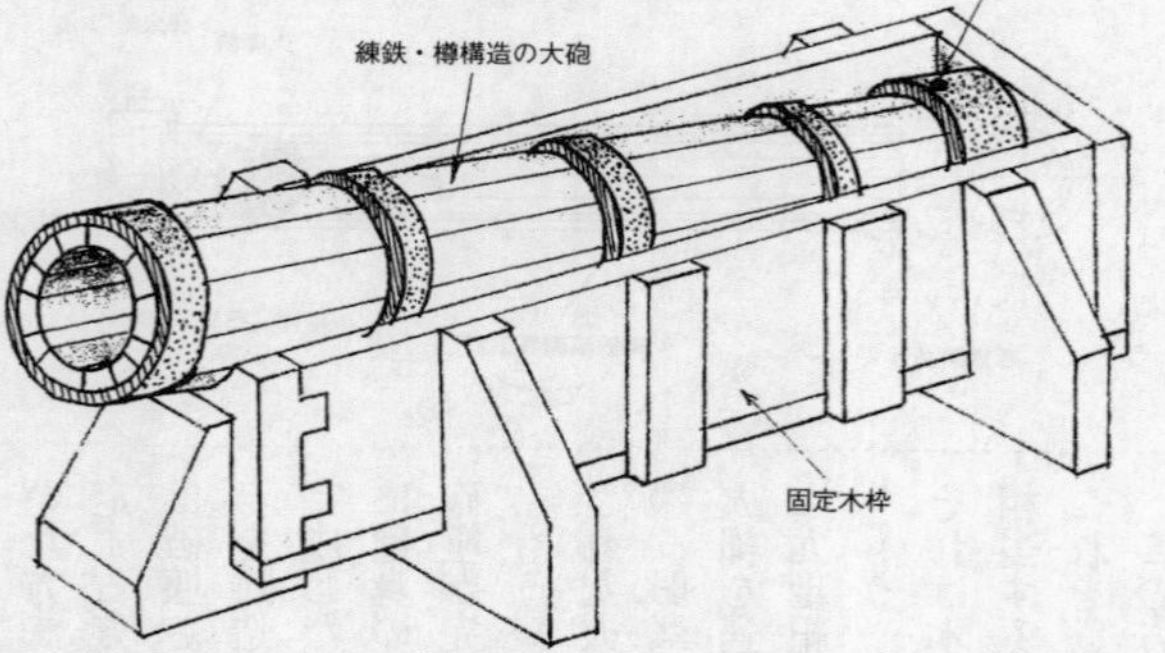

とは不可能で、口径四～八センチ程度の小口径の砲の製造方法として多用された。そして砲尾を閉塞する方法は、あらかじめ鉄の平棒の末端に溝を切り込み、これにはめ込む尾栓を別に造り、鉄製のタガで厳重に締め付けたのである。

つまり後の章で紹介する艦載用の初期の小口径カルバリン砲はほとんどこの方法で製造されたものであった。

そして砲の口径が小さく発射時の衝撃も少ないために、砲の固定には頑丈に造られた木枠が多く使われていた。

これらの砲の弾丸には当初は球形に整形された石が使われていたが、次第に鋳物の球形弾が使われるようになった。

さて火薬の発明から大砲の発達過程について概略を述べたが、それでは船に大砲が積み込まれ戦闘に使われたのはいつ頃からであったのであろうか。次の章でその過程を解説することにする。

第2章　艦載砲の登場と発達

大砲はいつから船の武器になったのか

船に火砲が積み込まれたのはいつ頃の事なのか。この問いに対する正確な答えは簡単には出ないであろう。まず何をもって火砲とするかの問題がある。船に乗り組んだ兵員が初歩的な火縄銃や火箭を持ち込んでも、これは確かに火砲である。しかしここではあくまでも後の大砲に相当する火砲というものに焦点を当てて話を進めることにする。

陸上の戦いで鉄炮が登場してまもなくの西暦一二〇〇年代の後半頃、地中海で使われていた軍船（ガレー船）では、現代のハンドガンに相当するようなミニ砲を搭載し、戦闘開始時に敵の乗組員や兵員さらには漕ぎ手の殺傷に使ったと思われる記述がある。ただこのミニガンは、いわゆる大砲に分類できるような武器ではなく、火薬の力で小さな石球や鉄球を発射する、兵士が手に持って操作する簡単なミニ砲、現代風に表現すれば極めて原始的なグレネードランチャーのようなものであったらしいのだ。つまりいざ海戦の時にガレー船（帆とオ

第6図　ガレー型軍船

ールで推進）に乗り込んだ戦闘員（兵士）の幾人かがこのハンドガンを携帯し、相手の船の舷側に自船を激突させ、兵員たちが一斉に相手の船に雪崩れ込む直前にミニガンを発射し相手に衝撃を与え攻撃しやすくする、という用途で使われたらしいのである。

このミニガンから発射される弾丸も直径四～五センチ程度の小型の石球や鉄球で、炸裂はしないが直撃すれば人体に損傷を与えるということで恐怖の対象となっていた模様である。

一四〇〇年代に入る頃にはハンドガンは直径五～十センチの小口径砲に進化し、砲の構造も前章で述べたような樽工作式の砲となり、

第7図　ハンドガンの構造

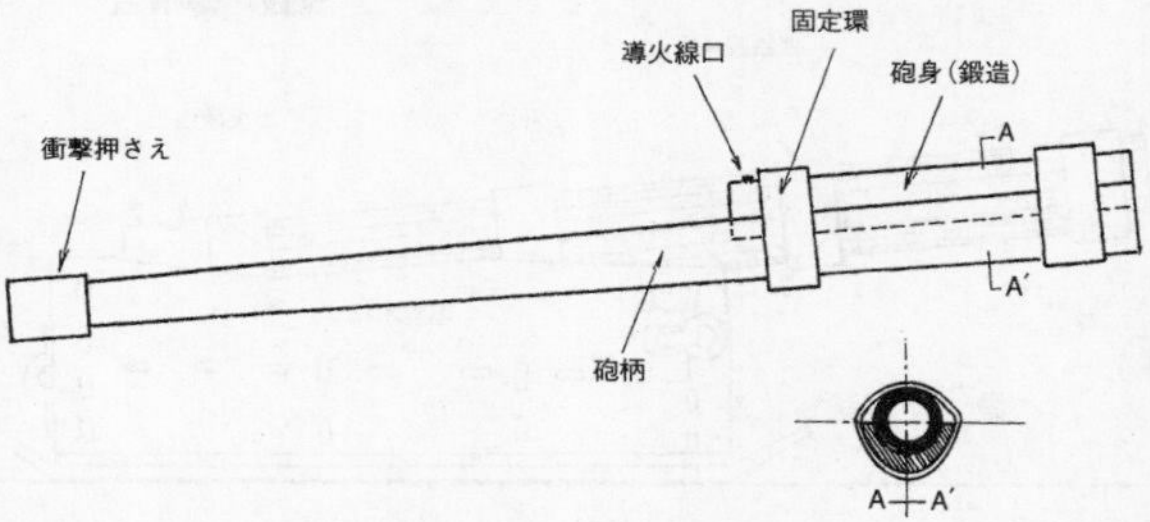

戦船（大半はまだガレー船）の船首や舷側に数門ほど装備し、近接戦闘に突入する直前に発射し相手の乗組員（漕ぎ手を含む）や兵士たちを殺傷したり、オールを破壊したりすることに使われていた。ただ砲の威力はまだ小さく、相手の船体を破壊することはとうてい不可能であったらしい。

しかしこのミニガンも陸上の砲の発達とともに進化し、カルバリン砲やカノン砲へと進化することになった。そしてそこで求められたことは、相手軍船の乗組員の殺傷ばかりでなく相手の船の船体を部分的に破壊する（帆柱の破壊、索具の損傷、帆の損傷、甲板上の様々な器具の破壊など）ことを目的とするようになっていったのである。

一五〇〇年代に入る頃の艦載砲は、青銅で鋳造したカルバリン砲（後述）やカノン砲（後述）へと進化し、商船にこれらの砲を多数搭載し、当時横行を始めた外洋での海賊船の撃退に使われる一方、海賊側も同じようにこれらの砲を搭載し、財宝満載の商船の遊撃用に使われたりしたのである。そしてガレー船主体の当時の軍船（軍艦）にもこれら砲は搭載されるようになったのだ。

第8図　初期のカルバリン砲
練鉄・樽構造

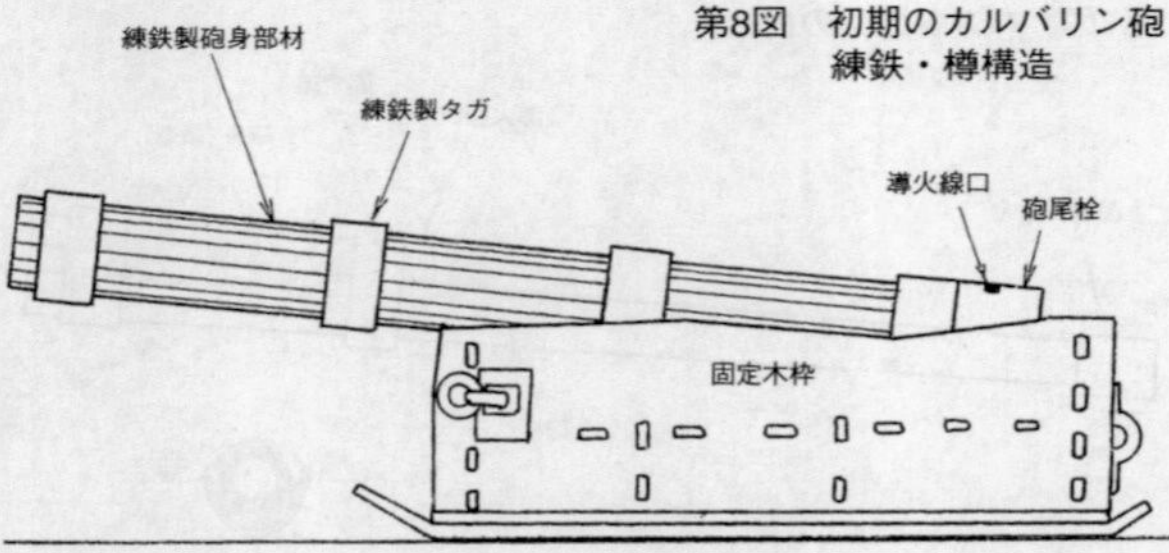

一五〇〇年代の西欧や地中海方面で活動した船（北欧型のコグ船、西ヨーロッパ型のキャラック船やガレオン船などの一本マストや三本マストの帆船）は、年代の初め頃からほとんど同時進行で艦載砲の搭載を始めている。ただこれらの砲はまだ全てが口径十センチ以下の小口径の砲であった。その理由は大口径の砲弾が発射できる、艦載に適した取り扱いが容易でコンパクトで頑丈な砲が完成していなかったためである。

また軍艦同士が戦う海戦も、この時代でもまだそれらの軍艦の大半は多数の漕ぎ手によって動かされるガレー式軍艦が主体で、その戦いも相手の軍艦に船体を激突させ相手を沈没させるか、相手の船に戦闘員を突入させ白兵戦で勝負を決するというものであった。

砲の威力も相手の船体を破壊し撃沈させるようなものではなく、この時代の艦載砲はあくまでも戦いの補助手段として使われていたのである。

一五〇〇年代の初めに地中海で展開されたキリスト教徒軍団とオスマントルコ軍団との間の大規模な海戦、プレヴエッサの海戦では両軍で戦闘開始時に小口径の砲の砲撃が行なわれているが、これもあくまでも戦闘開始に際しての相手の乗組員や兵員の殺傷を目的としたもので、戦闘の補助兵器として使われたにとどまっていた。

一方、興味深いことであるが、同じ頃の東洋では中国が中心となり船を使った大々的な遠洋外国貿易が展開されていたが、これらの船に砲が搭載されていたという記録は見受けられないのである。つまりこの頃の東洋で遠洋航海が出来る船を建造していたのは中国だけで、キリスト教徒やイスラム圏の国々の船が太平洋に進出してくることもなく、海上はいたって平穏であったことを示しているのである。つまり東洋では中世から近世にかけても艦載砲というものの発達はほとんど見られなかったことになる。東洋の国々で艦載砲の存在を知るようになるのは、一五〇〇年代に入り、オランダやスペインなどの船が太平洋に進出してきた時なのである。

つまり艦載砲についてその発達過程を語ることは、ヨーロッパ圏の国々の船の砲を語ることそのものなのである。

さて一五〇〇年代に入り艦載砲の基本となったのは、陸上の野戦で使われたカルバリン砲であった。カルバリン砲は口径が五～十センチの小口径砲で、砲の基本構造は初期のものは前述したように樽構造に由来する、長い平型練鉄板を鉄製のタガで固定し砲尾に頑丈な鉄製の厚板をはめ込んだものであった。

発射される弾丸は球形に整形された石球か鋳造された鉄球が使われ、砲の構造上強力な火薬を使うことができず、射程は百～三百メートルと短く、目的は人員の殺傷と敵の恐怖心の増長であった。つまりたとえ船体が木製であってもこれを破壊するほどの威力はもっていなかったのだ。

一五〇〇年代の後半頃からカルバリン砲の本体は青銅で鍛造された一体構造のものに進化してきたが、砲身が青銅の鍛造構造となり砲の発射時の火薬の爆発力に対応できる安全な構造となったために、発射火薬の量が増し射程を伸ばすことが可能になった。

それでも発射される弾丸は鍛造の鉄球で口径も十センチ前後は変わらないが、発射される弾丸の重量は五キロ以上あり、発射火薬の量の増加により発射される弾丸の初速は増し、射程も伸び目標に命中したときの打撃力は大幅に向上することになった。

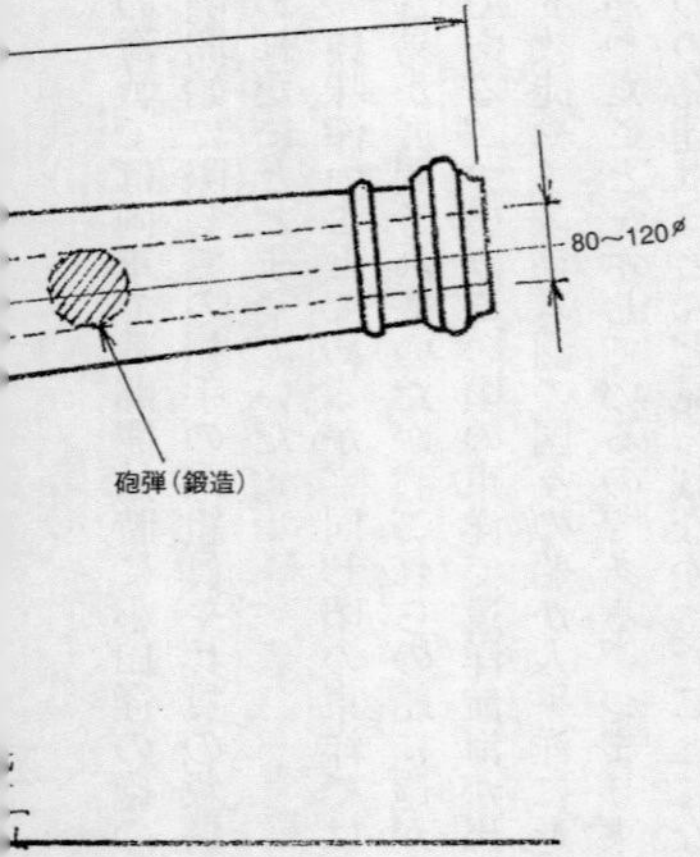

カルバリン砲には野戦用と同じく艦載砲としても、より口径の小さな（四～六センチ）デミ・カルバリン砲というものが出現している。これは射程の伸長を目的としたもので、攻撃に際し敵船のカルバリン砲の射程に入る前の距離二

第９図　カルバリン砲（16世紀以降・鍛造構造）

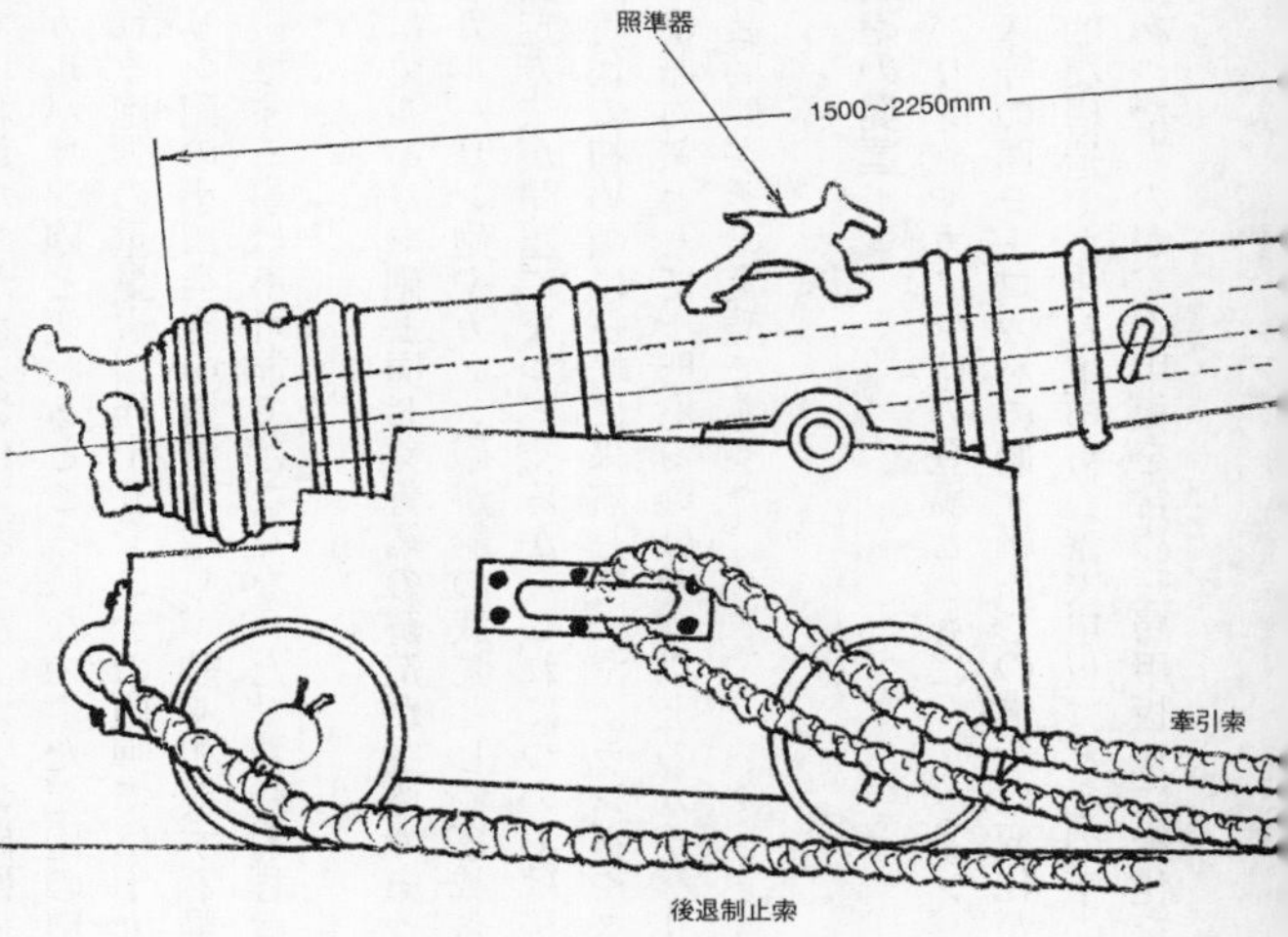

百〜三百メートルでこれを発射する。そして敵船の甲板上や舷側の砲蓋を照準し敵兵員の殺傷を目的とするものである。またカルバリン砲よりも軽量で扱いやすいために舷側に多数のデミ・カルバリン砲を装備し、敵との混戦が始まる前にこれを発射し予め敵兵員の殺傷を図るものでもあった。

カルバリン砲の破壊力は弱く、敵船の船体に打撃を与えることは難しかった。当時の外洋航行のガレオン船などは舷側は五〜七センチ厚の固い樫材の二重構造になっていたために、よほど近接して発射されたカルバリン砲でなければ、この外板を貫通したり帆柱や帆桁を破壊する事は不可能であった。

そこで現われたのがカノン砲であった。カノン砲は一五〇〇年代末頃に現われるが、構造的にはカルバリン砲と変わるところはない。ただ砲の口径が十五～二十センチと大きくなり発射される砲弾の重量も口径十五センチの砲弾では十九キロ前後となり、命中時の衝撃力はカルバリン砲の小口径砲の数倍に達し、舷々相接する場合の砲撃戦では敵艦の舷側や帆柱や帆桁を破壊する事は不可能ではなくなった。ただ射程は実効最大で三百メートル程度であった。

砲身はカルバリン砲と同じく青銅の鋳造が主体であったが、その後、鍛造鉄製も現われている。カルバリン砲やカノン砲が船の武装として搭載されると、当然の事ながら甲板上でのその固定方法が問題になってくるが、これについては後に解説する。

江戸時代の初め頃に長崎に来航していたオランダやスペインのガレオン船は、商船でありながら海賊対策として十門あるいはそれ以上のカルバリン砲やカノン砲を搭載していた。つまり武装商船がその実態であった。

艦載砲の発達

カルバリン砲やカノン砲の登場とともに、スペイン、ポルトガル、オランダ、イギリス、フランス等の西ヨーロッパの船（帆船）の構造に変化が現われてきた。つまり十五世紀当初の一般的な構造であった上甲板（露天甲板）とその下の中甲板（第二甲板）だけの二層甲板構造であったものが、上甲板を含め三層甲板式に変化を始めたのである。

第10図　ガレオン型帆船

一五〇〇年代から全盛を迎え始めた三本マストのガレオン船では甲板は確実に三層構造となっている。これは上甲板と第二甲板を砲甲板としていることで、年代後半以降には第三甲板にまで砲を配置する船が現われているのである。もちろんこれらは軍艦ではなく商船なのである。つまり武装商船で、この頃はカリブ海や大西洋海域で跋扈《ばっこ》し始めた海賊対策として、一般商船にカルバリン砲やカノン砲など多数の大砲を搭載し自船の安全を確保しようとする動きが盛んになり出したのである。

つまりこの頃は武装商船と

軍艦の区別がまだ判然としていなかった時代であった。そして軍艦が登場するのは一五〇〇年末頃から一六〇〇年代に入る頃で、軍艦もそもそもの登場のきっかけは自国商船を海賊から護ることを専門とする武装帆船が起源なのである。

一五〇〇年代中頃に登場したオランダの三層甲板式の武装商船の場合、上甲板には片舷に四門のデミ・カルバリン砲を装備し、第二甲板には片舷に十門のカルバリン砲を装備していた。この船には砲を操作する専門の乗組員（一種の兵員）が乗船しており、まさに商船と軍艦の中間的存在の船で、他の国々も商船の武装は次第にエスカレートする傾向にあった。つまり一五〇〇年代中頃以降の地中海や大西洋あるいはカリブ海は、このような船が登場するほど傍若無人な海賊が横行していたことになるのである。

一七〇〇年代に入る頃には戦艦やフリゲート艦に相当する戦闘を専門にする軍艦が現われ、自国商船の保護や国家権益の保護に活動を始めている。つまり軍艦という新しいカテゴリーの船が定着を始めたのである。しかし不思議なことであるが、艦載砲に関しては一五〇〇年代後半頃に構造の確立が見られたカルバリン砲やカノン砲も、以後約二百五十年の間際立った改良が見られないのである。カノン砲に例をとってもその基本構造はほとんど変わるところがなく、発射火薬や砲弾の前装方式や発射火薬への点火方法あるいは砲を固定する台車の構造など、まったく同じである。

ただこの約二百五十年の間に改良が加えられたのはカノン砲の砲弾である。それまでのカノン砲の砲弾は砲丸投げの鉄球のような、鋳鉄の弾丸（実体弾と呼ばれる）だけであったが、目標に弾着した時にできるだけ多くの被害を与えられるような特殊な弾丸が考案され実際に使われた。この弾丸の改良と弾丸に対する工夫については後に述べることにする。

大砲の進歩はなかったが、進歩の遅れをより多くの大砲を搭載し攻撃力を増すという考えに変え、戦艦と呼ばれる強力な軍艦が出現するようになったのである。

一六〇〇年代後半には早くも百門を超えるカルバリン砲やカノン砲を搭載したガレオン型の戦艦が現われている。その例としてオランダ戦艦ゼーベン・プロビンシェンがある。この艦は排水量千四百二十七トン、三層甲板、三本マストの大型艦であるが、三つの甲板に両舷合計百門のカノン砲とカルバリン砲を搭載していた。この戦艦の主砲は口径二十センチのカノン砲で三十門を搭載し、口径十五センチのカノン砲を三十門搭載していた。そしてこれらのカノン砲の一斉射撃でイギリスの初期型戦艦のロイアル・プリンスのメインマストを撃ち倒している。大口径カノン砲の近接戦闘（推定射程五十メートル）での一斉射撃の威力は、単発では無理でも多数の命中弾では相手艦船の厚い構造木材も十分に破壊できることを証明したことになり、以後の西欧各国の戦艦はこぞって多数の口径二十センチ級のカノン砲を搭載するようになってゆくのである。

カノン砲多数を搭載する軍艦が登場することにより海戦の形も次第に変化していった。それまでの海戦は、帆と多数のオールで推進力を得る数百年の間連綿と続いていたガレー型軍船の戦いで、相手艦に対する衝突とその後の斬り込み白兵戦で行なわれ、使われ出した砲もハンドガン式か小口径の初期のカルバリン砲だけで、戦闘開始を前にして相手軍船の兵員や乗組員を殺傷し戦闘力を少しでも低下させることが目的であった。

しかし一五〇〇年代末頃からガレー型軍船は陰をひそめ、大型の全帆走のガレオン型等の大型軍船が登場するようになった。そしてこれらの軍船の武器は多数のカルバリン砲やカノン砲となっていったのだ。そしてこの軍船の変化は当然海戦の様相も変えていった。戦闘は砲の威力が最大限に活かされる舷々相接する至近距離の砲撃戦で始まる。そして船体が破壊され乗組員に死傷者が増えた相手船に舷側を接し突撃隊員を斬り込ませ、船上での白兵戦が展開され、これによって雌雄を決するという図式が誕生していったのである。

この方式の戦い方は十九世紀初頭まで続き、典型的なヨーロッパ式海戦の図式となったのであった。

砲がまだ発明されていなかった頃の最大の海戦は、紀元前四八〇年九月にギリシャのサラミス海峡で展開された、ギリシャ都市国家連合軍とアケメネス朝ペルシャとの間で戦われた歴史上有名なサラミスの大海戦である。

この時の戦力はギリシャ側が戦闘用ガレー船三百八十六隻、ペルシャ側が戦闘用ガレー船六百八十六隻とされている。そしてこの戦いは軍船の数が圧倒的に少ないギリシャ側が巧妙な戦略を使い、圧倒的な戦力のペルシャ軍に大打撃を与えこれを撃破している。この戦いではガレー型軍船の戦い方の典型が示されている。つまりガレー船の船首水面下に突き出した衝角（ラム）で相手の船の水面下舷側に穴を空け相手船を沈め、その間に沈み始めた敵船に兵員が乗り込み相手兵員を刀や槍で討ち取り、漕ぎ手奴隷として使われていたギリシャ人の

第11図　17世紀後半頃のガレオン型オランダの軍船
（ゼーベン・プロビンシェン号）

漕ぎ手多数を救助するのである。この戦いでは一万五千人のギリシャ人漕ぎ手奴隷が解放され、一方のペルシャ側は二万人を超える戦闘員が死傷したとされている。

このようなガレー型軍船の海戦は、一五七一年に地中海東部のレパント沿岸で展開された、キリスト教同盟艦隊とオスマントルコ艦隊の激突、レパントの海戦が最後となった。

そして海戦の歴史上で初めて艦砲が現われたのがこのレパントの海戦とされているのである。この時使われた艦砲はいわゆる携帯式のハンドガンと初期のカルバリン砲とされている。カルバリン砲から発達したカノン砲が海戦の主体になるまでには今少しの時間がかかった。カノン砲が海戦の主体になるのは十七世紀の初頭頃からである。そしてカノン砲の時代はこの時より約二百年も続くことになるのである。

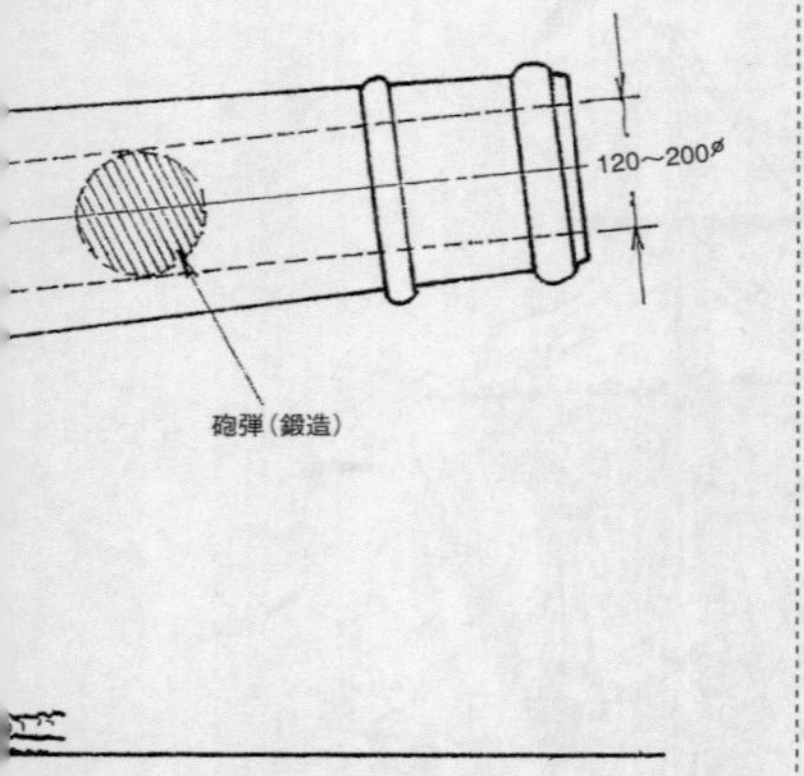

カノン砲

艦載用カノン砲は基本的には陸上の戦いで使われるカノン砲と変わるところは何もない。ただ狭い艦内で操作するための工夫はこらされている。

まず砲の本体は青銅または鉄で一体鋳造されており、発射火薬の爆圧に耐えられる

第12図　カノン砲（17世紀以降・鋳造構造）

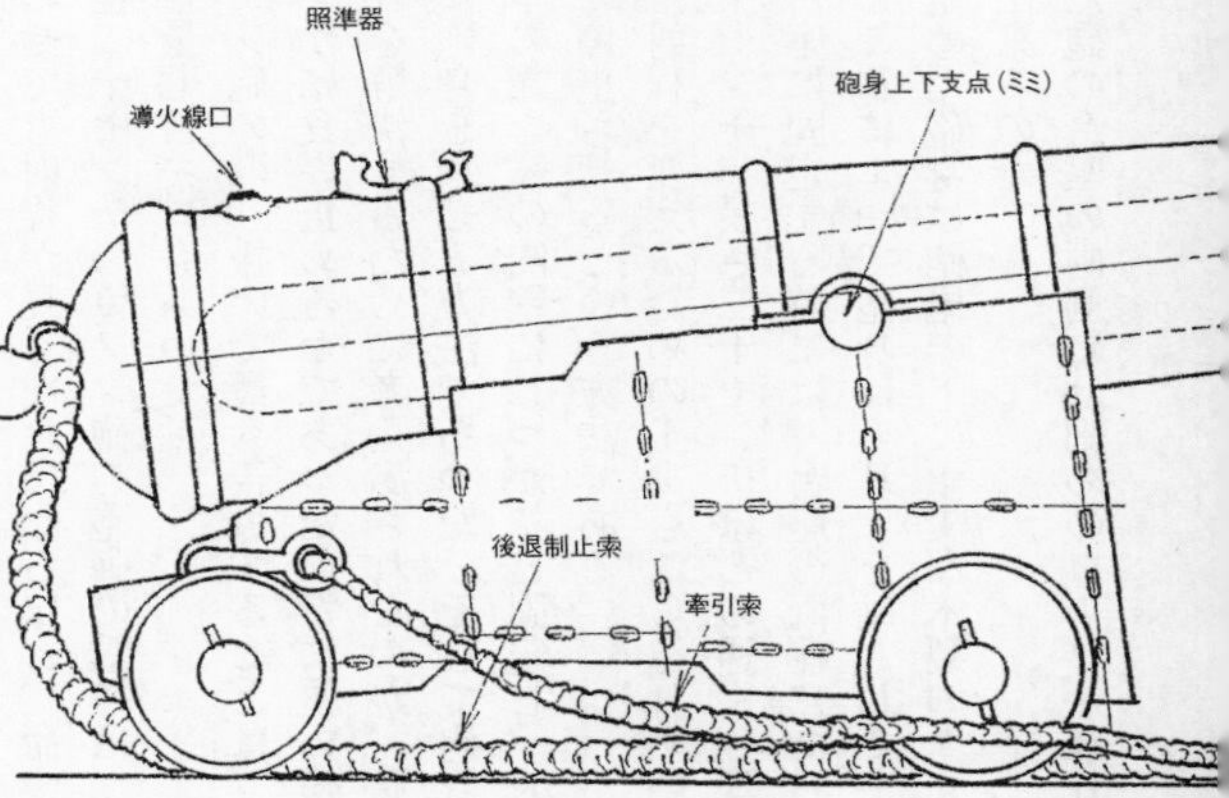

ように肉厚で頑丈な構造になっている。

初期の頃のカノン砲の口径は標準的には十五センチ程度であったが、一七〇〇年頃からは口径は二十センチ程度と拡大の傾向にあった。口径が「程度」という表現になっているのは、当時は砲身をくり貫く精密な穿孔用の機械が発明されているわけではなく、全てが鋳造で造られたために、口径の精度は砲身を鋳造する型枠をいかに正確に造り出すかにあったのである。そして砲弾もそれぞれの型枠に砲身に適合するように鋳造で造り出さなければならなかった。つまり口径二十センチ級のカノン砲用の弾丸を量産するためには、指定された口径より若干直径を小さくした砲弾を鋳造する必要があったのだ。

このために当時のカノン砲は砲身の内径と砲弾の間にはどうしても無視できない隙

間が生まれ、火薬の爆発で押し出される砲弾は砲身の中をガタガタと振動しながら進むことになり、砲身を飛び出した弾丸は常に少しずつ違った弾道を描くために、大砲の照準を目標に合わせても射程が長くなればなるほど、命中精度は相当に落ちてしまうことになった。

口径二十センチのカノン砲の砲弾の重さは二十二キロ前後で、砲の規模は全長三メートル、砲身重量七百キロもあった。

カノン砲の取り扱いで最も苦労することは、発射火薬の爆発の反作用による重い砲身の後退をいかに食い止めるかであった。特に狭い艦内ではよほどの工夫が必要であった。

これを解決するために考え出されたのが、頑丈な木製の台座に四個の木製の車輪を履かせこれに砲身を乗せる方法であった。そして砲身の後端に太いロープを取り付け、そのロープの二本の端を艦の内壁にしっかりと固定し、射撃の反動で後退する砲身と台座をこの太いロープで停止させるという方法である。

また射程を変えるための工夫もこらされていた。砲身を鋳造する際に砲身の中程の両側に直径十センチ、長さ二十センチほどの通常「耳」と称する突起を一体で鋳造した。そして砲身を台座に固定する時には、台座の両側にあらかじめ造られた窪みに「耳」をはめ込むのである。これによって砲身は「耳」を軸として上下に動かすことができるのである。そして照準を定めた砲身は砲尾の下に頑丈な木製のクサビをかませることによって固定され発射の準備が出来るのだ。

また砲の台座の両側には細めのロープが取り付けられ、弾薬と砲弾を砲身から装塡する際

第13図　鋳造構造カノン砲の断面構造

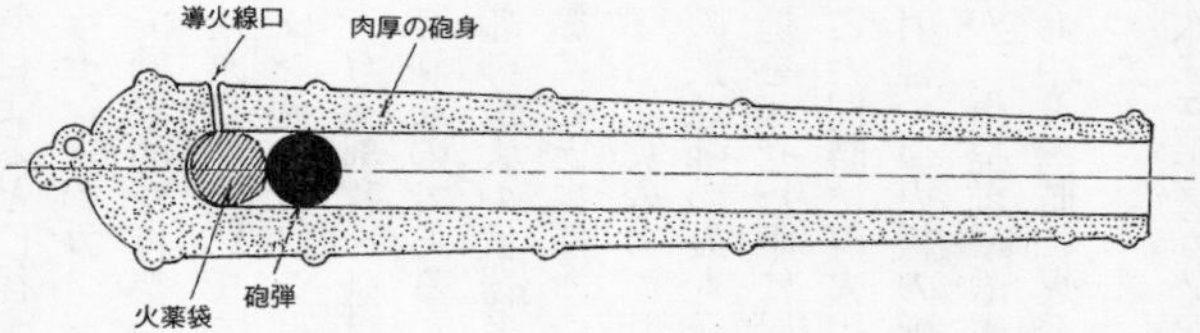

の砲の移動や、射撃で後退した砲を射撃位置に戻すための操作用としたのである。

砲を発射する時の操作手順を示すと次のようになる。

（イ）、火薬と砲弾の装填

砲口から特製の太いブラシを砲身の奥まで挿入し、その前の発射で汚れた砲身内を清掃する。

砲口から特殊な装填用具を使って火薬の包みを砲身の奥まで押し込む。

砲弾を火薬に接するまで砲身内に押し込む。

（ロ）、発射準備

台座に取り付けられたロープを引っ張り射撃位置まで移動する（すでに蓋が開かれている舷側の砲門から砲が飛び出す位置まで砲を引っ張り移動する）。

砲尾の上から砲身最奥の位置まで空けられた細い穴に突き棒を押し込み、火薬の包みに穴を空ける。

突き棒で空けられた火薬の包みに届くように火縄を押し込む。

（ハ）、発射

火縄に点火（火縄は即延焼性。弾丸はたちまち発射される）。

記録によると口径十五センチのカノン砲の有効射程は五百メートルと記されているが、口径二十センチのカノン砲を含め射撃が開始される距離は百〜二百メートルの模様であった。そして効果的な打撃力を与えるためには舷々相接する距離（五十メートル前後）まで接近し、砲戦を展開したのである。

カノン砲やカノン砲よりも口径が小さなカルバリン砲の砲身は、全て砲身内には砲弾に回転力を与え射程を延ばし直進弾道を得るための旋条（ライフル）が刻まれていない。いわゆる滑腔砲なのである。

艦船の最大の武器としてのカノン砲の時代は、砲自体に大きな進化がないままに二百年以上も続くことになったのである。ただこの間砲身に変化はないが砲弾には様々な工夫がこらされることになり、相手に対する打撃力の向上を図ったのである。

この鉄球弾の最も発達したものが炸裂弾であった。初期の炸裂弾は導火線式の弾丸で、二つの椀を伏せた中に爆薬を充填しこれに導火線を取り付けたものである。球は砲身から発射されると同時に導火線に着火し、目標に弾着するタイミングで爆発するしかけになっていた。ただ射程や導火線の延焼時間など不確定要素が多く、一種の時限砲弾という性格の砲弾であったが、爆発前に敵艦船に弾着し時間差をおいて爆発してもそれなりの効果は期待できたのだ。命中と同時に爆発する弾丸が開発されるのは一八〇〇年代の初めまで待たなければならなかった。

一八二三年にカノン砲で発射できる、弾着と同時に「ほぼ」確実に爆発する砲弾が開発された。この砲弾はフランスの海軍軍人ペクサンの発明によるもので、一八四〇年代以降には世界各国の海軍はカノン砲の砲弾として一斉にこのペクサン弾を使うようになった。

つまり十九世紀初頭に展開された有名なトラファルガー海戦の時の砲撃戦では、発射された砲弾の全てが実体弾かあるいは工夫された実体弾であったのである。

ペクサン弾の普及は木造の軍艦の終焉を進めた。命中した砲弾の爆発で燃え上がる木造の軍艦は危険であり、一斉に鉄製（鋼鉄はまだ開発されていない）に置き換えられることになったのである。もちろん木造の表面を鉄板で覆い見かけは燃えにくい鉄製艦とする工夫もこらされた。

ここで鍛造の実体弾の変わり種について紹介してみたい。この変わり種の砲弾とは、敵艦船に命中したときにできるだけ多くの損害を与えるために考え出された砲弾で、様々な工夫がこらされており実戦では多くが使われたようである。

(イ)、伸縮型砲弾

二個の実体弾を鎖で結びつけこれを砲に装塡する。この弾丸は砲身を飛び出した瞬間から鎖で繋がれたまま回転運動しながら目標に命中するのである。弾道性能は悪くなるが命中した場合には打撃力は二倍になり、仮に目標の艦船の索具に命中した場合には索具に絡みつき、索具を切断する威力をもっていた。また乗組員の中に飛び込んだ場合にも相手に対する打撃力は倍加するのである。

(ロ)、拡散式砲弾

巨大な散弾銃ともいうべきもので、直径一センチ程度の鉄球を麻袋などの入れ物に詰め込み、砲に装塡して発射する。

砲口から飛び出した鉄球の詰まった袋は途中で破れ無数の小さな鉄球が目標に向かって拡散しながら飛んで行く。至近距離から敵艦船の甲板めがけて発射した場合には人員殺傷には極めて効果的な方法であった。

(ハ)、伸縮型砲弾その二

薄い鉄片で実体弾丸を造る。砲弾の鉄片は球体になっているが発射と同時にバラバラに分解するようになっている。ただし各球面の鉄片はそれぞれ鎖で繫がれているために、発射されたこの弾丸は鎖で繫がれた数個の鉄片となって目標に向かって飛んで行く。そして目標の索具や帆にぶつかれば索具は簡単に切断され帆は切り裂かれるのである。

(ニ)、二連発装塡方法

実体弾を同時に二個砲身内に装塡する。撃ち出される砲弾は二個で打撃力も二倍になる。近接戦闘ではかなり頻繁に使われた射撃方法であった。

(ホ)、焼玉式焼夷弾

実体弾を装塡する前に炉で過熱し焼玉とする。これを砲身に装塡し発射するのである。もちろん装塡され火薬と接触した途端に弾丸が発射されないように、発射火薬の砲弾側には断熱材を装塡しておく。

目標の艦船に命中、例えば甲板などに落下すれば赤熱した鉄球弾は甲板の木材をたち

第14図　カノン砲の特殊砲弾各種

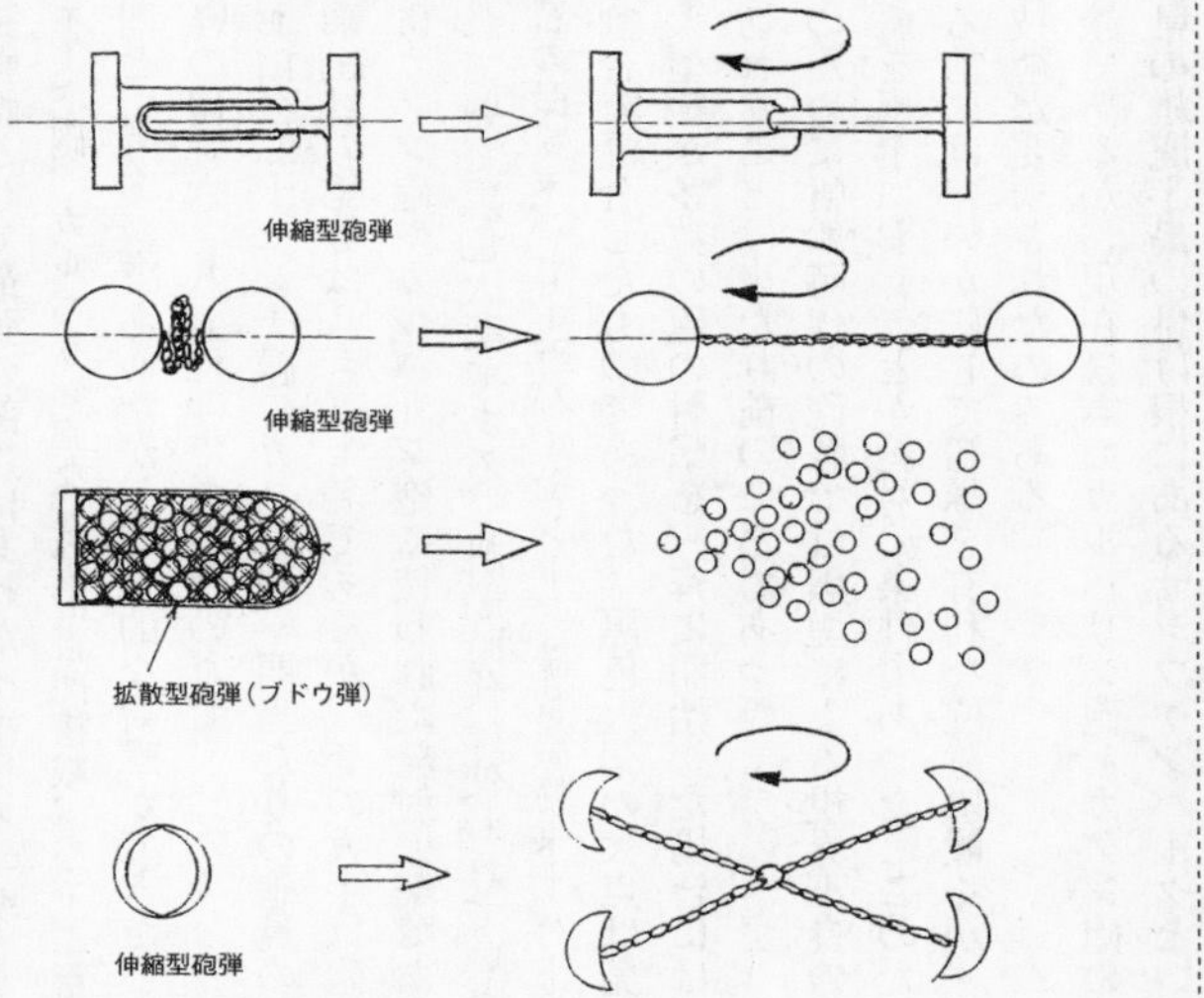

まち燃え上がらせるという、危険窮まりない弾丸であった。炸裂弾が発明されるまでは極めて効果的な弾丸であったが、砲側に過熱設備を設ける必要があり危険が多く、海戦でも決して多用される方法ではなかった。

カノン砲は現代的な目で見れば、破壊力はあってもその発射作業手順から見ても決して効率のよい武器とはいえなかった。口径二十センチ級のカノン砲の射撃速度は、熟練した砲員が操作してもその発射間隔は五〜七分であったとされている。つまり連続的な射撃を行なうためには勢い砲の数を増やす必要があったのである。

帆装戦艦として最強の部類にあったイギリスのヴィクトリー（一七六五年完成。カノン砲、カロネード砲、カルバリン砲など合計百門搭載、三千二百二十五トン）では、片舷の砲の数は五十門という多数であったが、理想的な射撃ができたとしても一分間当たりの射撃回数は各種口径の砲弾六〜八発程度であったのだ。

なお口径二十センチ級のカノン砲一門当たりの砲員の数は六名とされていた。ヴィクトリーの乗組員の総勢は八百五十名であるが、その大半は砲員であったことがわかる。

次にカノン砲やカルバリン砲に使われた発射火薬であるが、基本的には最も早くから実用化されていた黒色火薬である。帆船時代に使われていた黒色火薬の成分は、硝酸カリウム（硝石の微粉末）七十五パーセント、硫黄微粉末十パーセント、木炭の微粉末十五パーセントの割合で混合したものであった。黒色火薬の欠点は発射の際に激しい黒煙を噴き出すことで、大型艦が多数の砲の射撃を一斉に開始した場合には、黒煙もうもうとなり一時的に視界が途切れることは当たり前のことであった。

このために帆船時代の砲戦では黒煙による視界不良の防止と、有利な操船が行なえるように自艦を風上におくことが絶対の条件であった。このために大規模な帆装軍艦同士の海戦が始まる前には、いかにして艦隊を有利な位置に置くか、艦隊司令官も各艦の艦長もよほどの操船技術が要求されたのである。

余談であるが、現在日本でカルバリン砲とカノン砲の実物を見ることができる場所がある。宮城県の雄鹿半島の付け根にあるサンファンパークというところがその場所である。ここには伊達政宗が一六一三年（慶長十八年）に遣欧使節団としての支倉常長一行をスペインに送り出す時に、スペイン人の力を借りて建造したガレオン船「サン・ファン・ヴァウティスタ」号の実物大のレプリカ船が展示されている。

船は当時のガレオン船と全く同じ構造に再現されているが、その第二甲板と第三甲板にそれぞれ実物のカルバリン砲一門とその弾丸、カノン砲二門とその弾丸が、見事に再現された砲台車に搭載され、実際と同じ各種ロープで繋がれて展示されている。

このカルバリン砲の口径は五センチ、カノン砲の口径は十センチであるが、このレプリカ船の完成を記念してスペインから日本に送られた実物なのである。カノン砲の砲尾には「1617」（年）と読み取れる刻印が刻まれている。

カノン砲が艦載砲の全盛を迎えた一七八〇年頃、イギリスでより強力な艦砲が開発され直ちに実戦で使われだした。それはカロネード砲というカノン砲よりも口径が大きな砲で、発射される弾丸は実体弾であったが、その破壊力はカノン砲に数倍したとされている。

カルバリン砲もカノン砲も敵に最大限のダメージを与えるために、砲戦の距離は二百メートル以内が一般的で、多くは五十〜八十メートルの至近距離での砲戦であった。帆船時代の海戦（砲撃戦）を描いた絵画を見ると、ほとんどが互いの艦の帆桁が触れ合わんばかりの至近距離での様子が描かれているが、多少の誇張はあっても事実を再現している様子に変わりはないのである。さてこの至近距離での砲撃戦専用に開発された大砲がカロネード砲なのである。

カロネード砲はイギリス海軍の軍人の発案による砲で、その原案に基づいて一七七六年にスコットランドのカロンで試作されたときにカロネード砲の名前が付けられた。

カロネード砲は一七七九年にイギリス海軍に正式に採用されたが、この砲の特徴はカノン砲に比べ砲身の長さが短く、その反面口径が大きくなっていることである。つまり砲身が短くなった分、射程は短くなるが、大口径の砲弾を目標に向かって至近距離で発射し、至近距離での強大な打撃力で、それまでカノン砲では破壊が不可能であった敵艦船の厚い舷側外板を破壊し、帆柱を一撃で撃ち倒すことが可能になったのである。

カロネード砲の一般的な口径は二十五センチで、砲弾の重量は三十キロに達し、射程五十メートルでの破壊力は口径二十センチのカノン砲の砲弾の四倍に達したとされている。

カロネード砲の砲身は二メートル以内で、砲身の肉厚は口径に比べカノン砲よりも薄くなっている。このために砲の重量はむしろカノン砲よりも軽量となっている。そして特徴的なことは、砲身が短くなった分、砲身内の円周工作精度を上げることが可能になり、砲弾と砲身の内壁との間の隙間がカノン砲に比べると極端に減った。このことは発射される弾丸の弾道の誤差が小さくなり、

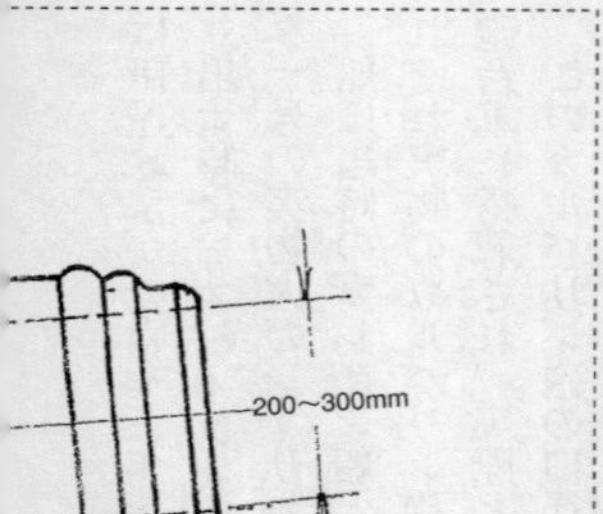

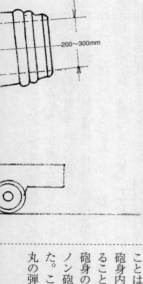

第15図　カロネード砲

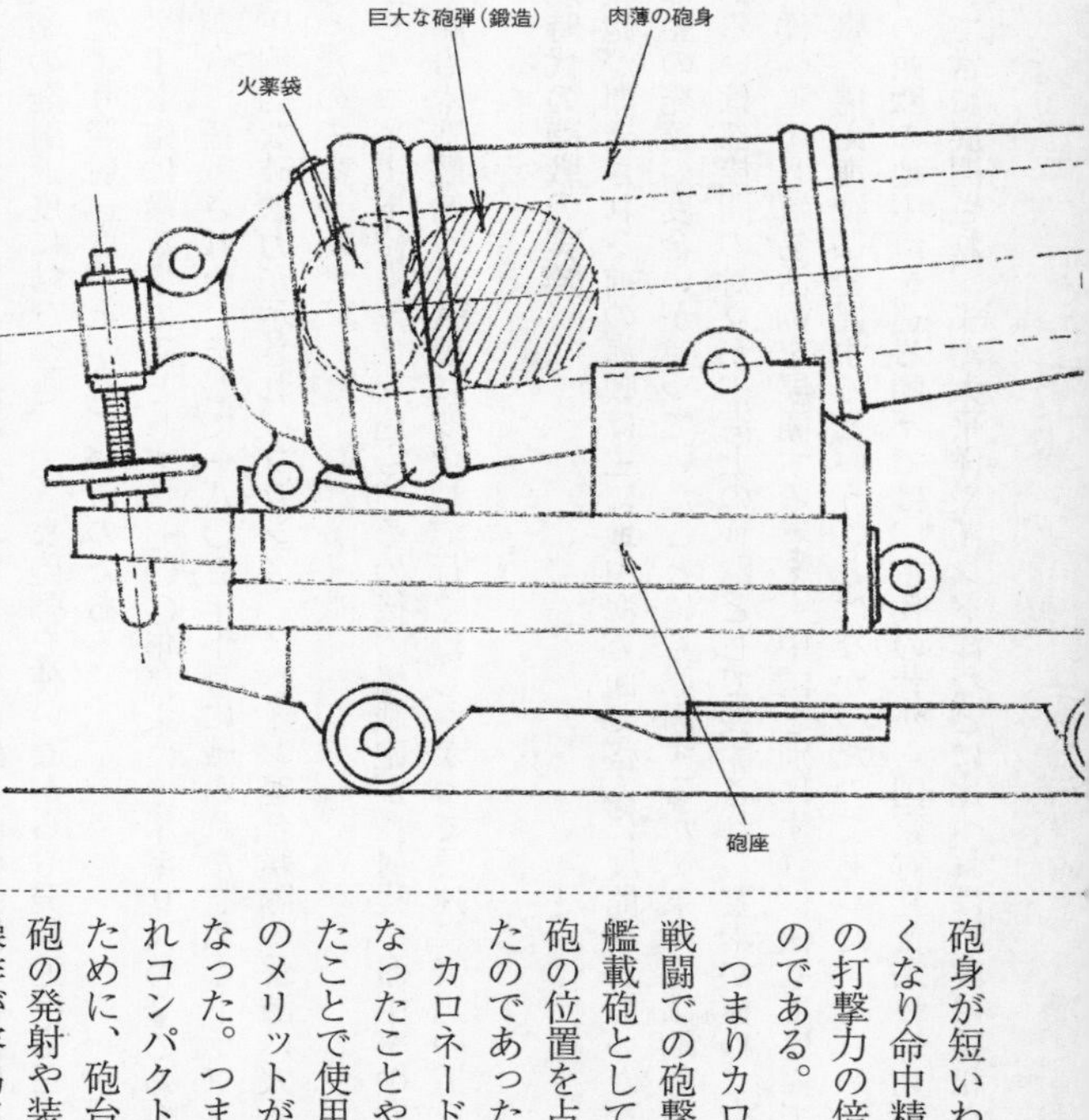

砲身が短いわりには初速が早くなり命中精度の向上と砲弾の打撃力の倍加につながったのである。

つまりカロネード砲は近接戦闘での砲撃戦が続く限り、艦載砲としては極めて有力な砲の位置を占めるようになったのであった。

カロネード砲の砲身が短くなったことや肉厚が薄くなったことで使用者側には幾つかのメリットが得られることになった。つまり重量が軽減されコンパクトな寸法となったために、砲台車が小型化され砲の発射や装塡のための台車操作が容易になり、砲操作要員の減少につながり、また口径が大きくなった分、砲身内の清掃が容易になった。このことは即大砲の発射速度に結びつき、大きな砲弾を使いながらも発射速度も三〜五分に一発と、カノン砲より発射速度が上がっているのである。

カロネード砲は最新型の砲として一七〇〇年代末にはイギリスの全ての戦列艦（後述）に一定の割合で搭載された。そして一八〇五年十月に戦われた有名なトラファルガーの戦いではその圧倒的な破壊力が示され、フランス・スペイン連合艦隊の撃滅に大きな貢献をすることになったのであった。

しかしカロネード砲もカノン砲も、その後の艦載砲が長射程、命中率の向上に力が注がれ始め、船も木造艦船から鉄製に変化して行くにしたがって急速に衰退の道をたどり始めた。

帆船時代の砲戦の実際

艦載砲が開発される前の海戦は主に地中海方面で盛んに展開されていた。これは東洋と西洋では船の発達の度合いが違っていたことにも原因するが、東洋では地勢的なことを含め国家間あるいは部族間の対立が、海上の戦闘として展開される要素が極めて少なかったこと、また外洋へ進出し貿易活動を展開する考えも中国を別にすれば決して盛んではなく、他国と海上で事を構え海戦に発展するということはなかったのであった。

一方の西欧の地中海を巡る国々では、古代の昔から国家対立と宗教対立が狭い地中海を舞台にして常に展開され、また太平洋やインド洋などに比べれば格段に穏和な海洋条件の中で発達した優れた構造の様々な船が、いつしか戦う船として発達し、しばしば大規模な海戦が繰り返されることになった。そしてより強力な海戦の武器としての大砲が現われ、次第に発達してゆくことになったのである。

記録に残る最も古い海戦は、紀元前四九四年にペルシャとギリシャの間で展開されたラデの海戦とされている。そしてその後も紀元前四八〇年のサラミスの大海戦、紀元前二六一年のミュライの海戦（イタリア・メッシナ海峡）、紀元前二四一年のアエガデス諸島沖の海戦（イタリア・チレニア海）、紀元前三一年のアクティウムの海戦（ギリシャ・アクティウム沖）等、大規模な海戦がたびたび起きている。

これらの時代の海戦は全てガレー型軍船で戦われた。ガレー型軍船は穏やかな地中海特有の船として発達したもので、推進力は一枚の帆と三十〜百対のオールであった。オールはほとんどの場合は奴隷が操作することになっており、彼らは戦闘が始まっても逃げ出せないように足枷がはめられ、「生き残るためにはただ一心に漕ぐだけ」という過酷な条件の中で戦闘に協力させられたのである。

戦闘が開始されると当初は相手のガレー船に接近し、乗り込んでいる兵員が相手に弓を射かけ相手の戦闘力を損なわさせ、最後には自船を相手の側面に衝突させ、船首の水面下に突き出した衝角（ラム）で相手の船を沈めるのである。また相手の船が容易に沈まない場合には、乗っている兵員が相手の船に刀や槍を振り上げ乗り込み白兵戦を展開し、どちらかの兵員が抹殺された時点でその船の戦闘は終了する。この間漕ぎ手の奴隷は自分の船が沈められないように（沈んだ時は自分たちの死を意味する）、指揮官の命令にしたがってただ一心に漕ぐだけなのである。そしてもし戦闘に勝った船が相手の船の漕ぎ手の国であれば、彼らは奴隷から解放されるが、他国の奴隷であれば戦利品として彼らを新たな漕ぎ手の奴隷として手に入れることができるのである。

また今に伝えられている記録によると、両軍の二隻の船が接近し弓矢合戦が始まった場合、コブラ等の猛毒の蛇を相手の船内に投げ込むという戦法も使ったらしい。多数の毒蛇が投げ込まれた場合に最も混乱するのは逃げ出すことのできない漕ぎ手の奴隷たちで、騒ぎの中で漕ぐ力は一気に削がれ、不利な戦闘を強いられることになるのだ。

地中海の軍船の主力は国を問わずガレー船であった。そして時代の推移とともに次第に大型化し、一段式のオールの配列が二段式になり、最終的には三段式配列の軍船も現われた。この場合はオールの数は両舷合わせて二百丁にも達した。

ガレー式軍船による最後の海戦は一五七一年にギリシャ半島沿岸のレパント沖で展開されたレパントの海戦とされている。そしてこの時海戦に初めて大規模に大砲が登場するのである。大砲の出現が陸上の戦いより二百年前後も遅れたことにはそれなりの理由があったのだ。

つまり初期の大砲は使用するごとに砲座を組み立てる煩雑さがあり、また砲を固定して使うために船の揺れに対応できず、また移動する相手の船に照準をあわせることはなお難しく、船の上では大砲は極めて取り扱いずらい武器であったためであった。

西暦一五〇〇年前後に艦載用のカルバリン砲が出現し、西暦一六〇〇年頃に実用的カノン砲が出現し、西暦一七九〇年頃にカロネード砲が実用化されると、帆装の軍艦はそれぞれの砲の出現に合わせるように改良が加えられ大型になっていった。

艦載砲を装備した船として記録に残る最も古い船に、コロンブスの第一回新大陸発見航海の時にコロンブスが乗り込んだサンタ・マリア号がある。この船は一四八〇年頃完成したとされている。船の形式はキャラック型帆船で全長二十三・六メートル、全幅七・九メートル、排水量五十一・三トンの三本マストの船であった。

サンタ・マリア号は二層の甲板を持ち、第二甲板の片舷にはそれぞれ四門の口径五センチのカルバリン砲を搭載しており、その他には武器としてボウガン、携帯用の投石器を備えていたとされている。

キャラック型帆船は西暦一四〇〇年代後半頃から地中海西部やポルトガル方面に出現した航洋型の帆船で、当時としては最も新しい設計の船であった。しかしこの頃は軍艦はまだ出現しておらず、商船に海賊対策用の多少の武装を施さなければならなかった。

西暦一五〇〇年代に入ると、北洋海域ではバルト海を中心により大型のキャラック船が出現している。この大型のキャラック型帆船は、バルト海周辺諸国で組織されたハンザ同盟の主力貿易船として活躍し、出現当初からイギリスの海賊船対策としてカルバリン砲が搭載されていた。例えばドイツの排水量五百二十七トンの大型のセイラギエン号などは、後部甲板両舷に八門のカルバリン砲を備えていた。同号は一五二八年にデンマーク半島沖を航海中に三隻のイギリスの海賊船に襲撃された。

この時セイラギエン号に搭載されていたカルバリン砲は口径八センチのものと伝えられているが、相手の海賊船の船体を破壊できないまでも、帆を破り何本もの索具を切断し帆の操作を不可能にし、さらに船尾の細い帆柱、甲板上の乗組員（海賊）の多くを撃ち倒すという激闘を展開、一隻を航行不能にさせもう一隻を破壊し、残る一隻を敗走させるという大殊勲を打ち立てたのであった。

一五〇〇年代の初め頃にはキャラック船よりも大型のガレオン船が出現するが、性能のよいこのガレオン船はたちまち西ヨーロッパで建造されるようになり、東洋やアメリカ大陸方面に向かう船の主力となった。

一五三〇年にベネチアで建造された三本マスト型のガレオン船カンディア号は、排水量六百五十トンの強力な武装商船として完成しているが、装備した大砲の数から判断すると、もはや軍艦といえる強力な商船であった。

カンディア号の上甲板の両舷には合計十六門の口径五センチのカルバリン砲を搭載し、第二甲板には両舷合計十六門の口径八センチのカルバリン砲を搭載していた。

カンディア号は一五三八年に展開されたプレベッサの海戦に軍艦として参戦している。そしてその強力な武装によって単艦で多くの敵船を破壊し、軍艦以上の戦闘力を発揮したとして知られるようになった。

一六〇〇年代に入ると完全な軍艦が登場する。スタイルはガレオン型で三本マストの三層甲板の船がその始まりであったが、時代が進むにしたがい、より大型になり一六六五年に完成したオランダのゼーベン・プロビンシェン号などは、排水量実に千四百二十七トン、甲板数四層で、乗組員の総数は七百四十三名に達していた。彼らのほとんどは搭載する多数の大砲の操作要員であった。

同号の武装は強力で三層の甲板には両舷合計百門の大砲を装備していた。この頃にはカノン砲も出現しており、大砲の内訳は口径十五センチのカノン砲六十門、口径八センチのカルバリン砲二十門、口径四～五センチのカルバリン砲二十門を搭載していた。そしてこれらの砲は重い砲（口径の大きな砲）は船の重心を下げるために下の甲板に装備されていた。

第16図　木造帆装戦艦の外枠構造

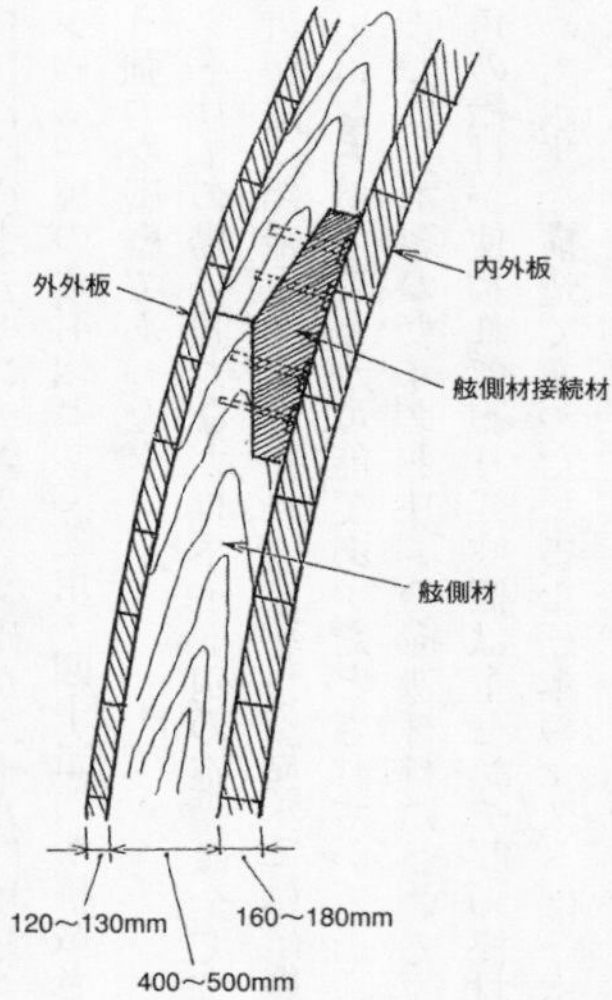

この構造はその後百四十年以上の間西欧型帆装戦艦の基本となり、百三十年後に出現したイギリスを代表する帆装戦艦ヴィクトリー（排水量三千二百二十五トン）も全く同じ構造で、武装はさらに強力となり、三層の砲甲板の最下段の甲板の両舷には強力な口径二十五センチのカロネード砲が合計三十二門搭載され、艦尾には最強の口径二十八センチのカロネード砲二門が搭載されていた。そしてその

上の甲板には口径十五センチのカノン砲が二十八門搭載され、上甲板には口径十センチのカルバリン砲（一種の速射砲として使用）四十二門が搭載され、搭載する砲の総数は実に百四門という強力な戦艦であった。

ヴィクトリーの場合強力なカロネード砲の砲弾は全て実体弾が使われていたとされているが、至近距離（距離百メートル以内）からの砲撃では敵艦の外板やメインマストを確実に破壊あるいは撃ち倒すことが可能であったとされている。

参考までに全木製のヴィクトリーの構造材料について説明すると、船底の竜骨には四十六センチ角の楡材が使われており、舷側は十センチ厚の樫材と柏材が二重張り構造になっており、極めて頑丈な構造であった。また三本のマストは一本の木材ではなく、樫材を寄せ木加工した構造（直径一メートルの寄せ木の柱を多数の鉄製のタガで締め付け補強したもの）で極めて頑丈であった。

トラファルガーの海戦でヴィクトリーと砲撃戦を展開したフランスの戦艦も、構造的にはヴィクトリーと大差はなかったが、ヴィクトリーの搭載した大口径のカロネード砲の至近距離からの砲撃で頑丈な船体の舷側が破壊され、沈没艦も出たのである。

余談であるが一七〇〇年代に入ると、イギリスをはじめオランダ、フランス、スペイン等の海軍では競って強力な軍艦（戦艦）の建造が進められたが、一七五〇年頃になるとそれぞれの軍艦は大きさと搭載する砲の数によって用途が定められ区分されるようになった。その後に続く軍艦の種類の原形ともいえる区分である。その区分をイギリス海軍に例をとると次のようになる。

一級艦	搭載砲百門以上		砲を搭載する甲板の数三層		後の戦艦相当	
二級艦	同	九十〜百門	同	三層	同	
三級艦	同	六十四〜八十九門	同	二層	後の重巡洋艦相当	
四級艦	同	五十〜六十三門	同	二層	後の軽巡洋艦相当	
五級艦	同	三十〜四十九門	同	一層	後のフリゲート艦相当	
六級艦	同	二十〜二十九門	同	一層	後のスループ艦相当	

この分類で一級艦から四級艦までは戦列艦と呼ばれ、海戦の主役を演じる艦であった。

イギリス海軍は強力なカロネード砲を一級艦から三級艦に搭載した。帆装軍艦時代の砲撃戦は全て近距離、それもかなりの至近距離で行なわれた。その理由は当時使われていたカルバリン砲やカノン砲あるいはカロネード砲の有効射程が短かったこともあるが、弾道が不安定で距離三百メートル以上の目標に対しては、照準どおりに弾丸が飛ばないということ、また実体弾では射程が伸びれば命中時の打撃力が絶対的に低下することも大きな理由であった。

帆装軍艦の砲撃戦として最も有名なものはトラファルガー沖海戦であるが、この時フランスとスペインの連合艦隊とイギリス艦隊が砲撃戦を行なった距離は百メートル以内、多くは五十〜六十メートルという至近距離であったと伝えられている。この砲撃戦は双方全くの乱撃戦であったが、イギリス側が勝利を得た原因は、最後まで艦隊（個艦も含めて）運動に規律が守られていたこと、つまり乗組員それぞれの訓練が行き届いていたこと、そして強力なカロネード砲の存在であった。
カロネード砲の破壊力は強烈で、フランス・スペイン連合艦隊のほとんどの艦の舷側は破壊され、帆柱は折られ、帆や索具はズタズタに切断され、動力源としての帆装装置は破壊されて機能せず、帆走不可能になったところをさらにカノン砲やカルバリン砲の猛攻撃で乗組員の大半が倒されたことにあった。

当然のことながら攻撃力の弱まった連合艦隊の各艦に対しては、近接射撃で効果が大きい各種の砲弾が撃ち込まれ、戦いは文字どおり滅多撃ちの中で終了しているのである。

帆装軍艦の戦いは最盛期の最強の戦艦でも、風頼りの操船と破壊力が絶対的とはいえない砲のために、勝利を得るにはよほどの幸運も必要であったが、もう一つ勝敗の帰趨を制する極めて重要な要素があった。

当時の戦列艦の一級から三級艦までは砲は三層の甲板に分散されて配置されていたが、最下段の三層目の砲甲板には船の重心を下げるために、主力の重量のある大きな口径のカノン砲やカロネード砲が配置されていた。

帆装軍艦の戦闘では操艦に有利な位置である風上側に位置することが鉄則である。しかし風が強い場合には風上側にある軍艦はスピーディーな操船が可能であるが、船体は常に風下側に傾斜せざるを得ない。軍艦の砲は全て舷側に配置されており、できるだけ片舷の全砲で戦闘を行ないたく、船の位置はどうしても相手に対して平行な姿勢になりやすい。つまり砲撃する側の砲は船の風下への傾きにより波浪が激しい場合には最下段の砲門の蓋を開くと船内に海水が浸入をはじめ極めて危険な状態になる。風下側の位置を余儀なくされた艦隊は最下段の砲門は、船体が持ち上がるために砲門から海水が進入することもなく、片舷全ての砲で射撃することができるのである。このために風波が強い場合の戦闘ではむしろ風上側の艦の砲戦力が弱体化してしまうために、戦闘に入る前には有利な砲戦を展開するために、司令官や艦長はよほどに気象条件を把握しておく必要があるのだ。

トラファルガーの海戦時の天候は風上側の艦の全砲門からの射撃が可能なほどで、幸いに悪天候ではなかったのであった。

もう一つ軍艦が砲撃戦を展開するに際しての鉄則があった。それは艦載砲が船体の側面に沿って配置されているために、この状況を最大限に有効に活用するためには、軍艦が単独ではなく、数隻の軍艦で編成された戦隊の場合には、それぞれの艦は一列縦隊（単縦陣）で敵に向かって進み、敵に向かって各艦の全砲の射撃ができる態勢を整えることが絶対の条件なのである。そしてこの単縦陣戦法は一六五〇年頃にイギリス海軍で実際に採用され、以後砲戦時における戦隊または艦隊の陣形の基本として後世まで遵守されることになった。

帆装軍艦の最盛期の時代、つまり一六五〇年頃から一八二〇年頃までの西欧の海軍には、砲戦力以外に海戦の帰趨にも影響しかねない、各国海軍の特有の伝統や習慣が存在したのである。これをイギリス、フランス、スペイン各海軍について眺めると大変に興味深いものがある。

それは各国海軍組織内の伝統と艦内組織、そしてそこに登用される軍人の資質である。

イギリス海軍では一五〇〇年代後半に私掠船（国家公認の一種の海賊船）の船長として勇名をはせたフランシス・ドレークは、イギリス海軍創世期の有能な艦長の一人であった。彼はその後のイギリス海軍の実戦の艦船に様々な影響を与える組織改革を断行したことで知られている。彼は現在でも残されている艦船内の階級と組織を確立させたのである。

彼は艦長、航海長、掌帆長、掌砲長、海兵隊長などという艦内組織の統率者を確立させ、彼らに率いられた乗組員の教育を最重点事項として、海軍内組織、特に艦内組織の育成に取り組んだのである。そしてこれら組織のリーダーたちには、当時のイギリス社会に根深く浸透していた階級とは一切無関係に、技能に優れ経験豊富で有能な人物を積極的に登用したのである。そしてこれらリーダーを中心に艦長の命令は唯一絶対とする艦内の鉄則を確立させたのであった（この鉄則は現在でもイギリス海軍や商船隊の絶対的条件・習慣として受け継がれている）。つまりイギリス海軍の戦闘方法は全艦船の一糸乱れない行動とその中での動作になった。

一方、スペイン海軍ではリーダーとなる人物は技能や経験に関係なく、貴族階級の人物が登用されることが伝統となっていた。極端な表現をすれば艦長には、人格、思考、経験などで全く不適当な人物が登用される可能性が極めて高かった。このような艦長の指揮下の軍艦では乗組員の訓練も統率も全く不十分、ということが起きる可能性は十分にあるのである。

またフランス海軍はスペイン海軍の事情に近いところもあるが、艦長の任命も艦長が部下を任命する場合も、えこひいき的な感情やコネ活動が多くの幅を利かせ、有能な人材が登用される以前に、未経験・技量無能な人物が登用される場合が多く、艦内ばかりでなく海軍自体の弱体化に影響しかねない環境が育っていたのである。この弊害を示す典型的な事件が一八〇〇年代初頭に起きたメデュース号の筏事件である。

この場合、輸送艦メデュース号の艦長に任命されたショウマレー海軍中佐は、とうてい船の指揮官としては無能な人物であり、重大な遭難事件は彼の無能な判断から引き起こされ、多数の遭難者を出すことになり、当時のフランス海軍の一大スキャンダルになったのである。

海軍内や艦船内でのこのような組織力の差は、いざ戦闘となった場合には重大な結果を招くのは当然である。海軍内の組織内に顕在する弱点が表面化した典型的な例がトラファルガー海戦である。

この海戦はイギリス側の卓越した作戦指揮にもよるが、この作戦指揮、中でも徹底した単縦陣戦法を確実に最後まで実行したことが最大の勝因であった。それは参加した軍艦の乗組員の一人一人まで浸透した基礎教育と基礎意識のたまものなのであった。

一方のフランス・スペイン連合艦隊は、指揮官やリーダーたちの事前からの意志不統一、厭戦気分の増長、練度の不足など、統一した戦闘態勢が取れないままに壊滅してしまったのである。

実はおもしろいことであるが、この時代前後のイギリス海軍の提督や艦長を眺めるとその出身が極めて多彩であることだ。これこそドレークがめざした海軍強化方法の一つであったのだ。その例、ネルソン提督は牧師の息子、ネルソン提督の副司令官であるコリンウッド提督は肉屋の息子、ジョン・ジャービス提督は弁護士の息子、ジョン・ベンボウ提督は炭鉱労働者の息子、イギリス社会では、とうてい上流社会とはいえない中流以下の階級の出身者である。しかし彼らは全てその偉大な功績により貴族（一代貴族）の称号を授かっているのである。

フランスやスペインでは考えられないことなのである。

第3章　近代艦砲の出現

元込め砲の出現と艦砲の進化

カルバリン砲に始まりカノン砲、カロネード砲までの艦載砲の進化には約三百五十年の年月を要している。これらの砲は機能的には全く同じである。つまり前装式の滑腔砲である。また使われる砲弾も基本的には当初は石、途中から鋳鉄の実体弾で弾丸が爆発することは基本的にはなかった。

これらの砲に際立った進化が見られなかった理由として、当時の技術レベルは鉄を工作する旋盤やボーリング機械など工作機械を発明するという段階には至っていなかったこと、青銅や鍛鉄以上に強靱な材質が未開発であったこと、機械というものに対する思考が育っておらず、革新的な発想を実現するだけの技術レベルがなかったことなどが考えられるが、一つには艦船が全て木造であるということが取り扱いに制限をつくり、次なる革新的な砲の発明にブレーキを掛け、むしろ現状の砲と砲弾の改良で十分に効果が期待できるという考えが柱となった模様である。

砲弾の改良の中には絶大な効果が期待できる炸裂弾の開発も見られたが、信管の原理は当時の技術力では実用化は困難であり、また発想も貧弱で結局は旧態依然の、作動に不確定要素が多すぎる火縄式信管が進歩の限界であったのである。そして弾着と同時にほぼ確実に作動する炸裂弾としてのペクサン弾が出現した時、ちょうど砲の製造技術にも革命的な発想が現われ、長く続いたカロネード砲やカノン砲の時代は、突然に全く新しい発想の砲の時代に突入することになったのである。

一八五〇年にアメリカ海軍の火器開発部長であったジョン・A・ダールグレン大尉（後に海軍少将）が、強力な破壊力を持ち命中時には確実に炸裂する球形砲弾を開発した。そして同時にこの弾丸を長射程で発射できる砲（ダールグレン砲）も開発した。

このダールグレン砲は基本的には構造的にもそれまでのカノン砲と変わるところはないが、そこで使われる砲弾の破壊力はカノン砲やカロネード砲の比較にならなかったのである。実弾射撃実験の結果、同じ口径のダールグレン砲とカノン砲を比較した場合、次のような結果になったのである。

口径七インチ・カノン砲

口径：十八センチ、砲身長：三メートル、砲弾重量：二・五キロ、射程：千七百四十五メートル（仰角五度）。

口径八インチ・ダールグレン砲

ダールグレン砲

口径：二十センチ、砲身長：二・九三メートル、砲弾重量：二・九キロ、射程：千五百九メートル（仰角五度）。

ほぼ同じ口径の両砲は砲弾重量の差やカノン砲十六・七口径とダールグレン砲の十四・六口径の違いから、ダールグレン砲の方が射程は短いが、これを補ったのが爆裂式砲弾の威力であった。

カノン砲の場合は仮に射程二百メートルで目標の敵艦の舷側に砲弾が命中しても、その打撃力だけで厚い二重構造の固い樫材の舷側を一気に破壊することは難しい。しかしダールグレン砲の場合は同じ射程であれば、砲弾の打撃力と爆発によって舷側を完全に破壊することが可能なのである。特に打撃力に頼るカノン砲であれば、射距離が伸びた場合にはカノン砲の実体弾の打撃力は射程に反比例して減衰するために、砲撃の効果は著しく損なわれる。それに反しダールグレン砲の爆裂砲弾は確実に命中した目標を破壊する、という効果が期待できるのである。

アメリカ海軍は直ちにダールグレン砲をアメリカ海軍の正式艦載砲として採用した。そして一八五〇年頃から完成したアメリカの軍艦には次々とダールグレン砲が搭載された。

一八五三年七月にペリー提督（海軍代将）が四隻の軍艦を率いて最初の来航をした時、次席旗艦のフリゲート艦のサスケハナ（SUSUQUEHANNA）には、十二門の九インチのダールグレン砲が搭載されていた。本砲は口径二十二・九センチ、砲身長三・三メートル、砲弾重量四キロ、そして最大射程千五百五十四メートルの性能を持っていた。

当時日本側が三浦半島の観音崎や房総半島の館山周辺に急ぎ配置した合計十九門の大砲は、口径六・三インチ（十六センチ）の実体弾を発射するカノン砲で、その最大射程は五百〜六百メートルとされていた。サスケハナの装備するダールグレン砲にはとうてい及びもつかない貧弱な武装であるが、事情を知らない日本はこれで良としていたのである。

ちなみにサスケハナは一八五〇年完成のフリゲート艦で、当時のアメリカ海軍の艦艇の中でも最も早くダールグレン砲を装備した艦であった。

しかしこの強力なダールグレン砲の寿命は短かった。この頃から陸海を問わず砲の構造は急速に元込め方式（後装砲）に移行しつつあったのである。

後装砲はそれまでのカノン砲やカルバリン砲など、砲口から発射薬と弾丸を装塡する前装砲に対するもので、砲の後ろ（砲尾）から発射薬と弾丸を装塡するもので、発射速度を画期的に早めることが期待できる砲であった。そしてもう一つ後装砲に期待できるものは、砲身内に旋条（ライフル）を切り込み、より強力な発射薬の力で砲弾に回転力をつけて撃ち出し、直進弾道性を高め、射程の伸遠を図ることができることであった。

世界的な傾向として一八〇〇年代は船の世界が画期的に変化した時代であった。一つは動力が風力（帆船）から蒸気動力に転換する時代であった。もう一つは船体を造る材質が、木材から鉄材＝練鉄（鉄鋼が出現するまでには今少しの時代が必要であった）に変化しつつある事であった。

軍艦の舷側が木材から鉄材に変化すれば、実体弾だけを発射する旧来のカノン砲や、爆裂弾とはいっても貫通力を持たない実体弾に近い形状の弾丸を発射するダールグレン砲は、戦闘においてはもはや何の役にも立たなくなってしまうのである。

元込め式の大砲の構想は既に一四〇〇年代の末頃にはあったとされている。しかし発射火薬の爆発力が強力な大砲の場合、爆発力を封じ込める方法が構造的にも材料的にも当時は不可能であったのだ。発射爆発力の格段に弱い小銃の場合には、一六〇〇年代には後装式のものがほぼ実用化の段階に入っていたが、後装式の小銃が広く使われ出したのは一八五〇年代頃からで、アメリカの南北戦争（一八六一〜一八六五年）では、主力小銃は単発式の後装小銃から連発の後装小銃へと急速な発展を遂げている。その一方でこの時代の大砲は野戦でも海戦でもまだ前装砲が全てであった。

後装砲の開発はいかにして発射火薬の爆発ガスを安全な方法で封じ込めるかにかかってい

た。そして一八五〇年にイギリスでほぼ完成された後装砲が完成された。いわゆるアームストロング砲である。

イギリスの兵器工廠のウイリアム・G・アームストロングが四十ポンド(約十八キログラム)の砲弾を発射する後装砲を開発したのである。そして試作された砲は直ちに当時戦われていたクリミア戦争の戦場に送り込まれた。

この砲の最大の特徴は現在の後装砲の基本にもなっている、砲尾での発射火薬の爆圧を封じ込めるための砲尾の鎖栓が完備されたことであった。

このアームストロング砲の射撃時の機構を知ると、後装砲の構造の難しさや開発が遅れた理由がわかるのである。

次に初期のアームストロング砲の装弾から発射までの手順を砲の縦断構造図によって説明してみよう。

基本砲身(1)はそれまで使われていたカノン砲やカルバリン砲あるいはダールグレン砲などのような、鍛造による肉厚の単層構造ではなく、大きな爆圧と発射圧のかかる部分は長い練鉄製の鉄環(2~4)を三層にはめ込んで基本砲身を締めつけている。

これら鉄環はあらかじめ高温で熱し膨張させたものをはめ込んであるために、冷却するに従い基本砲身に対し内側に縮込まろうとする応力が残される。この応力によって砲身は内部で爆発する爆圧に耐え得るのである。

砲弾=爆裂弾(5)と布に包まれた発射薬(6)が砲尾から砲身内に押し込まれた後、

第17図　初期の後装式アームストロング砲の断面構造

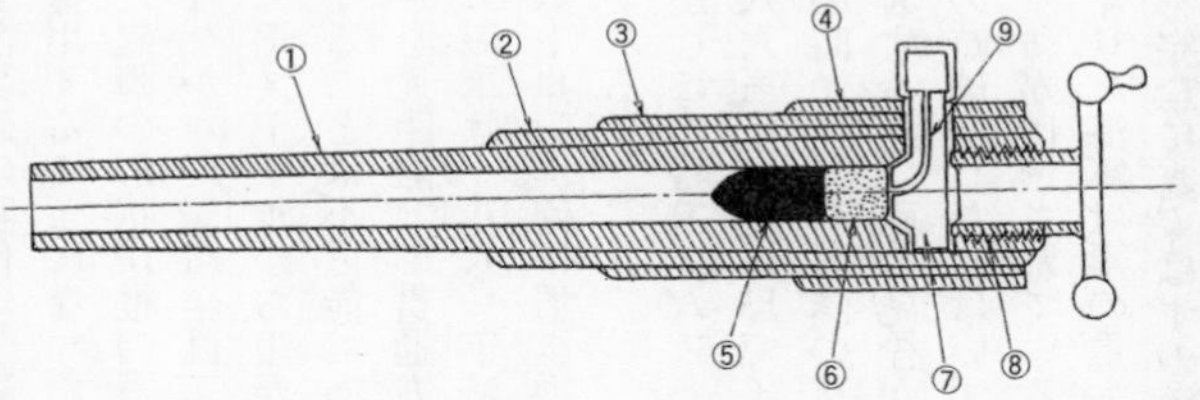

砲身に密着できる構造の鎖栓（7）が垂直に落とし込まれる。

次にハンドルの付いた砲尾栓（雄ネジが切ってある）（8）が砲尾の雌ネジに従って回され、鎖栓を砲身の末端に密着させる。この時砲弾と発射薬と鎖栓は完全に密着することになる。

次に鎖栓の上端から発射薬包に向かって穿たれた細い穴（9）に沿って点火薬が充填され、これに点火すれば発射薬は爆発し、砲弾が飛び出すのである。

なおここで注目しておきたいことは、砲身内に旋条（ライフル）が切り込まれていることである。また砲弾の形状は球形弾ではなく、いわゆる椎の実型をした現代の砲弾に近い形状をした椎の実弾である。そしてこの砲弾の表面には鉛がコーティングされ、発射に際し弾丸が砲身中を進むときに鉛のコーティングが砲身内の旋条に食い込み回転運動を起こし、飛び出した砲弾は直進することが可能になるのである。

このライフリング効果によって同じ口径のライフルのない滑腔砲のカノン砲に比べ、射程は二・五倍程度伸び、最大射程は四千メートルにまで及ぶことになった。

アームストロング砲はまさに革命的な砲であった。この砲の完成で前装砲の時代は一気に崩れ去ってしまった。そしてイギリスはこの砲を早速艦載砲として採用することになったのである。

ただ砲弾の形状が椎の実型になったとはいえ、まだ目標に命中時の貫通力は期待できるものではなかった。口径百二十〜百五十ミリのアームストロング砲から撃ち出された砲弾は、射程二千メートルから限界の四千メートルの間では、厚さ四インチ（百二ミリ）の練鉄板を貫通することは不可能であった。

しかし遠距離での貫通力を別にすれば、弾丸の直進弾道性能には十分な信頼が持たれ、イギリス海軍は一八六一年に完成したばかりの装甲艦ワリアーの十門の主砲を、全て新型のアームストロング砲に置き換え、ここに世界で最初の後装砲装備の軍艦が誕生することになったのである。

しかしこの時アームストロング砲の将来に大きく影響しかねない事件が起きたのであった。一八六三年に鹿児島でイギリスの艦隊と薩摩の間でいわゆる薩英戦争が勃発した。

この時イギリス艦隊の軍艦が搭載していた二十一門のアームストロング砲の多くが、砲弾を発射する際に砲の尾栓が吹き飛び、多数の乗組員が死傷するという事件が起きたのである。

この時破壊した砲はいずれも十数発の砲弾を発射したところで尾栓が破壊し、その圧力で砲尾全体が破壊されているのである。

イギリス海軍は事の重大さに一時は狼狽したが、詳細な調査の結果、発射に際し、砲身の尾端を完全に塞ぐはずの鎖栓が十分に操作されておらず（鎖栓の垂直落とし込み、尾栓の締め込みなどを不十分に操作して発砲する）、爆圧が隙間から漏れだし砲尾全体を破壊したもの、と結論づけたのである。つまり砲の破壊に関しては操作の未熟による不十分操作が原因の第一と考えたのである。イギリス海軍が推定した暴発の原因は次のようなものであった。それは弾丸と発射薬包が砲身内に挿入された後、鎖栓を落とし込みこれを砲尾に密着させるために砲尾栓を締め付けるが、鎖栓の落とし込みが不十分でそこに砲尾栓が締め付けられれば、当然閉塞のための締め付けは不十分になり、隙間から爆発圧の一部が外に漏れだし、その衝撃で不安定な状態にあった鎖栓は破壊する。また砲尾栓のネジ切り溝に前の砲撃の時の爆発によるカスが付着したり錆が発生していた場合には砲尾栓の締め込みも不十分になり、隙間からの爆発圧の噴出は避けられないものとなる。

第18図　各種砲尾栓の構造

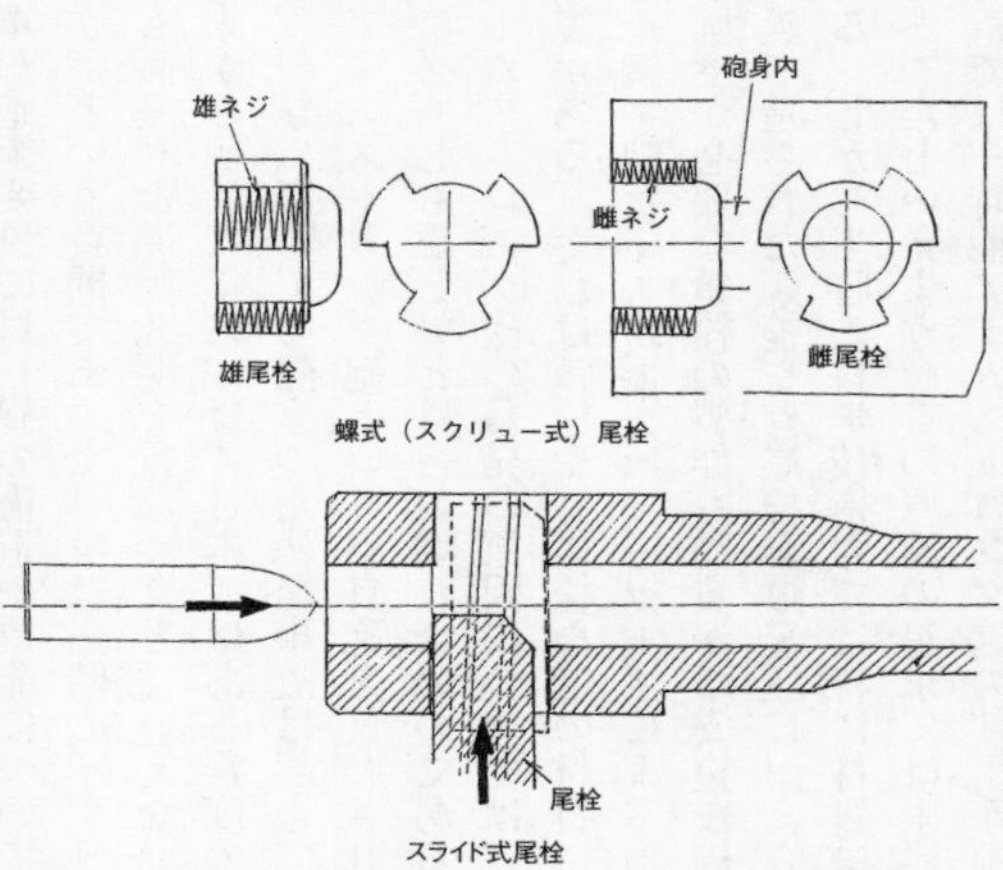

　後の話であるが、この一連の事故は起こるべくして起きたもの、つまりイギリ

ス海軍が砲術要員に対し砲の構造や機能について徹底した教育を施してはいなかったのではないか、という疑問であった。実は当時のイギリス海軍ではこの暴発事故の原因について必ずしも徹底した原因究明を行なったとはいえない事情があったらしいのだ。

幕末から明治初年にかけて日本ではある程度の陸戦用のアームストロング砲を購入しているが、射撃に際しての際立った暴発事故は起きていないのであるが、日本国内の一部では日本はアームストロング砲という不良砲を買わされた、という話が後世に伝えられているが、これは必ずしも正しいとは言い切れないのである。

アームストロング砲の暴発の原因については、もう一つの不可避な原因が内在していたとする説がある。それは鎖栓や砲尾栓などの材質に関する問題である。この頃はまだ品質の安定した鋼を製造する技術（ベッセマー法による均質鋼の製造など）は開発されておらず、均一な強度が必要な鎖栓の製作も品質が不安定な錬鉄が使われていた時代であり、品質不安定な錬鉄で造られた鎖栓や砲尾栓が爆発圧に耐えられず、破壊したことも十分に考えられるのである。しかし当時の科学技術力では特に材質に潜む強度上の問題の究明は求めるほうが無理であったといえよう。真の原因の追求には限界があり、多くの問題が残されたままイギリス海軍では一時期アームストロング砲の使用が中止され、短期間ではあるが前装式の改良砲が使われることになるという事態になったのである。

しかし後装方式の砲の利便性は砲弾の改良と共に早期の新式砲の開発を促し、まもなくイギリスではアームストロング社やヴィッカース社が、ドイツではクルップ社が、フランスではカネー社やフィブリール社が改良された砲尾栓を装備した後装砲を送りだし、陸軍も海軍も急速に砲は後装砲の時代に突入していったのである。

イギリス海軍の場合は一八六六年の時点ではアームストロング砲事件の結果、一時的に軍艦の砲は主砲も副砲も旋条付砲身の前装砲が装備されていた。しかし一八八六年に至り、改良された鎖栓と尾栓を持った後装式のアームストロング砲やヴィッカース砲が採用されるようになったのである。またこの頃には使われる鋼材も錬鉄から量産可能な鋼鉄に代わり、均質で強度の高い鋼材が砲の材質として使われ出しているのである。

安全性が保障された後装砲が完成した直接の理由は完全な鎖栓や砲尾栓の開発にあった。この時開発され現在に引き継がれているものに、スライド式鎖栓とスクリュー式砲尾栓がある。これらはアームストロング砲に見られた複雑な作業を要する鎖栓構造をより単純化し、爆発圧を確実に封じ込める構造にし安全性を格段に高めたものであった。

スクリュー式の砲尾栓システムは現在の大口径の砲では一般的に使われているもので、砲身内に弾丸と発射薬包を挿入、あるいは薬莢式の砲弾を砲身内に挿入した後にスクリュー付きの頑丈な蓋で砲尾を閉じるという簡単かつ確実なシステムなのである。

実は後装砲の飛躍的な発達の原因にはもう一つの技術の開発があるのだ。それは砲弾発射時の砲身の反動をいかにして軽減させるかという問題の解決である。

カロネード砲やカノン砲あるいはカルバリン砲では、砲身を車輪の付いた台車に乗せ、射撃の反動は台車が後退することで吸収していた。しかし狭い艦内ではこの動きは極めて危険である。唯一の解決方法は砲と台車に取り付けられた太いロープで台車の後退する動きを止めることであった。

初期のアームストロング砲の発射の衝撃はカノン砲などと同じ方法で吸収していたが、一八四〇年代に原始的なバネ式の衝撃吸収方法が考案された。しかし鋼鉄の製造技術が未開発であった当時は、頑丈なバネを製造することは極めて困難なことであった。射撃の衝撃を確実に吸収できる頑丈なバネが完成するのは一八〇〇年代の末であった。

一八九七年にフランスが陸戦用の野砲に液圧式の衝撃吸収装置と、後退した砲身を元の位置に戻す装置を開発し実用化したのである。射撃の衝撃を吸収する装置は駐退機と呼び、後退した砲身を元の位置に戻す装置を復座機と呼ぶ。

駐退機は砲の発射したときの瞬発的な衝撃を緩和させる装置である（ゆっくりと時間をかけて衝撃を受けとめる）。液圧式の衝撃緩和メカニズムは、砲身に固定されたピストンの中に粘度の高い液体（主に油）を入れ、ピストンのロッドが発射の衝撃を受け止めると、ピストンの一方に設けられた細かい穴から液体が徐々に押し出され、発砲の瞬間圧力を分散して均一になるのである。

一方、後退した砲身を元の位置に戻すためにはバネが多く使われてきたが、現在では圧縮空気が使われることが多い。

このように後装砲の急速な発展は砲身、特に弾薬を装塡した後に爆圧を封じ込める砲尾栓を含めた砲自体の開発と、駐退機と復座機の開発、さらにこれら各装置の組み合わせが完全に出来上がって初めて可能になったのである。

一八九〇年代になると艦載砲は世界的に後装砲の時代に突入する。それと同時に弾道学の研究も進められ同時に砲弾の研究も急速に進むことになったのであった。

この頃には砲弾はかつての球形実体弾や球形炸裂弾から、空気力学や弾道学の研究から生み出された椎の実型（流線型）砲弾に移行してゆくのである。

弾道学の研究は砲身の構造の進歩にもつながっていった。砲身の内面には弾丸に回転運動を与え直進性を高めるための旋条が切り込まれるのが常識となった。当然のことながら砲弾にもこの旋条にうまく食い込むための工夫も施されるようになった。

つまり砲弾の形状が椎の実型になった理由の一つに、砲弾に回転運動を与えやすくするということもあったのである。

砲身の構造の進化は材質が鋼鉄になったことと密接に関係がある。鍛造の砲身であれば爆圧に耐える砲身を造るためには鍛造に際して肉厚を厚く製作する方法や、初期のアームストロング砲のように爆圧がかかる部分には厚い鋳鉄の筒を焼嵌めで被せ二重構造、三重構造にする方法もあるが、この方法では必要以上に重量の増加を招くことになるのである。

粘りのある強度の高い鋼鉄が開発されてからは、砲身の強度を高めるための様々な工夫が出来るようになったのである。鋼鉄製の砲身でも砲身の基本は頑丈な鋼鉄の管を造ることにある。そして砲身の強度をさらに高める（砲弾発射時の高い爆発力に耐える＝直径の大きな砲弾を発射する）ためには、基本の鋼鉄の管の周囲を鋼線で巻き締め強度を高め、その上にさらに熱した鋼鉄管を被せ、この鋼鉄管が収縮するときに出る強力な収縮圧力が、強力な砲弾の発射時の爆圧に耐え得るものとし、強靭な砲身は製造できるのである。

つまり大口径砲用の強靭な砲身を造るためには、この構造を繰り返せばよいのである。

鋼鉄の製造方法は一八五六年にイギリスのヘンリー・ベッセマーが発明した転炉の出現と、その後の長い研究改良により完成されることになったが、それまでの品質の不安定な鋳鉄やパドル工法による練鉄に比べ鋼鉄の品質は、粘度や強度の上でも格段の向上を見ることになり、一八八〇年代半ばにあらゆる鉄製製品に優秀な鋼鉄が使用されるようになっていった。この優れた鋼鉄の構造物の世界へのデモンストレーションとして造られたものにパリのエッフェル塔がある。そして兵器への応用と共に船の世界でも急速に頑丈な鋼鉄製の艦船が普及して行くことになるのである。

装甲と艦砲の進化

海戦で命中と同時に爆発する榴弾が極めて効果的な武器であることを実証する画期的な出来事があった。それはクリミア戦争の時の一八五三年十一月のシノペの海戦であった。

この海戦ではペクサン型榴弾を発射したロシア艦隊が、球形実体弾しか発射できなかったトルコ艦隊に対し圧倒的な勝利を納めた。この海戦に参加した両海軍の軍艦はいずれも木造であった。しかしこの海戦の結果は、各国海軍に炸裂弾に対抗するためには、艦を装甲することがいかに重要であるかを一気に植えつけたのである。

すでにイギリス、フランス、ドイツ、アメリカなどの海軍では、軍艦の舷側に鉄板を張って防御を強化する研究が進められていたが、このシノペの海戦の結果が知られるまでは、各国海軍の軍艦の装甲ということに対する意識や研究はさほど進歩したものではなかった。

フランスではペクサン型榴弾の実用化に伴い、シノペの海戦以前からペクサン砲弾の発明者であるペクサン自身が海軍に対し、軍艦の舷側を鉄板で覆うことを提案していたが、この提案は海軍内ではさほど興味の引かれる話題とはならず、受け入れられなかった。

ペクサンはその後独自に軍艦の防御の必要性を証明するために、様々な実験を独自で行ない防御の重要性を証明してみせていた。その中で一八五四年に行なった一連の実験が海軍上層部の目を引くことになったのである。

彼は数枚の厚い鉄板（錬鉄板）を重ね厚さ四十二センチにした基板を作り、その上にさらに十センチ厚さの鉄板（錬鉄板）を張り付けたものを標的にし、三百メートルの距離からカノン砲でペクサン型榴弾を発射した。

結果は明らかであった。十センチ厚さの鉄板は砲弾の命中で多少の変形はしたが、鉄板を貫通することはできなかった。この結果を重視したフランス海軍上層部は直ちに世界最初の装甲艦の試作建造を命じたのである。一八五七年にこの艦は完成したが、基本的には木造艦であった。ただ舷側全体に厚さ十センの鉄板を張り巡らしていた。艦名はデバスタシオンと命名された。

世界最初の装甲艦デバスタシオンはその後標的艦や操艦性能なども含め、様々な実験対象となったが、装甲の有効性は確実に証明されるものとなったのである。デバスタシオンの実績を踏まえ、フランス海軍は一八六〇年に世界最初の外洋型装甲フリゲート艦グロワール（基準排水量五千六百十八トン）を完成させた。帆装軍艦が基本スタイルであるが補助旗艦として蒸気機関が搭載されていた。グロワールの基本構造は先のデバスタシオンと同じく木造であるが、舷側には百十～百二十ミリの鉄板（錬鉄）が全面にわたり張り巡らされ、マストの基部など甲板上の重要構造部分にも鉄板が張られていた。

しかし搭載された砲は最新式軍艦とは言いにくいものであった。つまり搭載された砲は、砲弾は最新式のペクサン型砲弾を発射するが、砲自体は旧態以前としたカノン砲であった。搭載された砲は口径十六センチのカノン砲で、帆船時代と全く同じく、上甲板下の中甲板に片舷十六門ずつ搭載され、発射に際しては舷側の蓋を開けて射撃する方式であった。

しかしこの装甲フリゲート艦グロワールの完成はイギリス海軍に衝撃を与えた。イギリス海軍は軍艦の装甲化に対しては煮え切らない態度を示していたが、グロワールの完成はイギリス海軍の態度を一変させた。直ちに装甲艦の建造の準備を始めたのである。しかもそこで検討されていた装甲艦は木造艦の外板に鉄板を張り巡らすというものではなく、船体自体を鉄（まだ鋼鉄ではない）で造るというものであった。

艦は一八六一年十月に完成した。艦名はワリアーとされた。船全体は鉄製で外板は二十～三十ミリの鉄板で仕上げられていたが、グロワールと同じく中甲板が砲甲板となり、砲門周辺の舷側に百十四ミリの鉄板が張り巡らされていた。

ワリアーの艦種は大型フリゲートで基準排水量九千二百四十トンであった。基本船体は三本マストの帆装艦であるが、最大出力五千四百七十馬力という強力な蒸気機関一基を搭載し、機走だけでも最高速力は十四・四ノットを発揮するという、当時の世界最高速に属する軍艦であった。

ワリアーの武装はグロワールとほぼ同等であった。口径十八～二十センチの前装砲を合計三十二門搭載した。

フランスとイギリスの二隻の装甲艦の出現は各国海軍の軍艦のあり方を一気に変えることになったのである。各国海軍の多くの木造軍艦の外板には装甲としての鉄板が張られた。また新造される軍艦もほとんど全ては基本船体は木造であるが、外板に装甲としての鉄板が張られるようになったのである。しかしその多くは帆装軍艦で、一部の軍艦には蒸気機関が搭載され複合動力艦となっていたが、軍艦としては帆装軍艦から蒸気駆動軍艦の過渡的状態にあったことは確かである。

興味を引かれる話であるが、幕末に二度日本に来航したアメリカのペリー提督一行の艦隊の主力艦（ポーハタン、ミシシッピ、サスケハナ等）は、いずれも木造艦で蒸気機関は備えていたが基本は帆走で、装甲を施した艦は一隻も存在しなかった。

世界の軍艦の装甲化は一八六〇年代頃から急速に進んだが、この頃には砲力や装甲の進化の効果を証明できるような大規模な海戦は、一八六六年に地中海で展開されたリッサの海戦以外にはない。

リッサの海戦はプロイセン王国とオーストリア帝国との間で戦われたいわゆる普墺戦争の際に、プロイセン王国側に味方したイタリア王国海軍とオーストリア帝国海軍の間で、地中海のアドリア海で繰り広げられた海戦である。

この海戦ではオーストリア側二十一隻（装甲艦七隻、非装甲艦十四隻）と、イタリア側十二隻（装甲艦十二隻）が参加したが、イタリア側は装甲艦二隻を失い、乗組員六百二十名を失ったのに対し、オーストリア側には沈没艦がなく、また乗組員の損失も少数に終わり結果的にはオーストリア側の勝利に終わっている。

海戦では互いに砲撃には球形の炸裂弾を使用し、イタリア側の一隻は炸裂弾の命中による火災が原因で沈没したが、もう一隻はオーストラリア戦艦の衝角（ラム）攻撃により撃沈された。つまり炸裂弾の効果は確かに証明されたが、装甲の効果は判然としないままに終わっている。この頃の海戦（小規模）で装甲が効果的であることをはっきりと証明した数少ない例が一つだけ存在する。南北戦争の最中の一八六二年三月に、アメリカ大陸東岸のハンプトンローズ湾において、北軍のモニター艦（小型の船体に数門の巨砲を搭載した自走式船）と、南軍のモニター艦（艦名：ヴァージニア）が実際に砲撃戦を交えた。

北軍のモニター艦（艦名：モニター）は低い乾舷の上の上部構造物側面を四層の二十五ミリ鉄板で囲み、その一端に回転式砲塔を備え、中には二門の口径二十六センチのダールグレン砲を装備していた。

一方、南軍のヴァージニアは同じく低い乾舷の船体の上に、鉄道レールで枠組みを造りその表面を四層の二十五ミリ鉄板で囲み、その内部には口径二十九センチと口径十八センチ及び十六センチのカノン砲十門を備えていた。

二隻のモニター艦は波静かな湾内で激しい砲撃戦を繰り広げたが、互いに撃ち出した砲弾は実体弾で互いの装甲を破ることはできず、引き分けに終わり戦闘は終了した。

この時の戦闘終了後の北軍側のモニター艦の装甲舷側の写真が残されているが、それを見る限り装甲板の表面に砲弾命中による凹みは見られるが、とうてい装甲板を破壊し貫通したといえるものではなかった。

つまりこの海戦の結果は、装甲板を破壊するには従来からの実体弾では全く効果がなく、強力な貫通力を持つ砲弾が必要であり、その弾丸を発射する初速の早い砲の出現を期待することになったのである。

一八六〇年代終わり頃には前装砲や後装砲いずれも砲弾としては単なる鉄球の実体弾は姿を消し、発射される弾丸の速度を高め少しでも貫通力を高めるために考案された、椎の実型砲弾が使用されるようになった。

この椎の実型のいわゆる流線型砲弾は、研究が進められていた弾道学の上でもまた砲身内に切り込まれた旋条との組み合わせにも優れ、十九世紀末頃の世界の海軍の砲弾は全てが椎の実型砲弾に置き換えられていた。

一方、砲弾をより遠くまで飛ばす研究は進められていたが、そこには多くの越えねばなら

第19図　近代砲の砲身構造図

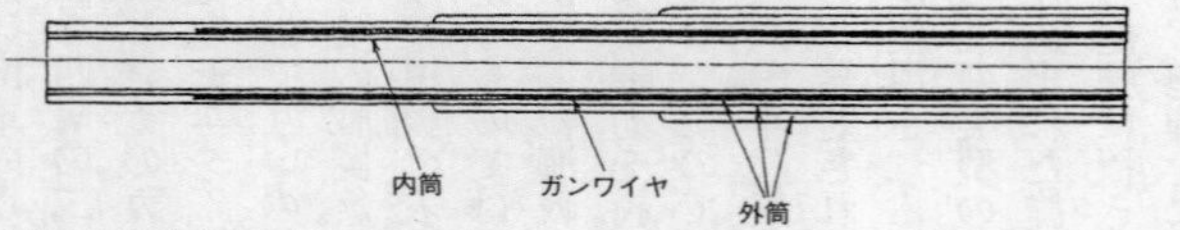

ない障害が控えていたのだ。

その一つが砲弾の発射に際しての強烈な爆発力に耐え得る砲身の製造方法の開発であった。この頃には既に後装砲は完成の域に達し、実用上の大きな問題も解決されつつあった。また開発に多くの苦労を要した砲鎖栓や砲尾栓も構造的に完成の域に達していた。

砲弾発射用の火薬の強力な爆発力を受けて砲弾は砲身内を砲口に向かって飛び出して行くが、この時砲身の砲尾付近では周囲に向かって猛烈な圧力が生まれている。また砲弾が飛び出す際に砲身内の旋条による抵抗を受け、砲弾が飛び出すまで砲身内には更なる圧力が生じるのである。

砲身の役割は発射薬の燃焼ガスを拡散させずに弾丸のみに伝え、砲弾を加速させ直線方向に飛ばすことである。つまり砲身は弾丸を遠くに飛ばすために発生するあらゆる圧力に耐え得る強靱な耐圧の持ち主でなければならないのである。

砲身の製造技術には一八八〇年頃から一九一〇年頃にかけて長足の進歩が見られた。

カノン砲やカルバリン砲やカロネード砲そしてダールグレン砲等の砲身は鋳造で、砲尾に近いほど肉厚構造に造られていた。しかし一八五〇年代に強力なアームストロング砲が開発されたとき、砲身はそれまでと同様鋳造であったが、砲尾での爆発力がより強力になったために、砲身自体は本来は単肉の鋳造であるが、砲尾に近い位置は強力な内圧を封じ込めるために、あらかじめ高温で熱した二重三重の鋳造の環を被せ、これら環が冷却するに従い収縮する応力を残し、冷却後も残っている残存応力によって内部の爆発圧に対抗しようとする方法で、砲身の強度を保ったのである。

第20図　近代砲の砲弾の種類

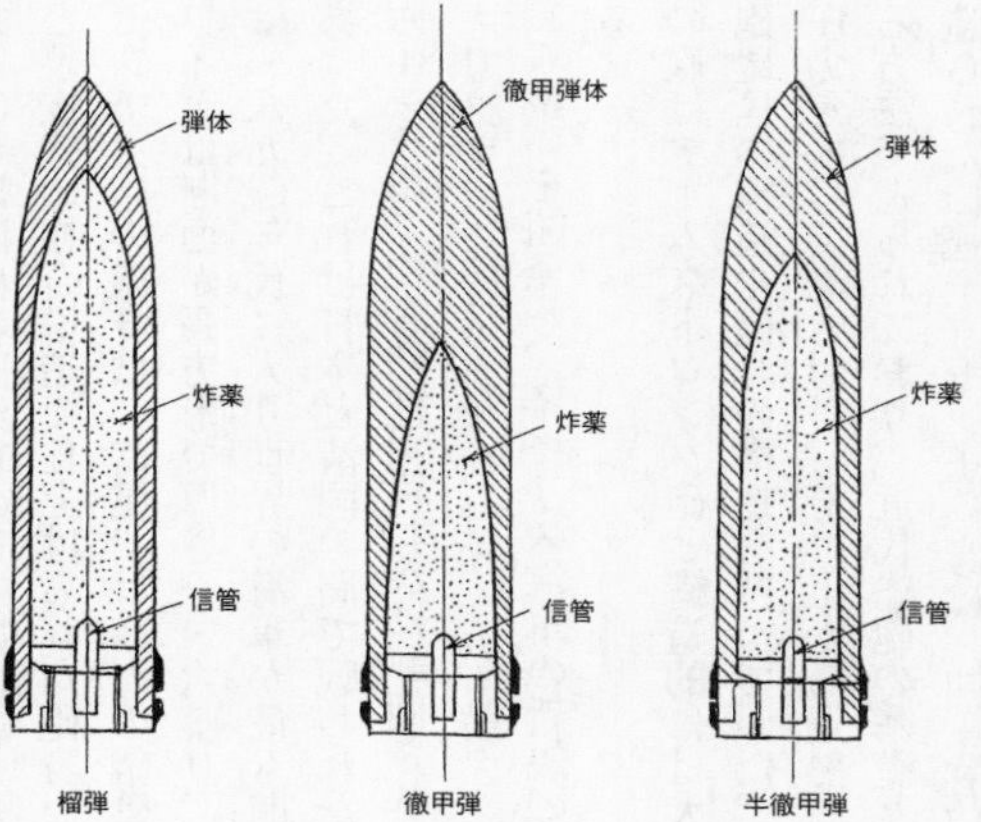

　この方法は焼嵌式砲身と呼ばれたが、その後開発された砲身も基本的にはこの焼嵌方式が応用されているのである。その方法とは鋼鉄製の砲身に高張力をかけた鋼線（ガンワイヤ）を巻き付け、その上から高温で過熱された外装の砲身を被せる。そしてこの外装の砲身が冷却するに従い高張力で外側に鋼線を巻き付けられた内側の砲身を、強力な収縮応力で抱き込むのである。この方法を二層、三層と繰り返せば強力な内部爆発応力に耐えられる砲身が完成するのである。

一九一〇年以降に各国海軍の軍艦に搭載された主砲（副砲も含む）の砲身は全て、高張力鋼線と焼嵌式の複合構造で仕上げられた砲身なのである。ちなみに日本の戦艦「大和」の四十六センチ主砲の砲身は、砲尾では四層の鋼管と一層の鋼線で成り立っていた。そしてこのガンワイヤは断面が長方形で厚さ一・六ミリ、幅六・四ミリの平型鋼線であった。

実は一八九〇年代に入り世界の海軍が最も開発に力を注いだ砲の一つに、口径十五センチ砲があった。これは日本と清国の間で戦われた黄海の海戦の結果、速射性の利く十五センチ砲（六インチ砲）の有効性がにわかに評価されたためであった。

イギリスではヴィッカース社が一八九五年に、最先端技術を駆使した口径十五センチ砲（ＭｋⅦ型）を開発し、イギリス海軍の新鋭の戦艦の副砲や巡洋艦の主砲として搭載したのである。

この砲はアームストロング砲と構造的には大きく変わるところはないが、より確実に作動する砲尾栓の構造や砲身の構造を持っていた。特に砲身は鋼製の内筒の上に細い平板状の鋼線を圧力をかけて巻き付け、その上から過熱した外筒を被せるという、その後の艦砲の基本となる方法で造られており、近代艦砲の基礎となった記念すべき砲であった。しかもこの方法で造られた口径十五センチ砲身は、四十五口径（砲身長六・七五メートル）まで延長することが可能になった。これによってこの砲の高初速化が可能になり、最大射程が伸びることになった。高初速化は徹甲弾あるいは半徹甲弾（徹甲性能を増した榴弾）により敵の装甲を貫通することが可能になるのである。

この砲は口径十五センチ（六インチ）砲として、その後の世界の標準的な砲として君臨することになったが、発射する砲弾は半徹甲弾の場合は、標準的には弾丸重量は四十五・四キロ、標準装薬重量は十・五キロで、射程によって発射火薬の増減を行なったが、最大射程は仰角二十度で一万三千三百五十メートルであった。

十五センチ砲は出現以来、長らく世界の戦艦の副砲や巡洋艦（特に軽巡洋艦）の主砲として使われたが、一九三〇年頃にはより性能の強化された十五センチ主砲が現われてくる。一九三三年にアメリカ海軍が正式採用したＭｋ16砲は、先のヴィッカース社の砲に比べ性能面で大幅な進化を遂げている。数値的には次のようになる。

砲身長四十七口径・全長七・〇五メートル。最大射程二万三千八百八十二メートル（仰角四十七度）。弾丸重量五十九キロ、装薬重量十四・五キロ。

砲身の製作技術が進化し確立されてゆく中で、当然ながらその材質の研究も進められた。砲身の素材の鋼材に求められる条件は、肉厚でも高い耐熱性、高強度、高靱性かつ均質ということである。

日本海軍がこの要求に対し最終的に開発した鋼材はニッケル・クロム鋼、あるいはニッケル・モリブデン鋼であった。

軍艦の装甲化を進めた戦訓としてハンプトンローズ湾の砲撃戦を無視することはできない。砲身の進化に伴い撃ち出される砲弾の研究も各国海軍の大きな課題となっていたが、ハンプトンローズの砲撃戦の結果は球形砲弾の時代はすでに終わりを告げていることを示していた。

そしてこの頃すでに実用化されていた椎の実型砲弾に関する研究が急速に進むことになった。つまりその後の世界の海軍の大きな課題となった強靱な装甲とそれを貫通する砲弾という、文字どおり相矛盾する課題への研究開発が一八九〇年頃を境に急速に進むことになったのであった。

軍艦の装甲には当初は練鉄製の鉄板が使われていたが、期待される装甲としてはこの鉄板を何枚も重ね耐弾性能を高めることに努力が払われていた。しかし練鉄製の鉄板装甲は薄い場合には、至近距離では実体弾や炸裂式鉄球弾によって破壊・貫通されることも実際にはあり、練鉄製の鉄板で完全な装甲を完成するためには、重量が増えることを覚悟の上で鉄板を何重にも重ねることが最も効果的な解決策であった。

しかし旋条砲が普及し椎の実弾を代表とする尖頭弾丸が登場すると、もともと貫通耐力に弱い練鉄板の装甲はその威力を失っていった。ちょうどこの頃登場したのが鋼板であった。強度に優れ粘り特性のある鋼板は、厚さが同じであれば尖頭弾丸に対する貫通性能は確実に練鉄板に勝っていることが証明された。つまり鋼板を重ね合わせ複層構造の装甲板、あるいは目的に適った厚さの装甲板を造れば、その性能、つまり弾丸の耐貫通性能は練鉄板に比べ格段に向上することは明らかであった。

一八八〇年頃から一九一〇年頃にかけて鋼鉄製の装甲板の研究は急速な伸びを示し、その後の装甲板の基本はこの頃に完成している。この頃装甲板として開発された最も優れた鋼板は、ニッケル鋼やニッケル・クロム鋼であった。

強靱な砲身や強力な装甲板の研究開発が進む中で、当然のことながら強靱な装甲を貫通する徹甲弾の研究開発も急速に進められていた。つまり歴史は繰り返されたのである。「いかなる刃や槍（矛）によっても壊されない盾、いかなる盾も壊す刃や槍（矛）」の争いが生んだ「矛盾」の現代版が、まさに徹甲弾と装甲板の関係なのである。

徹甲弾の有効性が初めて世界に証明された事件は、一八九四年（明治二十七年）に勃発した日清戦争における黄海の海戦であった。黄海の海戦は一八六六年にアドリア海で展開されたリッサの海戦以来の大規模な海戦で、その砲撃戦の様相は近代的海戦の嚆矢《こうし》ともいえた。

この海戦で清国艦隊の戦力は、三十センチ主砲四門を搭載するドイツ製の新造戦艦二隻と六隻の巡洋艦であった。一方、日本連合艦隊側は三十二センチ砲一門を搭載する装甲艦三隻、装甲巡洋艦六隻、巡洋艦三隻であった。

この海戦の結果は当初の予想を覆す日本側の勝利で終わった。日本側の損害は沈没艦ゼロ、大破または中破の艦船四隻、乗組員死傷者二百九十八名に対し、清国側の損害は巡洋艦沈没または大破五隻、乗組員死傷者八百五十名というものであった。

この海戦で両軍の主力艦の巨砲はほとんど機能していない。日本の脅威の対象であった清国の二隻の戦艦の巨砲からは合計二十四発の弾丸が発射されただけで、命中したのはその中の一発だけであった。一方、日本側の巨砲もほとんど機能しておらず、ものの役に立たなかった。その中で圧倒的な活躍を見せたのが日本側の装甲巡洋艦や巡洋艦九隻が搭載した十二および十五センチ速射砲であった。

日本側のこれら速射砲の総数は九十四門に達し、この海戦では合計千八百発の砲弾が発射されている。その中でも十五センチ砲が発射した砲弾は四百発以上に達した。

そして撃ち出された十五センチ砲弾については、敵艦に命中した砲弾の多くが敵艦の装甲（五十～百ミリ）を貫通し艦内で爆発、敵側に甚大な損害を与える結果となったのである。

この戦闘結果とその後の分析から速射性の利く十五センチ砲は艦載砲として極めて有効な砲であることが実証され、その後の世界の海軍で主砲や副砲に十四～十五センチ（五・五～六インチ）砲が広く採用されるようになった。

日本海軍の艦載砲には当初はドイツのクルップ社製の砲が使われていたが、一八八〇年（明治十三年）頃よりイギリスの改良されたアームストロング社の砲（当然後装砲）が使われ始めていた。その後アームストロング社の砲の技術を導入し国産砲の開発が進められていたが、一九〇〇年代初め頃より例外を除き主力艦の主砲は国産砲に逐次移行していった。そして日露戦争（一九〇四～一九〇五年）以降は日本の艦載砲は全て国産砲になった。

そして強靱な装甲と強力な貫通力を持つ徹甲弾の研究が促進されたが、その競争は世界的な、国家間の競争となりいかに強力な砲を持つか、大艦巨砲主義の時代に突入してゆくのである。

より強力な攻撃力を持つ戦艦の出現

近代の海戦で戦いを有利に展開させるための軍艦にとっての必要条件は、自由に行動できる能力がある艦を持つこと。強力な貫通力のある砲を多数搭載する艦を持つこと。強力な耐弾性のある装甲を持った艦を持つことである。

商船や軍艦の動力は十九世紀中頃から急速に新しい動力である蒸気機関に置き換わっていった。蒸気圧でピストンを往復運動させ、これを回転力に変えてスクリューを回し船体を動かすのである。

蒸気機関の有用性は商船において早くから注目され、一八六〇年代には帆走と蒸気動力を併用した船が次々と現われていた。この動きは軍艦において全く同じであった。戦いにおいて常に自由な行動がとれる蒸気動力は軍艦の動力として最もなじむものであった。

そして一八九〇年代に入る頃には蒸気機関の信頼性も証明され、船の動力は商船においても軍艦においても全面的に蒸気動力へ移行していった。

一八七三年から一八八六年頃に建造されたイギリスの装甲艦で、基準排水量九千トンを超える艦は全て帆装装置を持った蒸気機関推進の艦となっていた。帆装装置は蒸気機関にまだ全面的な信用を寄せられなかった当時としては、万が一蒸気機関が運転不能になった場合に備えたものであった。

一方、当時の蒸気機関はボイラーの燃焼効率や蒸気発生量の悪さから、常時蒸気機関で航行することは燃料（石炭）の浪費につながり、燃料の補給が思うに任せない場合には動力を風に頼り帆走で航海する必要もあり、帆装装置を備えざるを得なかったのである。このためにこの頃の世界の軍艦に共通していたのは、姿は帆船でありながら一本か二本の不釣合いに大きな煙突を持つという、不格好な姿になっていた。

しかし外形は不格好でも砲力と装甲には大きな進歩が見られた。一八七三年にイギリスで建造された装甲艦デバステーション（基準排水量九千三百三十トン）は、口径三十センチのアームストロング社製の後装砲四門を備え、吃水線以上の舷側の中央部では厚さ三百五ミリ、その前後では厚さ二百三ミリの鋼板が装甲板として張られており、防御甲板や上甲板には厚さ五十〜七十六ミリの鋼板が装甲板として張られていた。この間の装甲板としての鋼板の使用は、鋼板の極めて早い時期の応用であったことになる。

なお本艦の主砲砲弾の装塡作業は当初は簡易式の専用のクレーンで行なわれていたが、後に水圧式装置に換装され発射速度の向上に貢献している。

この間の主砲は艦首甲板と艦尾甲板にそれぞれ一基の砲塔が装備されていた。軍艦に初めて砲塔が装備されたのは前出の南北戦争の時の北軍側のモニター艦（艦名：モニター）とされているが、このデバステーションの砲塔もモニターに近い構造のもので、形状は平板の天井を備えた円筒型で、砲塔の周囲円筒の外壁は三百三十ミリの副層の鋼板で覆われていた。

この頃の装甲板は後の時代のように耐弾性能を増した強力な耐久力のある専用の特殊鋼ではなく、開発されて間もない頃の鋼製造工程で生産された鋼板がそのまま使われている。

砲塔らしい砲塔、つまり全周面を装甲にして、砲への弾丸や発射薬の装塡等の動作機能を装甲の中に納め込んだ砲塔の出現は、一八九〇年頃であった。つまり一八七〇年から一八九〇年頃の世界の戦艦の多くは、まだ砲の周囲に盾としての不十分な防弾設備を配置した砲刹き出しの砲台（露砲台）を配置した艦であった。

一八九〇年代に入る頃にはイギリス、ドイツ、フランス等の戦艦の主砲はほとんどが三十センチ以上のいわゆる巨砲となり、それに伴い砲弾の装塡も水圧式装置が主流となっており、前装砲時代は今や昔話となっていた。

主砲に口径三十センチの主砲が採用されている中で、戦艦の副砲には口径十四～十五センチ級の砲が多数配置されるようになっていた。

これら副砲は主砲で敵艦を攻撃する傍ら主砲の遅い砲撃速度を補う速射性で射撃を展開し、目標艦の比較的装甲の薄い上部構造物の各種施設や副砲周辺を砲撃し、優れた装甲貫通性能を活かしてより多くのダメージを与えると同時に、当時急速に発達してきた駆逐艦や水雷艇の襲撃に備えるのである。

注目すべきことはこれら副砲はかつての帆装戦艦時代を思い起こさせるように、艦の両舷側に沿って一列に配置される例が多かった。勿論これら副砲は厚さ百ミリ前後の装甲砲郭の内側に装備されていた。

一八九三年に完成したフランスの戦艦マゼンダ（基準排水量一万六百八十トン）は、口径三十センチのそれぞれ単装で艦首、艦尾、両舷側に簡単な構造の砲塔内に配置し、十四センチ副砲十六門をそれぞれ八門ずつ両舷側の砲郭内に備えるという、この時代特有の砲配置の戦艦であった。

この艦の装甲は強力で、吃水線上の舷側のほぼ全長にわたって厚さ二百五十～四百五十ミリの装甲を張り、砲塔も三百五十ミリ、司令塔は三百ミリの装甲で防御されていた。

一八九〇年代には蒸気機関、つまり往復動機関（レシプロ機関）は基本理論も基本構造も確立され、高圧蒸気と中圧蒸気と低圧蒸気で駆動される二段衝程、三段衝程あるいは極限の四段衝程の蒸気機関まで完成されており、機関一基当たりの出力六千馬力という機関も実用の段階に入り、一九〇〇年頃には一基当たりの出力一万馬力を超える機関も現われ、早速戦艦などの大型艦の動力として採用された。

一九〇五年頃のイギリス、フランス、ドイツ、イタリア海軍の戦艦は、基準排水量も一万～一万三千トン前後になっており、これらの動力を二組配置し、二つのスクリューを回転させ最高速力十九～二十ノットの高速を可能にしていた。

この時より五十年ほど前の最大級かつ最新の戦艦であっても、動力は帆走と蒸気機関の複合動力であって、その最高速力は帆走のみであれば八～十ノット、機走（外輪走行）であれば十二～十四ノットであることを考えれば、長足の進化であるといえた。

フランスの戦艦マゼンダの装甲の総重量は八百トンに達していたので、これを十五ノット以上の速力で走らせるにはもはや帆走ではとうてい不可能であったのだ。つまり船の動力の発達はそのまま重い装甲の装備を可能にし、また重量のある多数の砲やその砲弾の搭載を可能にしたのである

一九〇〇年～一九〇五年頃に誕生した戦艦の装甲は場所により異なるが、百五十～三百六十ミリというのが一般的になった。装甲の厚さは一般的には自艦の搭載する最大口径の主砲

の攻撃を受けた場合に、その砲弾に貫通されないことを基準に定められているのである。

一方、この頃各国海軍はより強力な貫通力を持つ砲弾の開発に力を注いでいた。まず艦砲の砲弾が球形の実体弾から椎の実型砲弾に変わることによる効果は大きかった。そして最も大きな効果としては砲の射程が大幅に伸びた。また砲弾の取り扱いも容易になった。そして最も大きな効果としては標的に命中したときの砲弾の貫通力が増したことである。

各国海軍は装甲の強化が始まったことに対し、敵艦のいかなる装甲も貫通する弾丸の開発に力を注ぐことになった。その主眼は高い強度の装甲鋼板をいかにして貫通するか、その方法はいかにあるべきかの研究である。

結果的にはいずれの海軍も同じ答えであった。貫通力を高める弾体の形状の考案。貫通力を高めるための弾体頭部の材質の開発。弾丸が目標を貫通してから弾丸が爆発する仕組み、つまり最適な遅延信管の開発である。

各国海軍が開発した貫通能力の高い弾丸、つまり徹甲弾の基本構造や形状等は似たようなものになったが、弾頭の強度をいかに高めるか、量産する場合にはそれをどのように実行するかにそれぞれ差ができた。

日清戦争の黄海の海戦で日本側が使用した砲弾は、三十二センチ主砲搭載の「松島」型装甲艦の主砲弾には、当時開発されたばかりの徹甲弾と通常榴弾（半徹甲榴弾）が使われた。しかし、この海戦では発射速度が極めて遅くまた故障を起こしやすいこの巨砲は主力砲力とはなり得ず、速射性のある十二センチおよび十五センチ砲が大きく勝利に寄与することになった。

この二種類の砲で使われた砲弾も徹甲弾と通常榴弾（半徹甲榴弾）であったが、両砲の高い初速は徹甲弾の貫通力に大きく寄与し、両砲の徹甲弾は相手艦の装甲をことごとく貫通し、また通常榴弾（半徹甲弾）もかなりの機能を発揮した模様であった。

徹甲弾も半徹甲弾も装甲板を貫通した場合には遅延信管の作動によって艦内で爆発し、高熱の弾片は狭い艦内に飛び散り、また装薬の高温度の爆発の爆圧によって敵艦内の機器装置は破壊され同時に火災も発生し、また居合わせた乗組員はことごとく殺傷されることになり、甚大な被害を被ることになったのであった。

発展途上にあった各国海軍の砲弾と装甲の研究に対し黄海の海戦の結果が与えた効果は極めて大きかったのである。そしてこの時より十年後に起きた日露戦争の日本海海戦の砲戦の結果は、世界の艦砲の開発と砲弾の開発に再び一石を投じることになるのである。

この後世界の海軍は後述するように革新的な新しい砲配置の戦艦の出現によって突然の変革を迎えるが、同時にこの変革は艦砲の口径の巨大化の出発点ともなったのである。艦砲の口径の巨大化は装甲の一層の強化につながって行くが、同時に巨砲用の各種砲弾の研究開発にも一層の拍車がかかることになった。

ここでその後の日本の徹甲弾の開発の中で、世界に先がけた画期的な特殊な砲弾を開発したことについて紹介しておきたい。その特殊な砲弾とは平頭型徹甲弾というものである。

日本海軍は大口径砲の徹甲弾の破壊力を向上させるための努力を続けていたが、その過程で平頭型徹甲弾という特異な発想の砲弾を開発した。

通常の先の尖った徹甲弾の場合、弾着が目標の手前であった場合には弾頭が鋭角に造られていることが禍し、水面に弾着後の砲弾は安定した弾道を示さず目標に至近の距離の弾着であっても、目標に確実に打撃効果を与えることは極めて難しくなる。

しかしこの時弾頭が平面つまり平頭弾であれば、水中に落下した砲弾はそのまま水面下に沿って直進する、という特性を持つことを発見したのである。つまり弾丸がそのまま水中を直進すれば、弾着地点が目標に至近であれば弾丸は敵艦の吃水線以下の舷側に命中し、弾着が至近であれば砲弾の水中を直進するエネルギーは大きく残されており、装甲の薄い水面下であれば舷側を貫通し内部で爆発することが可能になるのである。一種の魚雷効果となるのである。

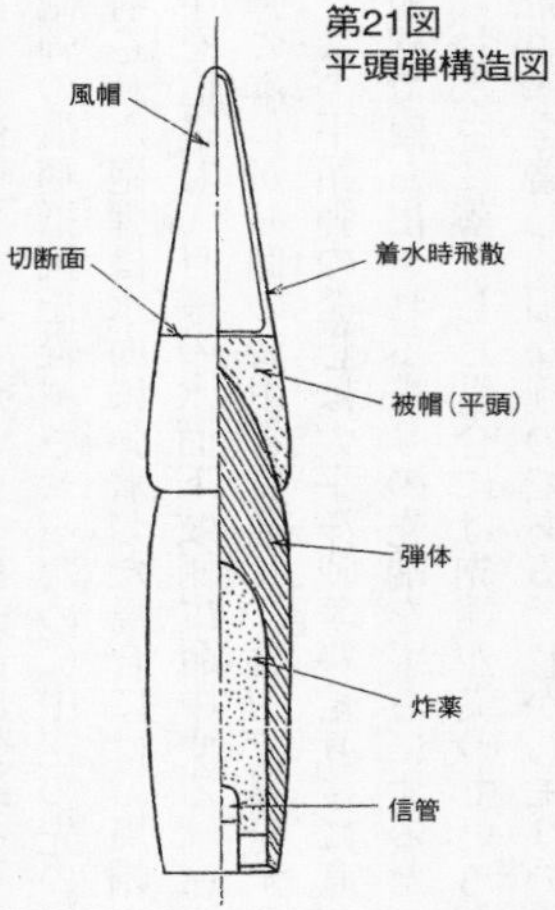

第21図
平頭弾構造図

この発明により日本海軍は一九三一年（昭和六年）以降、主砲の砲弾は全て平頭弾に置き換えた。ただ撃ち出される砲弾の先端が平らのままでは砲弾の空中における直進性や飛翔速度にも影響し、また装甲板に命中したときの貫通力も鈍るため工夫が凝らされた。

つまり砲弾の基本弾体は従来からの先の

尖った徹甲弾であるが、その前頭部に先端を平面にした被帽を被せられる。そして空中での砲弾の飛翔抵抗を軽減させるために中空の先の尖った風帽が被せられるのである。つまり発射された砲弾は水面に弾着した場合には、風帽が飛散し前部が平らな被帽を付けた弾体が水中を直進し、目標の水面下舷側に命中する。命中した砲弾は命中の瞬間に被帽は飛散し徹甲弾の本体が舷側の装甲を貫通し、艦内で爆発するのである。

この平頭弾の発想は太平洋戦争終結直後に直ちに平和利用されることになった。それは捕鯨砲で撃ち出されるモリの先端を平らにするという発想である。従来の先の尖ったモリは、もし水中に落下した場合には先端が尖っているがために水中を不安定に進み、目標の鯨への命中率を著しく損なうのである。しかしモリの先端を平らにした結果は鯨の捕獲率、つまりはモリの命中率が格段に向上するという結果を招いたのである。

さて主砲を敵の攻撃から守るための装甲した砲塔で囲む考え方は、アメリカのモニター艦にその発想を見ることができるが、まだ構造的には簡素で原始的であった。このモニター艦の砲塔の構造を別図で紹介したい。

二門のダールグレン砲が回転する練鉄の円形の台座の上に固定されている。そしてこの台座の周辺は練鉄を重ねた巨大な円筒で囲まれている。そしてこの円筒の天井には薄い練鉄板が被せられている。円盤型の台座の中心には太い回転棒が取り付けられ、その下部に取り付けられた円盤型のギヤが蒸気機関により駆動されるギヤによって回転され、砲塔の回転が可能になるのである。

第22図　北軍のモニター艦砲塔の構造図

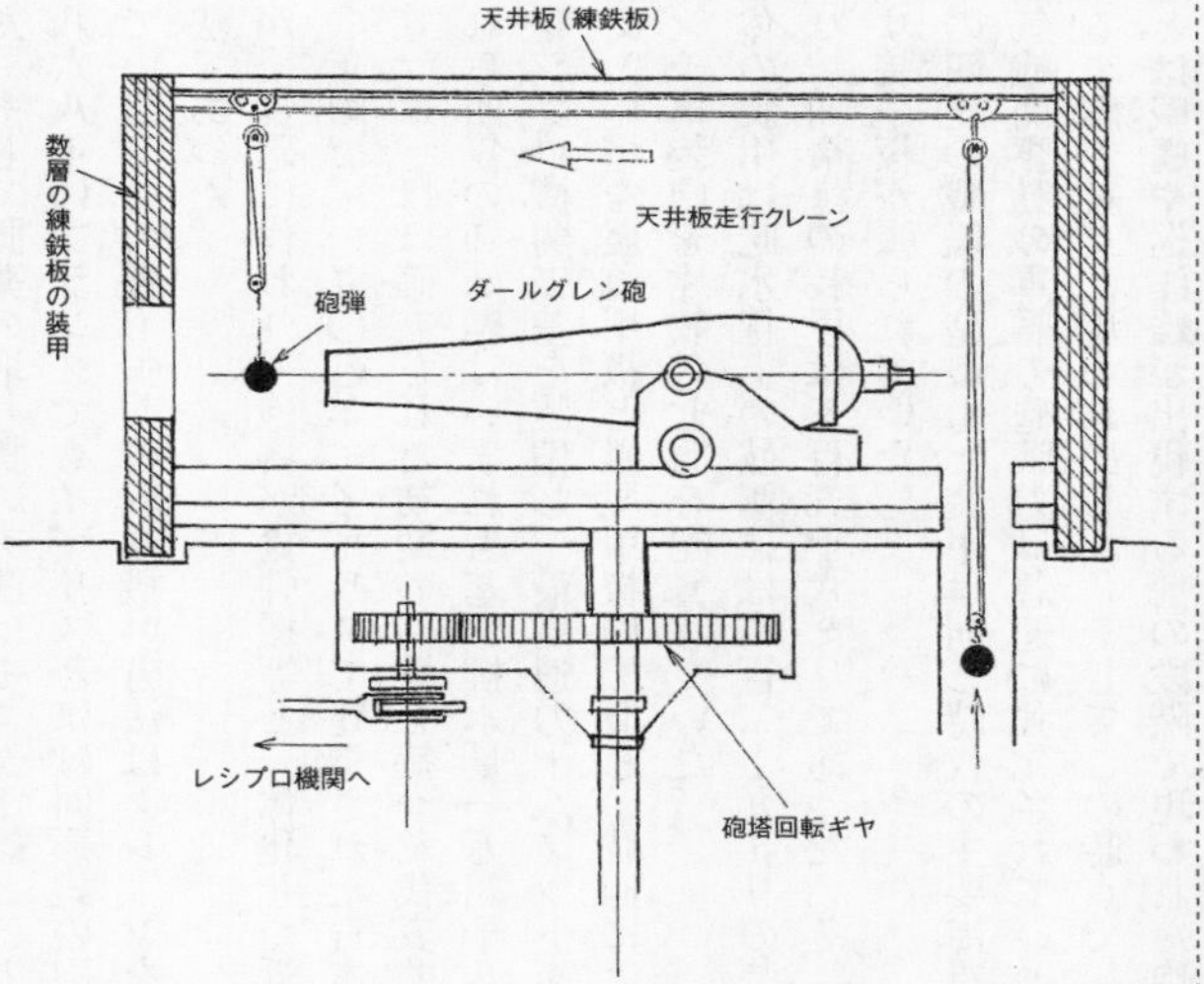

二門の砲は円盤型の台座の上を前後に移動できるようになっており、装弾に際しては砲を一旦後退させ、砲塔の天井に取り付けられた移動用のクレーンによって弾丸と装薬を砲口まで運ばれ、そこで砲口から装填される。

その後砲を再び前進させ発射位置に設定し発射するのである。砲塔下の艦内には弾薬庫があり、天井走行クレーンによって砲弾と装薬は弾薬庫から砲塔内に引き上げられるのである。

実は同じ頃、イギリスでもほぼこのモニター艦と同様な発想の砲塔が試作されている。この時この砲塔に装備された砲は口径十二センチのアームストロング前装砲で

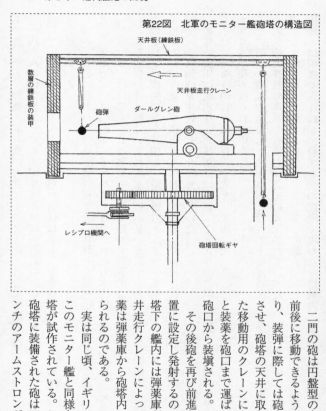

あった。そして弾薬の取り扱い方法はモニター艦とほとんど同じ方法であった。一八六八年にフランスでもイギリスとほぼ同形式の砲塔を備えた装甲艦ブールドグーが完成している。この艦も弾薬の取り扱い方法はクレーンを使ったモニター艦やイギリス艦と同じ方法であった。

砲が後装砲に代わり、砲塔が揚弾機等と一体化した近代的な構造として確立されるのは一九〇〇年頃で、一九〇〇年にイギリスで建造された日本海軍の戦艦「敷島」「初瀬」「朝日」「三笠」は、ほぼ確立された初期の砲塔を持った代表的な艦であった。

これら四隻の姉妹艦はいずれも基準排水量一万四千八百五十トン、総出力一万四千五百馬力のレシプロ機関二基を装備し、最高速力十八ノットを発揮した。そして三十センチ連装砲を備えた砲塔を艦首甲板と艦尾甲板に配置し、舷側には百五十二ミリの防御砲盾の内側に十五センチ単装砲を片舷各七門を配置していた。

船体の装甲は吃水線上の舷側には二百二十九ミリの装甲帯を張り、砲塔の装甲は三百六十五ミリ、司令塔の装甲は三百五十六ミリであった。そして上甲板と中甲板は六十三～二百五十ミリ装甲板が張られていた。

この四隻の戦艦の砲戦力と装甲は同じ時代の主要海軍国の典型的な戦艦の姿であった。

蒸気機関駆動の軍艦の砲戦力は急速に強化されていったが、それと同時に強靱な装甲を装備する軍艦が続々と現われ出した。そしてこの時点で「装甲艦」という言葉が現われた。装甲艦とは戦艦や巡洋艦が出現する前の段階で現われた砲戦力と強靱な装甲を持った軍艦のことで、その中でも強力な艦が戦艦と呼ばれるようになり、巡洋艦の任務を果たす装甲艦が装甲巡洋艦と呼ばれるようになった。

これら強力な装備の軍艦の出現は第一にその砲戦力に重点が置かれた。砲戦力の強化とは言い換えれば大口径の後装砲の実用化とその採用である。一八七五年頃から一九〇〇年頃にかけて、世界の軍艦からは前装砲が急速に姿を消していった。前装砲の最大の欠点は装弾に手間がかかることである。つまり発射速度の向上には限界があることである。

後装砲の場合には艦内の弾薬庫から砲弾や装薬を取り出すにも、砲尾近くに揚弾装置を設けることができ、揚弾も砲への装塡も厳重に装甲された砲塔の中で一体化した作業の中で行なうことができ、しかもその作業は砲の動きに左右されることはなく、素早い砲撃が可能になるのである。

つまりこのようなシステム化された砲操作ができる砲塔の発明は、当然のことながら強力な砲を備えた砲塔の出現を促し、「戦艦」という最強の軍艦の誕生になるのである。

完備した砲塔を持ち、戦艦という名称を持った最も初期の装甲艦は、一八九三年にドイツで完成したブランデンブルグ（基準排水量一万三十三トン。口径二十八センチ主砲六門）級や、イギリスが建造したマジエスチック級（基準排水量一万四千五百六十トン。口径三十センチ砲四門）などである。

一九〇〇年代早々に完成した日本の「敷島」級四隻も呼称は完全な戦艦であった。しかしドイツのブランデンブルグ級にしろイギリスのマジェスチック級にしろ日本の「敷島」級に

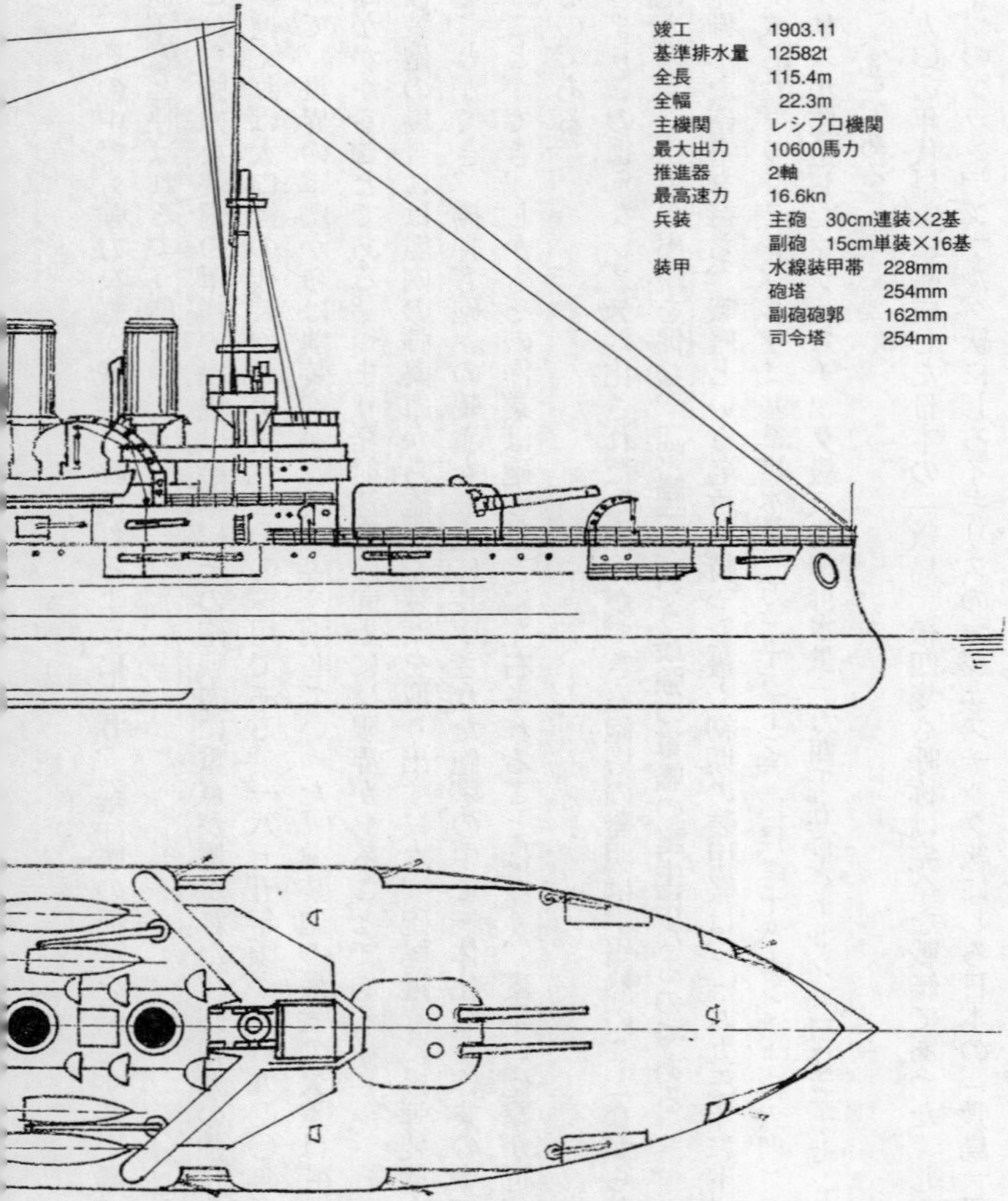

竣工	1903.11		
基準排水量	12582t		
全長	115.4m		
全幅	22.3m		
主機関	レシプロ機関		
最大出力	10600馬力		
推進器	2軸		
最高速力	16.6kn		
兵装	主砲	30cm連装×2基	
	副砲	15cm単装×16基	
装甲	水線装甲帯	228mm	
	砲塔	254mm	
	副砲砲郭	162mm	
	司令塔	254mm	

第23図　戦艦クニャージ・ポチョムキン外形図

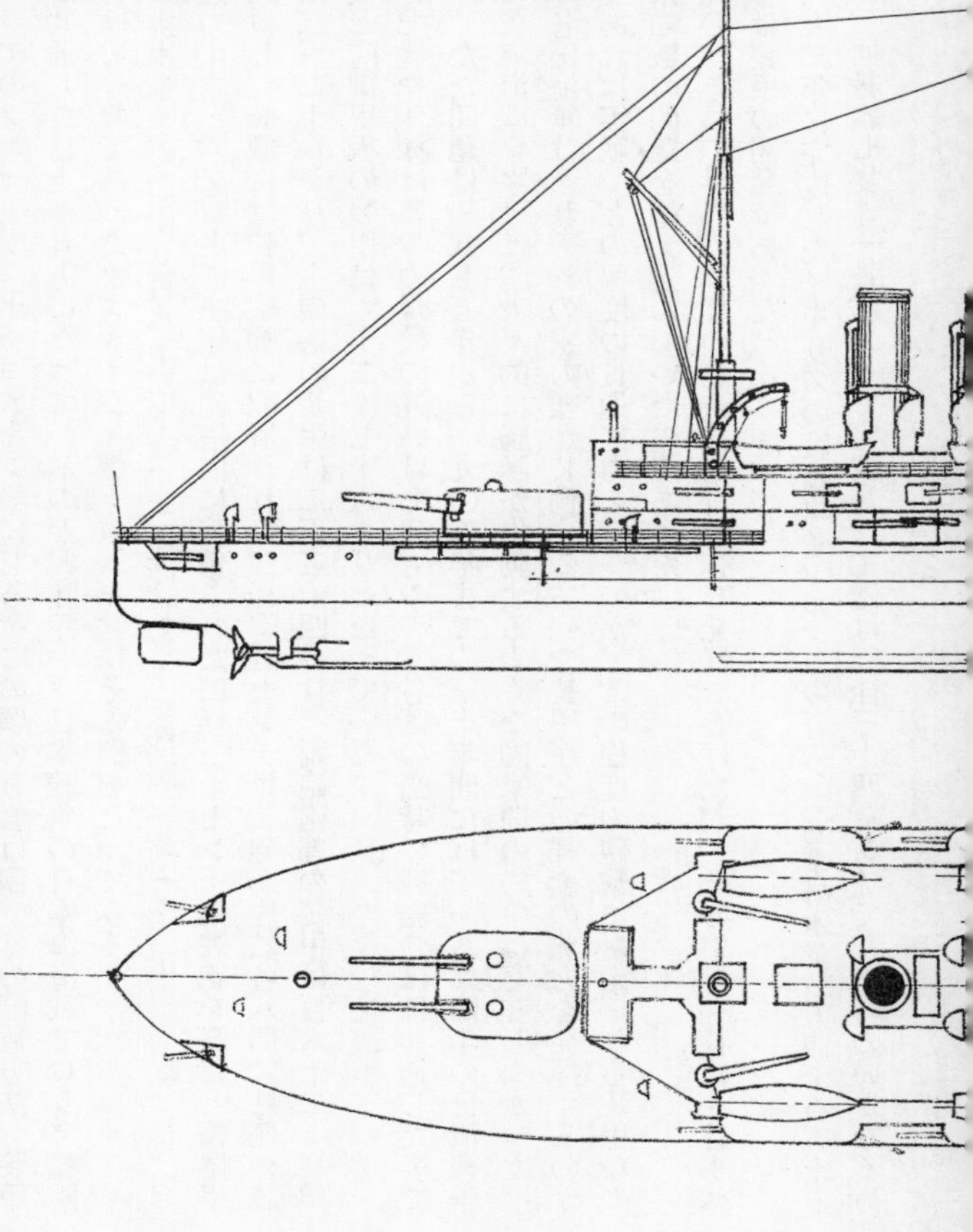

しろロシアのクニャージ・ポチョムキン級にしろ、この頃の戦艦は砲、砲の配置方法、装甲などが共通した仕上がり方になっているのが興味深い。日露戦争の日本海海戦でロシア艦隊の主力艦の一隻であったクニャージ・ポチョムキンにその例をとってみる。

基準排水量一万二千五百八十二トン、三連成レシプロ機関二基（最大出力一万六百馬力）、最高速力十六・六ノット、主砲は砲塔内に装備された口径三十センチ連装砲を艦首と艦尾甲板に配置し、舷側には装甲砲廓に配置された口径十五センチ単装砲が片舷各八門。舷側の装甲帯は二百二十八ミリ、主砲塔の装甲は二百五十四ミリ、副砲砲郭の装甲は百六十二ミリ、中甲板と防御甲板の装甲は六十二～七十六ミリとなっていた。

この配置や仕様は多少の規模の違いはあるものの、各国の当時の戦艦のほぼ共通した姿であった。ただ問題は一八七五年から一九〇五年までの三十年間には、一八九四年の日清戦争の時の黄海海戦を除けば、大々的に艦隊が出動するような国家間の紛争は存在しなかった。つまり各国海軍はそれぞれの主力艦が装備する主砲や装甲がどの程度の威力を発揮するのか、砲弾であれば実戦でどの程度の貫通能力を持つのか、どの程度の砲撃に耐えられる装甲なのか、未知数の問題を抱え込んでいたのであった。

一九〇〇年頃の世界の軍艦の建造技術は急速な発展を遂げたが、その中でも特に注目すべき内容は装甲の開発であった。

一八九二年に完成したイギリスの戦艦ロイヤル・ソブリン（基準排水量一万四千百五十トン）は、同級艦七隻の一番艦として完成し、主砲は口径三十四センチで、当時のいかなる海軍の戦艦の主砲をも凌駕していた。ただこの連装砲は砲塔内の装備ではなく露出して装備されており、砲塔艦ではなかった。しかしその装甲は極めて強靱で、舷側の吃水線上の装甲帯の装甲の厚さは実に四百五十七ミリもあった。

この装甲は複合装甲で、異なった組成の装甲板を三枚重ね合わせたもので、表面と一番内側に鋼度の高いニッケル鋼板を配置し、中間に通常鋼板を重ねたものであった。こうすると外側の鋼度の高い鋼板で命中した砲弾の貫入を食い止めることが期待でき、仮にこれが破られても中間の粘りの強い通常鋼板で貫入した砲弾の勢いを抱き込みこれが破られても勢いの鈍った砲弾を、次の高い硬度の鋼板で貫入を完全に食い止める考えであったのである。

ところが一八九五年にアメリカでより硬度の高いハーヴェイ鋼板が開発されると、世界の軍艦の装甲は一斉にハーヴェイ鋼の採用に傾いていったのである。

ハーヴェイ鋼板は、それまで防弾鋼板として使われていた炭素鋼やニッケル鋼の表面だけを改めて焼き入れしたもので、わざわざ鋼板を何枚も重ね合わさなくとも、一枚か二枚のハーヴェイ鋼板で十分な耐弾性能を上げることができるというものであった。

最初にハーヴェイ鋼板を採用したイギリスの戦艦マジェスチック級では、舷側の装甲帯の装甲鋼板の厚さを二百二十九ミリという驚異的な薄さに仕上げてあった。この厚さはその前に建造されたロイヤル・ソブリン級戦艦のそれの半分でしかなく、船体の重量の低減に大きく寄与することになったのであった。

装甲板の開発はハーヴェイ鋼板の開発をきっかけに急速な歩みをもたらすことになった。

ドイツのクルップ社が開発したKC鋼板（一種のニッケル・クロム鋼板）は、その耐弾性能は実にハーヴェイ鋼板の五十パーセント増しの強度を示した。この後ニッケル・クロム鋼を主体とする装甲としてイギリスのヴィッカース社がクルップ社のKC鋼板を凌駕する強度の高い鋼板を開発し、その直後に今度は日本でVH鋼板という勝れた防弾鋼板の開発に成功し、以後の日本の艦艇の装甲板の全てがこのVH鋼板で仕上げられることになった。

徹甲弾の弾頭の開発も各国海軍は極秘の中で開発努力が続けられた。いずこの海軍も発想は同じで、弾頭の材質は基本的には防弾鋼板の技術の応用であり、ニッケル・クロム鋼で基本弾頭を造り、この弾頭を一つずつ焼き入れすることにより硬度を高め、貫通力に勝れた徹甲弾を完成させていった。

現在の徹甲弾の弾頭の材質の主流はニッケル・クロム鋼よりも更に硬度の高いタングステン鋼が主流となっている。また弾頭の強度を高める以外に、ホロー・チャージ効果という、弾丸が鋼板に命中した瞬間に前方に向かって鋼板を瞬間に溶かす熱流を発生させ、鋼板を破壊する方法も広く採用されるようになっている。

一九〇六年十二月にイギリスで同級艦を持たない一隻の戦艦が完成した。その艦の名前はドレッドノートといった。このドレッドノートこそ、その後の世界の戦艦の設計思想を根底から覆すことになった革命的な戦艦であった。

ドレッドノートには姉妹艦はなく、試験的に建造された艦とでもいうべきものであった。

その基本設計は以後の世界の戦艦（戦艦ばかりでなく巡洋艦も含め）の発達の上に革新的な前進をもたらした。

ドレッドノートの基本要目は次のとおりである。

基準排水量　一万八千百十トン
全長　百六十・六メートル
全幅　二十五メートル
主機関　タービン機関（最大出力二万三千馬力）
推進器　四軸
最高速力　二十一ノット
兵装　主砲三十センチ連装砲五基（合計十門）
　副砲七・六センチ単装砲二十二門
装甲　吃水線上装甲帯二百八十ミリ
　主砲塔二百三～二百八十ミリ
　司令塔三百五ミリ
　水平装甲七十ミリ

この基本要目だけでも注目に値するのに十分であった。つまり主機関がそれまでの常識であったレシプロ機関から、開発されて間もないタービン機関に置き換わっていることである。これにより同じ規模の戦艦よりも最高速力が二～四ノットも増加している。また主砲がそれまでの連装砲塔二基（四門）から一気に五基に強化されていることであった。そしてドレッドノートの要目には現われない最大の特徴はこの五基の主砲の配置であった。

主砲は全て最新型の口径三十センチのアームストロング後装砲で、連装砲塔の中の三基が艦の中心線上に配置されている。配置は艦首に一基、艦尾に一基、艦尾からやや中央よりに一基、そして艦の中央からやや艦首寄りの両舷に各一基の配置となっている。

そしてこの砲配置によりそれまで常識的に配置されていた舷側の十五センチ級の副砲は撤去され、接近する水雷艇を攻撃するための七・五センチ砲が舷側に配置された。つまりドレッドノートは戦艦の本来の目的である主砲戦力に集中するための軍艦として設計されたもので、極めて革新的な発想であったのだ。つまりこの主砲の配置により、片舷だけで八門の主砲の射撃が可能となっており、この艦一隻でそれまでの戦艦二隻分の働きができることになるのである。

ドレッドノートの出現は世界の海軍に大きな衝撃を与えた。そしてこの艦が新しい時代の戦艦の基準として考えられるようになり、以後出現する戦艦はドレッドノートをイメージするものが主流となり、これらの戦艦を通称ドレッドノート級と呼ぶようになった（日本ではドレッドノートをもじり「弩」級と呼ぶようになった）。そして以後ドレッドノート級を凌駕する強力な戦艦の開発に全力が注がれるようになったのである（日本ではドレッドノート級を超える強力な戦艦を「超弩」級と呼んだ）。

さてイギリスではドレッドノートの建造は極秘で進められていたが、ドレッドノートの出現で世界の海軍が脅威に感じたことは、単に砲戦力が二倍になったことより、速力が当時の戦艦の速力の二十パーセント増となっているために、砲撃戦は常にドレッドノート側が有利な位置で展開できることへの脅威であった。またドレッドノートの装甲は新開発のヴィッカース社製の防弾鋼板が採用されており、従来より薄い装甲でありながら同等以上の効果を発揮することが特徴で、このために船体重量の軽減が可能になり、これが速力の向上に大きく貢献することになったのである。

各国海軍は一気に陳腐化した戦艦戦力の立て直しのために、まずドレッドノート並みの、いわゆる弩級戦艦の設計と建造に邁進した。

そしてこの後弩級戦艦はたちまちその上を行く超弩級戦艦の時代に入って行くことになった。弩級から超弩級戦艦に進化して行く中で急速に進んだのが主砲の口径の一層の大型化であった。主砲は口径三十センチはたちまち三十二センチ（十二・六インチ）に代わり、更に三十四センチ（十三・四インチ）、三十六センチ（十四・二インチ）、三十八センチ（十五インチ）へと拡大されていった。

ここで日本海軍の場合の主砲の呼称について多少説明を加えておきたい。日本の主砲の口径は基本的にはインチ単位で工作されている。しかし呼称は世界的なインチ呼称は行なわずセンチ（サンチの呼称も使われるが、これはセンチのフランス語発音である）を使っている。つまり戦艦「長門」や「陸奥」の主砲である十六インチ砲は、センチ表示にすれば四十・六センチであるが、下一桁以下の端数を省略して四十センチ砲と呼称する習慣となった。ま

竣工	1906.6	
基準排水量	18110t	
全長	160.6m	
全幅	25.0m	
主機関	蒸気タービン	
最大出力	23000馬力	
推進器	4軸	
最高速力	21kn	
兵装	主砲	30cm連装×5基
	副砲	7.6cm単装×22基
装甲	水線装甲帯	280mm
	主砲塔	203mm
	司令塔	305mm

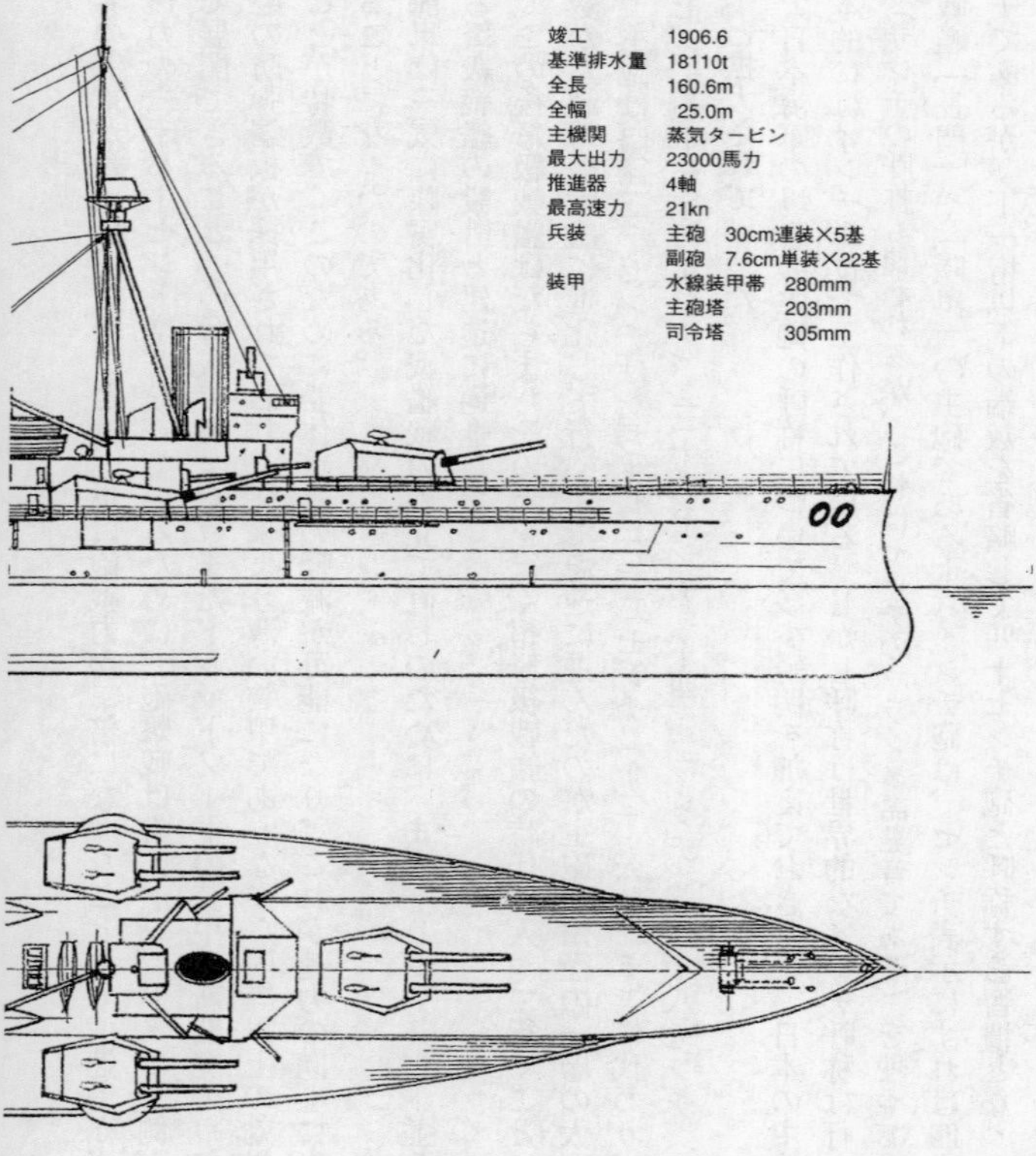

第24図　戦艦ドレッドノート外形図

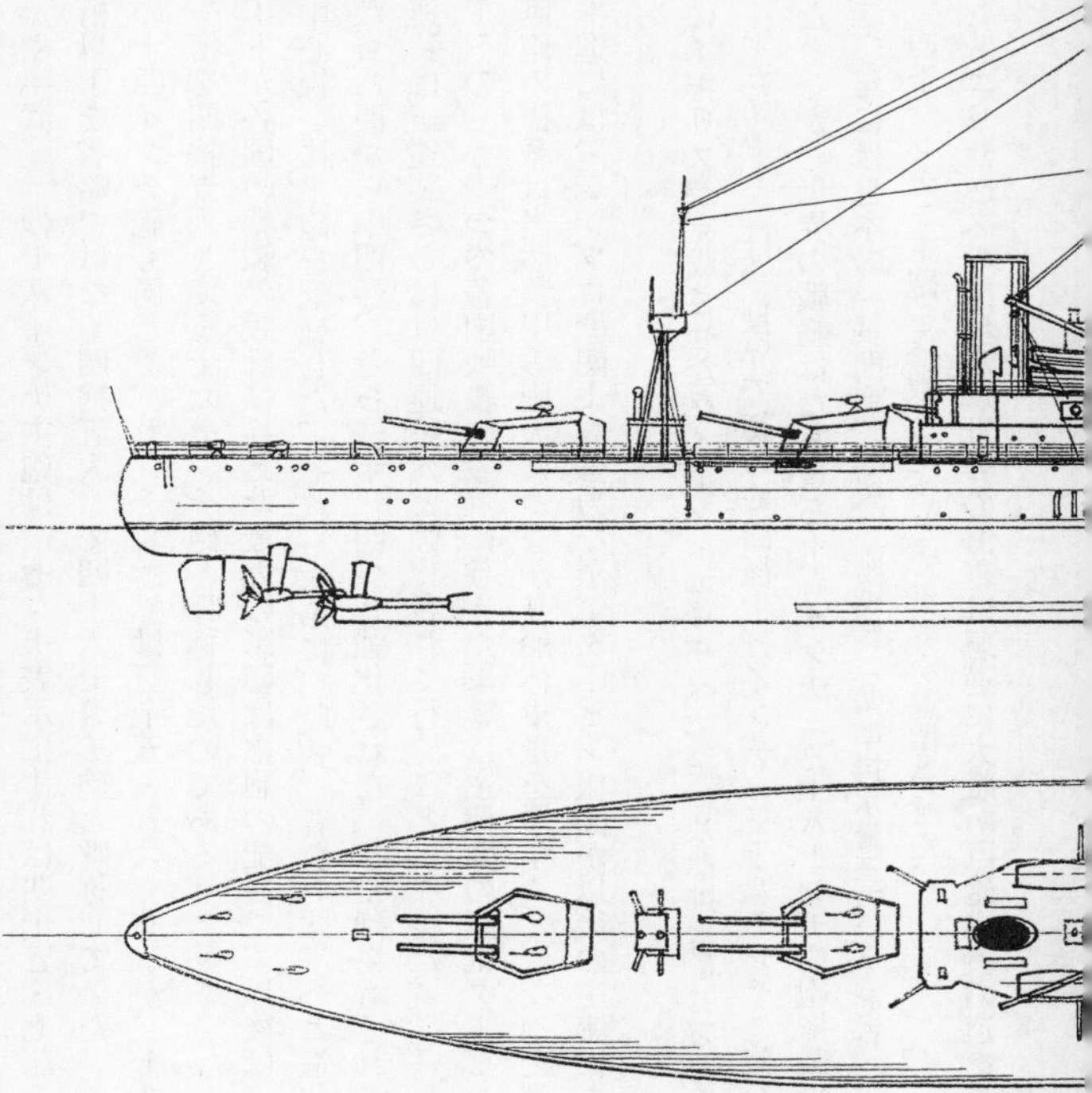

た戦艦「大和」や「武蔵」の十八インチ主砲は、センチ表示にすれば四十五・七二センチであるが、下一桁以下を省略ではなく四捨五入して四十六センチ砲と呼称していた。これは戦艦「金剛」級の十四インチ砲も同じで、センチ表示では三十五・五六であるが、十八インチ砲と同じく下一桁を四捨五入して三十六センチ砲と呼称したのである。

ドレッドノートが各国の戦艦の設計に与えた最大の影響は主砲の配置で、以後ほぼ全ての戦艦は船体の中心線上に主砲を配列した。それも次第に二段式（背負い式）へと進化し、一艦当たりの砲数も八門から十門へ、さらに十二門へと強化された。また砲塔もそれまでの基本ともいえた連装は三連装さらには四連装へと強化されて行くことになった。

ドレッドノートのもう一つの各国戦艦の設計に与えた影響は主機関の蒸気タービン化の促進であった。巨砲の搭載は当然装甲の肥大につながり船体重量を増すことになった。この重量ある船体の推進には、レシプロ機関より強力な蒸気タービン機関が以後の主流になってゆくのである。

一九一五年にイギリスが完成させたクイーン・エリザベス級（基準排水量二万七千五百トン、最高速力二十五ノット）は、世界で初めて口径十五インチ（三十八センチ）砲を搭載し世界を驚かせた。しかし世界の戦艦はたちまち十五インチ（三十八センチ）砲搭載に邁進し、五年後の一九二〇年には日本の「長門」「陸奥」両戦艦（基準排水量三万二千七百三十トン）が十六インチ（四十センチ）主砲を搭載したことで世界を驚愕させた。

戦艦クイーン・エリザベスの出現から世界の海軍は急速に大艦・巨砲主義の道を歩み始め

ることになった。

しかし不思議なことではあるが、主砲の口径が拡大されれば当然そこから発射される砲弾に対するために装甲が強化され、更に厚い装甲が出現するはずであるが、実際には五百ミリを超えるような分厚い装甲板は現われていない。戦艦「長門」や「陸奥」でも吃水線上の装甲帯の防弾鋼板の厚さは三百ミリ程度である。また一九四〇年に現われたドイツの巨大戦艦ビスマルク（基準排水量四万一千七百トン）は十五インチ（三十八センチ）主砲八門を搭載しているが、舷側の装甲帯の装甲板の最大厚さは三百二十ミリに過ぎない。また一九四一年に完成した日本の世界最大の戦艦「大和」「武蔵」も、十八インチ（四十六センチ）砲を搭載していながらその装甲帯の最大厚さは四百十ミリに過ぎなかった。ただ最も重要な砲塔や司令塔の装甲は五百ミリ〜六百五十ミリという驚異的な厚さであった。

戦闘時に最も効果を発揮する舷側装甲の厚さの肥大化を防いだのは一つにより耐弾性の強固な防弾鋼板が開発されたことにあった。日本の戦艦「大和」や「武蔵」の装甲帯の防弾鋼板には最新開発のＶＨ鋼板が採用されていた。

話は少し変わるが、世界最大の主砲は戦艦「大和」「武蔵」が搭載していた十八インチ（四十六センチ）砲と思われており、またこれが四十六センチ砲を搭載した世界最初の軍艦と思われている。しかし実際には「大和」級よりも二十四年も前の一九一七年にイギリスで十八インチ砲搭載の軍艦が現われているのである。

イギリス海軍は一九〇〇年代に入り、海軍卿のジョン・フィッシャー提督が提案したバルチック計画に基づき、カレイジアス級巡洋戦艦（基準排水量二万三千トン）三隻を一九一七年に建造した。そしてこの三番艦のフューリアスに試験的に十八インチ砲を搭載したのである。この時搭載された十八インチ砲はいずれも単装で、フューリアスの艦首と艦尾にそれぞれ単装砲塔一基を搭載した。つまり世界最初の十八インチ主砲を搭載した軍艦は「大和」級ではないのである。

しかしフューリアスの完成直後にバルチック計画自体がご破算となり、この三隻の巡洋戦艦は余剰の存在となった。そしてこの三隻（カレイジアス、グローリアス、フューリアス）は間もなく航空母艦に改造されたのである。

ついでに「大和」級の四十六センチ砲について多少説明を加えておきたい。この砲の開発計画は絶対的な秘密つまり軍極秘扱いで進められ、計画を秘匿するために海軍部内ではその呼称を「九四式四十センチ砲」として製作が進められた。

この砲の性能は次のとおりであった。

口径　呼称四十六センチ（実際は十八インチ＝四十五・七二ミリ）
砲身長　四十五口径（約二十・七メートル）
初速　七百八十メートル／秒
最大射程　四万一千四百メートル
貫通能力　射程二万メートルで七百五十ミリ厚さＶＨ鋼板貫通（垂直弾着）
　射程三万メートルで四百二十ミリ厚さＶＨ鋼板貫通（垂直弾着）

発射速度　一発／四十秒
主砲弾仕様　全長一・九五メートル、重量一・四六トン
ところで艦砲の装甲等に対する貫通力はどのように考えるべきなのであろうか。帆船時代のように直接照準（水平射撃）で行なわれる実体弾の近接射撃でも、よほどの至近射撃でない限り敵艦の厚い木製の舷側を貫通することは困難であった。
砲と砲弾が進化してゆく段階で射撃方法も直接照準は間接射撃に変化してゆく。つまり射程が遠くなれば弾道は水平ではなく必然的に曲線を描くようになる。この曲線弾道の到達点を照準点として射撃を行なわなければならない。つまり間接照準射撃である。
近代軍艦の砲戦は至近距離の直接照準で行なわれることは極めて例外的で、間接照準による射撃が一般的である。この場合砲弾は放物線を描いて目標に弾着するが、射程が伸びれば当然弾着速度は遅くなり標的への貫通能力は低下してくる。しかし射程が伸び弾丸が曲線を描いて落下してくる場合には、弾丸は水平推進速度に落下速度が加算され、むしろ標的への貫通力は増してくる。
つまり射程が伸びれば砲弾の落下速度を最大限に活かすことができ、砲弾の曲線円弧の上限到達高度を選定すれば、むしろ強力な貫通力が得られるのである。
一般に砲弾の貫通力は次の式で表わされる。
貫通力＝砲弾重量×砲弾速度の二乗
この式から明らかなことは、敵艦の強靱な装甲を貫通させるには、砲弾の重量を大きくす

る（口径を大きくする）ことも必要であるが、むしろ砲弾の発射時の初速を高めることが決定的条件になることが分かる。

つまり曲射の場合（間接射撃）には砲弾の初速を高めれば砲弾の上限到達高度が高められ、砲弾の落下速度を高めることにつながるのである。しかし初速の早い砲を造るためには砲身が長く強力な発射薬を使わなければならない。ただ初速が早くなれば砲身内壁の摩耗は急激に激しくなり、また強力な爆発力に耐え得るより強靱な砲を開発しなければならない。つまり極端に初速の早い砲を造ることは至難な作業になるのである。

結局貫通力を高める最善の策は前記の公式から砲弾の重量を増すこと、つまり口径の大きな砲を造ることになるのである。これがあるために世界の海軍の戦艦の主砲は大口径化（大艦巨砲主義）に向かわざるを得なくなったのである。

大艦巨砲主義の最終的回答となった二隻の巨艦、日本の「大和」級戦艦とアメリカのアイオワ級戦艦の巨砲が大巨砲主義の最終的な回答と言えるであろうが、この二隻の戦艦の主砲を比較すると次のようになる。

戦艦名	主砲口径	砲弾重量	初速
「大和」級	十八インチ（四十五・七センチ）	千四百六十キロ	七百八十メートル／秒
アイオワ級	十六インチ（四十・六センチ）	千二百二十五キロ	七百六十二メートル／秒

貫通力については「大和」級の四十六センチ砲がやや有利と判断できようが、使われる徹甲弾の貫通能力が最終的な答えといえそうである。つまり貫通力はほぼ同等と判断すべきで

はなかろうか。

ここで艦砲の命中率について述べてみたい。帆船時代からの艦砲の命中率がどの程度であったのか、系統だって調べた資料は残念ながら存在しない。

近代の海戦になるとどこの国の海軍でも、射撃訓練時に命中率を計算することは行なわれているはずであるが、この数字はどこの海軍でも軍部内では限られた関係者だけがおおよその数字を知っているだけで、対外的には当然のことながら極秘事項である。従って外国の艦砲の命中率という数字は、高度に張り巡らされた諜報機関の手によって辛うじて得られるものである。

一九〇〇年以降の近代海軍では、実弾射撃訓練は専用の標的艦あるいは特定の標的を設けて行なわれるのが一般的であるが、ここで得られた数字をそのまま実戦の命中率と判断することはできない。実戦では射撃の条件は刻々と変化するものであり、実戦における照準は訓練時のように安定した環境の中で行なわれるものでもなく、多分に精神的な影響を受けやすく、正確無比の射撃、着弾を期待すること自体無理である。

帆船時代の射程五十～百メートルという舷々相接する中での砲撃戦では、命中率はよほどのミスがない限り百パーセントであったであろう。

ということは双方が同じ割合で被害を被ることになる。つまり敵の弱点、例えば舷側砲門に集中した射撃、帆柱への打撃（打ち倒す）、操船を不可能にする特殊砲弾を使った集中的な索具の破壊、特殊砲弾を使った甲板上の乗組員の集中的殺傷等がいかに正確にできるか否かが勝敗の分かれ目になるのである。

日露戦争当時の海戦での射撃にはすでに優れた光学的測距儀が出現し、正確な目標までの距離の測定や、進歩した照準具による照準が可能であった。しかもその距離が六千〜八千メートルとなれば命中率は極めて高いと推定できる。

問題は砲の性能が進歩し、射程が伸び一万五千〜二万五千メートルとなり、弾道も放物線弾道の間接射撃となった場合の照準では、どの程度の命中率で射撃が出来たであろうか、ということである。

光学的照準器が全盛であった第二次大戦当時、照準器の持つ絶対的測定誤差の中での照準では、大きな命中率を期待することは無理であったであろう。事実第二次大戦中の艦隊・戦隊同士の砲撃戦で射程二万メートル前後での砲撃戦の例は多い。しかし戦闘記録を見ると命中率は一桁パーセント、それも限りなくゼロに近いような戦闘が多く展開されていた。

一九二八年（昭和三年）に日本海軍の砲術学校が調査した、一九一八年頃の日米の戦艦の主砲の射撃訓練時における標的命中率の記録がある。それによるとアメリカ海軍の戦艦の十四インチ（三十六センチ）砲の、射程一万七千三百七十メートルにおける命中率は、七・三パーセントとある。一方、日本海軍の戦艦の十四インチ砲の射程一万七千六百六十メートルにおける命中率は十五・九パーセントとなっている（黛治夫著『艦砲射撃の歴史』より）。

一見した場合、数字の上では日本海軍の十四インチ（三十六センチ）主砲の命中率は、同じ口径のアメリカの主砲のほぼ同じ射程での命中率の二倍と見なすことができる。しかしこれをもって日本海軍の長射程での大口径艦砲の命中率が予想外に高かったと安易に即断することはできない。

まず日本海軍内で、なぜこの数字を公表したのか意図が不明である。またアメリカ海軍の主砲命中率がいかにして入手された数字であるのかも不明である。この数字は日本の砲撃の実力を誇示することを目的とした偽装の数字ではなかったのか、つまりにわかに信じがたい面がなくはない。見方によっては射程一万七千メートルにおける命中率が十六パーセント前後という高い数字であること自体に、むしろ奇異を感じかねないのである。

つまり艦砲の命中率については知られるデータが極めて少ないために、実情を知ることは極めて難しい。現在公表されている過去の各海戦における発射砲弾と、その海戦における敵側の記録する命中弾数を調べることは決して困難なことではない。これらの数字から命中率は試算できようが、少なくとも太平洋戦争中で戦われた長射程砲撃戦での命中率は、極めて低い数字になっていることに、間違いはないようである。

艦砲時代の終わり

軍艦の「主砲」という言葉は第二次大戦の終結をもって終焉を迎える方向にあった。一九一〇年頃から一九四〇年頃にかけて急速な進化を遂げた戦艦は、第二次大戦中に急速な発達を見た航空機や航空母艦に席巻され、海戦の主役の座から急速に引き摺り下ろされてしまったのだ。それは当然であろう。どのように強力な主砲を搭載しようとも、航空機による爆撃と雷撃の前には、飛行機よりも格段に低速な戦艦は航空攻撃の餌食となり消え去らざるを得なかったのである。爆弾の命中率や雷撃の命中率は主砲の命中率に比べれば比較の対象にならなかった。また一発の爆弾や魚雷の破壊力は、大口径砲弾の命中に比べればその破壊力は格段に大きかった。

世界最強の呼び声の高かった巨大戦艦「大和」も「武蔵」も航空攻撃の前には、自慢の主砲も何の役にも立たず、ただ一方的な航空攻撃の前に撃沈の時を待たざるを得なかったのだ。ドイツ最強の戦艦といわれたビスマルクも航空攻撃による損害が撃沈の引き金になった。また同艦の姉妹艦のティルピッツも、巨大爆弾の攻撃の前には全く無力でなす術もなかった。

つまり極言すれば第二次大戦の中頃には早くも戦艦の時代は終焉を迎えていたのである。戦艦の役割は陸上に対する艦砲射撃という海上の砲台が適任となり、第二次大戦後残っていた戦艦も、アメリカのアイオワ級戦艦に見るように海上砲台としての働きが最終的な任務であった。

戦艦の時代の終焉とともに艦砲というものに対する存在意義と評価も様変わりしてしまった。戦艦の実際の働きが消滅した後には、多少は残っていた重巡洋艦の二十センチも急速に消滅していった。そして最後まで残っていた主砲に相当する艦砲は十五センチ砲であった。しかしこれも一九八〇年頃には消え去った。

つまり砲戦力はミサイルという艦砲に比べれば比較にならないほどの正確な命中率を持ち、一発の破壊力も一発の砲弾とは比較にならないほどの強力な飛翔体に変わってしまったのだ。

しかしいわゆる主砲はミサイルに変わったが、口径百三十ミリ程度あるいはそれ以下の小口径砲にはまだ十分に活躍の場が残っていた。

これら小口径砲の役割は、艦を攻撃してくる航空機の攻撃や、襲ってくる高速小型艦艇の攻撃に最適の役割を示すからである。

現在これら小口径砲の主流は口径七十六ミリ前後の砲である。この砲は高い発射速度を誇り高性能レーダーの照準による性格無比の命中率を誇る。一方もう一つの小口径砲の主力は口径二十ミリの極めて高い発射速度を誇り、高性能なレーダー照準により自動射撃が可能な機関砲である。これら二種類の小口径砲は現代の世界の艦艇の標準的な防衛装備となっている。すでに人間の照準と給弾と操作による砲の射撃の時代は終わっていた。そして小口径砲の命中率などは五十年前には想像もできなかったほど高い値となっているのである。

多数の軍艦が集結して砲撃を展開するスタイルの海戦ははるか昔の出来事になってしまった。戦艦時代の最後の主砲の活躍は、前述したように海上砲台としての陸上に対する砲撃である。つまり上陸作戦前の激しい砲撃が最後の活躍であった。この砲撃戦は目標に対する多少精度の劣る命中率でも十分に役目を果たすことになっていた。

一九四五年二月十九日、アメリカ軍は海兵隊を先陣として硫黄島の上陸作戦を開始した。この作戦を前にアメリカ海軍は二月十七日から旧式戦艦八隻で、上陸地点を中心に合計八十門に達する大口径砲による猛烈な艦砲射撃を展開した。使用された砲は次のとおりであった。

口径三十センチ砲　三十六門（戦艦アーカンソー、テキサス、ニューヨーク）
口径三十六センチ砲　三十六門（戦艦ペンシルバニア、テネシー、ネヴァダ他一隻）
口径四十センチ砲　八門（戦艦ウエスト・ヴァージニア）

これほど多数の戦艦の主砲が陸上に向けて撃ち出されたことは、世界の戦艦史上でも初めてのことであった。各艦の砲撃の目標はあらかじめ定められていた。上陸地点は地図上で二百メートル四方の多数の正方形の碁盤目に区切られ、それぞれの区域ごとに各艦の砲撃目標が定められていたのだ。つまりその目標に弾着するように照準を定め砲撃すればよいので、弾着には厳しい命中精度など必要としないのである。

しかし命中精度は期待しなくとも、正味二日半にわたり撃ち出された砲弾の数は三千発を超えた。砲撃の後の弾着地点は月面のクレーターにも似たような様相を呈し、日本軍守備隊は甚大な損害を受けた。

同じような艦砲射撃はヨーロッパ戦線の後半時期でも行なわれた。参加した戦艦はアメリカ、イギリス、そしてフランス海軍の戦艦で、イタリアのサレルノ上陸作戦、フランスのノルマンジー上陸作戦がその好例である。そしてこの大規模な対陸上砲撃は一九四五年四月の沖縄上陸作戦がその最後となった。

第４章　海戦史に残る大海戦の実際

前装式大砲が主役の時代の海戦

その１●レパントの海戦（一五七一年十月七日）

歴史に名高いレパントの海戦は艦載砲の歴史の上で特筆すべき海戦であった。その理由は海戦で「砲」が使われた最初の海戦と記録されているからである。ただこの時代の艦砲は後の時代の大砲とは厳密にいえばかなり異なるものであった。正確にいえば個人武器としての「ハンドガン」と初期の大砲である「カルバリン砲」が使われたということである。

それではこの海戦の展開の姿と「砲」の使われ方について解説してゆくことにしよう。

この海戦はオスマン帝国海軍と神聖同盟軍海軍（ローマ教聖団、スペイン・ベネチア連合海軍等）の間で戦われた海戦で、ギリシャのコリントス湾口のレパント沖で展開された。

一五七一年にヨーロッパのキリスト教神聖同盟軍は、勢力を拡大するオスマン帝国とギリシャを舞台に対峙していた。この中でオスマン帝国側は海上決戦で勝利し、地中海の覇権を手中に納める考えであった。

一五七一年十月、オスマン帝国の海軍総司令官アリ・パシャ率いる軍船約二百九十隻が、イオニア海を西に進みギリシャ半島の突端に進み出ていた。

一方、オスマン帝国側の海軍の大艦隊の進出を警戒していたキリスト教神聖同盟軍側は、あらかじめこの時あるを予期し、同盟各軍（共和国、王国等）は軍船の出撃の準備に怠りはなかった。

出撃準備の整った同盟軍側の戦力はローマ教皇軍、スペイン王国、ヴェネチア共和国、ナポリ王国、ジェノヴァ共和国、マルタ騎士団の軍船約二百三十八隻で、他に食料、武器、予備兵力を運ぶ輸送船七十六隻が加わっていた。

両軍の実質戦力は次のとおりであった。

オスマン帝国側
　ガレー型軍船　二百三十隻
　ガリオット型軍船（小型のガレー型軍船）　六十隻
　兵員八万八千名（ガレー型軍船の漕ぎ手は除く）
　砲（ハンドガン）七百五十門

キリスト教同盟軍側
　ガレー型軍船　二百六隻
　ガレアス型軍船（大型のガレー型軍船）　六隻
　ガレオン型帆装軍艦　二十六隻
　兵員八万四千名（ガレー型やガレアス型軍船の漕ぎ手を除く）

第25図　レパント海戦位置図

砲（ハンドガン及びカルバリン砲・カノン砲）千八百門

この当時の地中海方面の軍船は基本的にはガレー船が主体であった。ガレー船は全長が二十〜二十五メートル、全幅四〜四・五メートルで、船体に二本の帆柱を持ち、これに地中海方面の帆船特有の三角帆（ラティーンセール）を張り推進力とした。しかしガレー船の特徴は帆以外の推進力として多数の櫓（オール）を備えていたことである。

戦闘時には船を自由に操るために、帆を下ろし多数の漕ぎ手が漕ぐ櫓（オール）が主要な動力となった。一般的には櫓は片舷に二十〜二十六丁（両舷で四十〜五十二丁）配置され、櫓一丁につき一人または二人の漕ぎ手が漕ぐことになっていた。彼らは敵側の捕虜または自国の罪人が当てられているのが一般的であった。

つまりガレー型軍船の一隻あたりの漕ぎ手は小型軍船で八十名程度、大型軍船では二百名を超していた。また軍船には大型であれば一隻あたり四百名以上の兵員が乗り込んでおり、彼らは相手の船に乗り込み白兵戦を展開する戦闘要員であった。

つまりガレー型軍船の戦闘の帰趨は、いかに多くの敵船の乗組員を殺傷し敵軍船を捕獲あるいは沈没させることができるか、にあったのである。そしてもう一つ重要なことはいかに多くの敵の漕ぎ手を手に入れるか（捕虜にするか）、あるいは捕虜になっている自国民の漕ぎ手を解放するかにかかっていたのである。

これら漕ぎ手は戦闘時には船の重要な推進力となるために、逃亡や脱出ができないように、漕ぐという作業の妨げにならない範囲で、彼らは鎖や足枷でその船に固定されていたのである。つまりその船が沈没するときは漕ぎ手の奴隷たちは逃げ出すことができなかったのである。

レパントの戦いにおける両軍団のガレー型やガレアス型軍船の漕ぎ手の数はそれぞれ四万人とも四万五千人とも伝えられている。つまり平均すると軍船一隻あたり二百名前後の漕ぎ手が乗っていたことになる。

ガレー型軍船の戦闘は戦闘開始と同時に互いに集団となって相手の軍船の群れに突っ込むことから始まる。ガレー船の水面下船首には頑丈な木材で造られた長く突き出した突起物（衝角＝ラム）が装備されている。そしてこれを相手の船の水面下舷側にぶつけ相手の船の動きを封じ込めるのである。激しく突っ込まれた相手の船は沈没する場合も多い。そして船を突っ込むと乗り込んでいた兵士は刀や槍を振りかざし相手の船に雪崩れ込み白兵戦が展開

第26図　ガレー型軍船（キリスト教同盟軍側）

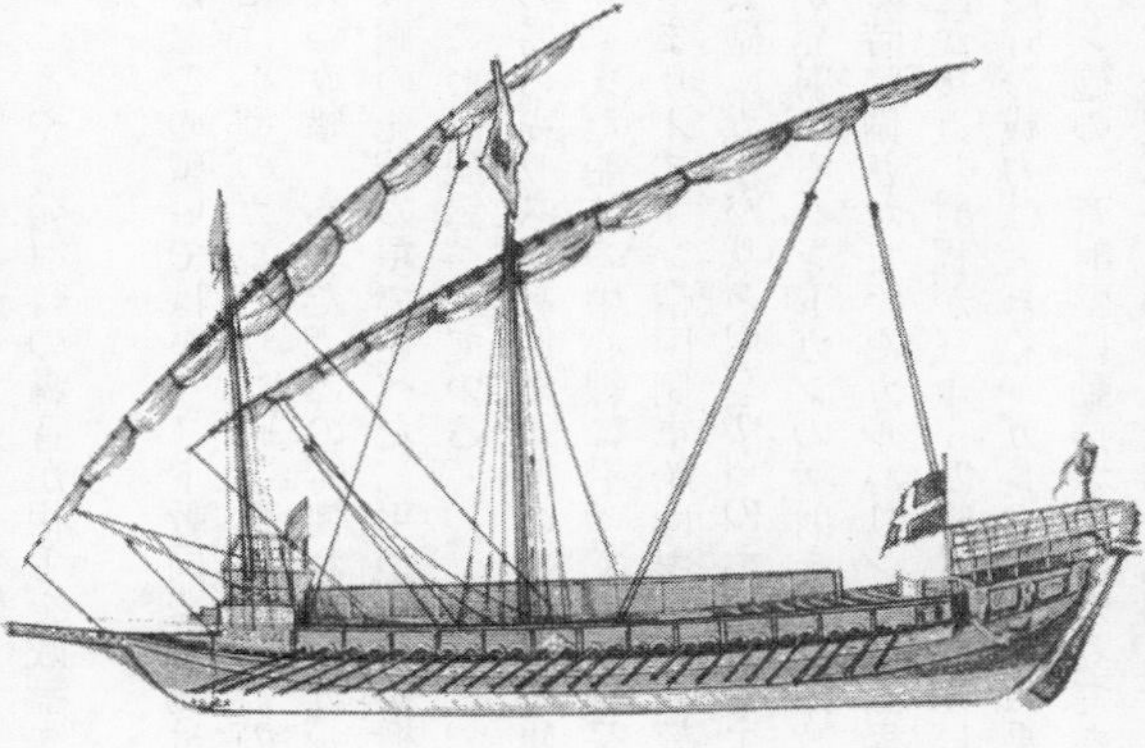

されるのである。

　戦闘が開始されると、多くの場合ガレー型軍船の船首付近で弓を構えていた多数の兵士が相手の船の上の兵士に対し矢を射掛け、兵員の殺傷から始まる。しかしレパントの海戦では矢の代わりに、両軍とも船首にはハンドガンを構えた兵士が乗り込んでおり、船が至近距離に接近したときに相手の船上の兵士に対しハンドガンを撃ち込んだのである。つまりレパントの海戦では戦闘の開始時点から「砲撃戦」が展開されたのであった。

　しかし、ハンドガンは発射される弾丸が直径二〜四センチ程度の鉄球で、手持ちで発射されるために発射火薬の威力も弱く、射程も二十〜三十メートル程度と考えられている。そして至近距離ならいざ知らず距離が遠くなれば命中時の弾丸の衝撃も、当たり所が悪ければ死に至るが、多くの場合は鎧の効果により重軽傷程度で終わったと推定されている。しかし弓矢に比べれば飛んでくる球が目に見えにくいことや、発射時の轟音が相手を威嚇するのに十分であり、意外な効果を示した模様であった。

しかしこの戦いではキリスト教同盟軍側はハンドガンばかりでなく、実は多くのガレー型軍船には小型のカルバリン砲を備えていたのである。これはオスマン帝国軍にとっては全く想像外の攻撃であった。この時使われたカルバリン砲は進化した鋳造型が主流であったが、中には砲の発達の項で述べた、平型鉄棒を樽状に束ねて砲身とした初期の形の砲も搭載されていたことが記録されている。

この時のキリスト教同盟軍側のガレー型軍船の船首には、この砲を備える楼閣が設けられており、また船体の中心線に沿って別に細長い楼閣が設けられ、ここにも砲が配置されていた。つまりオスマン帝国側軍船はキリスト教同盟軍のガレー船に接近すると、楼閣に備えられた大砲（カルバリン砲）からの一斉射撃を受けたのだ。またさらに接近すると乗り込んだ兵士が発射するハンドガンの猛射を受けた。

この時装備されていたカルバリン砲は口径五〜七センチの砲であったと推定されているが、船同士が接近し射程が三十〜四十メートルになった時に一斉射撃で撃ち出されるカルバリン砲の砲弾の威力は大きく、ガレー船一杯に乗り込んでいるオスマン帝国側の兵士たちは、カルバリン砲の一斉射撃に動揺するばかりであった。ハンドガンよりもはるかに強力な弾丸の一撃は、一度に多くの兵士たちを死傷させた。

第27図　ガレアス型軍船
（ヴェネツィア同盟軍のガレアス軍船）

キリスト教同盟軍のガレー船はあえて敵船に激突させ白兵戦に突入するよりも、オスマン帝国軍のガレー船に接近してはカルバリン砲の射撃を続けるだけでも敵側の戦意を喪失させるに十分であった。

そしてこの乱戦の中に突如侵入してきたのがキリスト教同盟軍が準備していた六隻のガレアス型軍船であった。

ガレアス型軍船はガレー型軍船よりも一回りも大型で、普通のガレー型軍船の櫓の配列が両舷でそれぞれ一段、せいぜい大型でも二段であるのに対し、三段配列になっており、櫓（オール）も大型で一本当たり三名で操作するというものであった。櫓の総数は百六十本以上あり、櫓を操作する漕ぎ手も一隻当たり五百名は配置されていた。そしてその上に戦闘員が三百名以上乗り込んでいた。

ガレアス型軍船がオスマン帝国側の軍船に脅威を与えたのはその装備であった。ガレアス船の船首、船尾、船体中央部にはガレー型軍船よりも頑丈で大型の楼閣が造りつけられており、ここにガレー型軍船に倍するカルバリン砲を備えていたのである。そして驚くことはこの時ガレアス型軍船にはカルバリン砲ばかりでなく、口径十センチ程度の初期のカノン砲も装備されていたことが当時の戦記に記されている。

現在に残されているレパントの海戦に参加したキリスト教同盟軍側の、ヴェネチア共和国のガレアス船の絵を見ると、船首と船尾の楼閣には左右それぞれ二門の大砲（カルバリン砲）が装備されている姿が描かれている。そしてさらに三段に配列された櫓（オール）の最上段のその上の位置の中央部付近には砲門を持った楼閣が描かれている。描かれている砲門の数は片舷五ヵ所である。つまりこの絵から判断するとガレアス船の装備していた砲は、カルバリン砲とカノン砲を合計少なくとも十八門装備していたことになる。

一般のガレー型軍船の装備していた砲の数が六〜八門と推定されるので、ガレアス型軍船は圧倒的に強力な砲戦力を持っていたことになるのだ。そしてガレー型軍船に比べ一回りも大型なガレアス型軍船は、砲を装備した各楼閣はオスマン帝国側のガレー型軍船より高い位置にあるため、そこからの砲撃はまさに狙い撃ちになったわけである。

ガレアス型軍船は記録によると全長四十四メートル、全幅八メートル。三角帆（ラティーンセール）を装備する帆柱が三本あり、戦闘時には帆を下ろし三段に配置されたオールの力だけで小回りの利く操船が行なわれたのであった。

この海戦がキリスト教同盟軍側に決定的な勝利となった大きな要因が、オスマン帝国側を恐怖に陥れたガレアス型軍船とカルバリン砲・カノン砲の存在にあったことに間違いはないようで、レパントの海戦を記録した歴史書にその様子が記載されている。

それは当然であろう。特にガレアス型軍船が搭載していたカノン砲（一隻当たり推定四〜六門搭載）は口径が十センチと推定されており、その弾丸の命中時の威力はカルバリン砲の威力とは格段に異なり、敵側の小型のガレー型軍船の薄い木造の船体の外板などは簡単に破壊され、甚大な損害を与えたことが想像できるのである。

この海戦は戦闘開始と同時に両軍の軍船はたちまち入り乱れての乱戦に入ったと記されている。しかしその中に割り込んできたガレアス型軍船の活躍は目を見張るものがあり、撃ち出される大砲はたちまちオスマン帝国側の軍船の活動を鈍らせていった。実はオスマン帝国側の軍船の動きが鈍くなったのにはキリスト教同盟軍側の予想外の砲撃以外に、もう一つの理由があったのである。

実はこの海戦に参加したオスマン帝国側の軍船の漕ぎ手の大半はキリスト教徒の奴隷であった。このために海戦の戦況を知った彼ら漕ぎ手たちは、あたかも全軍船が呼応したように意識的に櫓の操作を手加減していたのである。つまり船の指揮官の命令に対し櫓を漕ぐ力を加減し、船の動きを指揮官の意のままにならないようにしたのであった。

オスマン帝国艦隊の緩慢な動きは戦況を決定づけてしまった。結局この海戦はキリスト教同盟軍艦隊の圧勝に終わったが、戦闘の最中にオスマン帝国側の総司令官アリ・パシャに続き、副司令官も戦死してしまったために、艦隊は軍船の緩慢な動きも禍し戦闘員の士気は一気に崩壊してしまったのである。

この海戦における戦闘員の戦死者は、オスマン帝国側が二万五千人とされている。一方のキリスト教同盟軍側の戦闘員の戦死者は七千六百五十名と記録されている。そして沈没した軍船の数は、オスマン帝国側は参加した軍船二百九十隻中二百四十隻が失われ、キリスト教連合軍側はわずかに十二隻であった。オスマン帝国艦隊は壊滅してしまったのだ。

興味あることはこの海戦で沈没したオスマン帝国側軍船の漕ぎ手一万五千名（キリスト教徒）が、船の沈没前にキリスト教同盟軍側の軍船の漕ぎ手や戦闘員によって救助されていることである。

一方、オスマン帝国側軍船の戦闘員約七千名がキリスト教同盟軍側の捕虜となったが、残る数万名の戦闘員たちは沈没前に海に飛び込んだが、その大半は溺死したとされている。

砲が海戦に登場して初めての海の戦いは想像を絶する様相の海戦となり、この海戦を上回る壮絶な海戦は、まだ砲がなかった時代のサラミスの大海戦くらいである。

なお特筆することは、ガレー型軍船が参加する海戦はこのレパントの海戦が最後となった。

その2●アルマダの海戦（一五八八年七月二十一日〜三十日）

「アルマダ」とはスペインが自負する同国海軍の世界最強の艦隊、つまり「無敵艦隊」を意味する言葉である。

アルマダの海戦とは、この「アルマダ」とイギリス海軍連合艦隊の間で、一五八八年七月二十一日から七月三十日までの間に戦われた一連の海戦を指すものである。

事の起こりはスペインのイギリスに対する外交と宗教の鬱積した怒りにあった。スペインは宗教的にはローマン・カトリック教で統一された、敬虔なカトリック教徒を中心とする国家であった。それに対しイギリスは宗教的にはローマン・カトリック教から分離し誕生したイギリス国教を中心とし、一部はローマン・カトリック教とは完全に対立の立場にあるカルヴァン派・プロテスタントで成り立っている国であった。

イギリスが宗教的にローマン・カトリック教から独立して以来、スペインは常にイギリスを敵対視する立場をとっていた。その中で一五五八年にイギリスでエリザベス一世女王が即位すると、それまで対外的、外交的に消極的な姿勢をとっていたイギリスはにわかに対外的、外交的に積極的な姿勢をとり始めた。その中でも特に先鋭的な行動として目立ち始めたのがイギリスの傍若無人なまでの、主にスペイン船を対象にした海賊行為であった。

イギリスは国内財政の確保の手段の一つとして、公海上で他国船が運ぶ財産・財宝を略奪するという極めて乱暴かつ強引な手段をとったのである。そしてその行為を国家公認の行為としてエリザベス一世女王自らが認可したのである。

つまり女王は当時すでに私的に行動を開始していたイギリスの屈強で勇猛果敢な海賊船船長たちを招集し、国家公認の海賊船として活動することを女王の名において命じたのである。そしてこれら国家公認の海賊船は「私掠船（プライバティア）」と称し、彼らが獲得した財宝などの一部を船長や乗組員たちに還元するが、大半はイギリスの国庫に納入することを約束させたのである。つまり「女王陛下お墨付きの海賊船」の大量出現となったのであった。

一方、当時のスペインは新大陸の中南米方面に新たな広大な領土を確保し、そこから産出される大量の金銀や宝石などを、カリブ海沿岸の港から大西洋経由の船でスペイン本国まで運んでいた。また産出し鋳造された大量の銀貨は、中国との貿易の資本とするために、中南米の太平洋沿岸の港からフィリピンに送り込まれていた。

イギリスの狙いはこの大量に運ばれる金銀財宝の掠奪にあった。イギリスの私掠船はカリブ海、大西洋、太平洋と活動を開始し、多数のスペイン財宝船を捕獲し財宝を奪ってはイギリス国庫を潤していた。

この場合、捕獲され財宝を掠奪されたスペイン船のほとんどは証拠を残さないために、掠奪直後にその船の乗組員と共に焼き払われていたのである。

この目に余る蛮行がイギリスの海賊船であることが次第に明確になり、その行為の命令がエリザベス一世女王から出ていることも知られるようになった。怒り狂ったスペインは抗議の書簡を事あるごとにエリザベス女王宛に送り付け、中止と自粛を迫っていた。しかしこれに対するイギリス側の返事は「ナシのつぶて」であり、一向にやめる気配はなかった。

元々の宗教的な対立の上に、この掠奪行為に堪忍袋の緒の切れたスペインは、イギリスに対し一大攻勢をかける決心をした。その行為とはスペインの誇るアルマダと大量の陸兵を乗せた輸送船をイギリスに送り込み、イギリス艦隊を撃滅しイギリス本島への上陸を決行し、イギリスをスペインの手中に納めるという壮大な計画（作戦）であったのである。

スペイン側の作戦は次のような綿密なものであった。まず現在のフランス北西部（イギリスの対岸に位置するカレーが中心地）が当時のスペイン領（スペイン領ネーデルランド）であることを活かし、大量の陸兵をフランス経由でこの地に送り込み待機させる。

次に大量の輸送船をスペインからカレー方面の港に送り込み、集結している陸兵を乗せ対岸のイギリスまで運び上陸作戦を決行し、イギリス本土制圧を行なう。

当然のことながらイギリスはこれを阻止するために艦隊を派遣してくるであろうが、スペインの無敵艦隊をあらかじめイギリス近海に派遣し、出動してくるであろうイギリス艦隊を迎え撃ちこれを撃滅する、という筋書きになっていたのである。

一五八八年七月十二日、多数の輸送船を従えたスペイン無敵艦隊はスペインの北西部にあるコルーニャ港を出港した。スペイン艦隊創設以来初めての壮大な眺めであった。

この時のスペイン艦隊の戦力は次のとおりであった。

大型ガレオン型帆装戦艦	二十隻
ガリース型帆装戦艦（ガレオン型より小型）	四隻
ガレアス型戦艦	四隻

武装商船（主体はガレオン型帆装武装商船）　四十四隻
輸送船（小型帆船）　二十三隻
小型艦艇（哨戒・連絡用＝ガレー船）　三十五隻
戦闘員（砲手、敵艦突入用海兵隊員）　一万九千名
船員（ガレー船の漕ぎ手を含む）　八千五百名
大砲
　カノン砲　千百門
　カルバリン砲　千三百三十一門

この艦隊の中で主力艦といえるものは大型ガレオン型帆装戦艦程度で、多数を占める武装商船は二十〜三十門の砲を装備してはいるが、構造は軍艦とは言いにくくあくまでも商船であった。またガレアス型戦艦も存在するが、戦闘用艦としては二線級の軍艦であり、小型艦艇としてのガレー船もすでに直接の戦闘用艦艇ではなかった。

無敵艦隊とは呼ばれているが、艦種の構成から見るととても強力な艦隊と呼べるものではないことがわかる。武装商船が多くを占めているが、これはイギリスの公海上での海賊行為に対処するために主要商船には武装を施したもので、正式な軍艦ではなく船長も経験ある航海者ではあるが本来は軍人ではなく、実際に大規模な海戦が展開された場合にはどのような戦い方をするのかは全くの未知数であった。つまりアルマダの員数あわせに集められた準軍艦というべきものであった。

なおこの作戦を決行するに当たり、七月初めの時点でスペイン側はすでにスペイン領ネー

デルランドのダンケルク、カレーなどに約三万名の陸兵を集結させていた。

ここで当時のスペイン艦隊の戦闘方法を述べてみたい。基本戦闘方法はこの時より十七年前のレパントの海戦時代と大きく変わるところはなく、砲は搭載しているが基本的には敵の艦船に接舷し、自船に乗り込んでいる海兵隊員を敵艦船に突入させ、白兵戦で敵を圧倒し降伏させる、という伝統的な戦法であった。

この時スペイン艦隊が搭載していた砲は当然、カルバリン砲とカノン砲であったが、これらの砲は敵艦の乗組員を殺傷し、敵艦の索具や帆を破壊し行動の自由を奪うことに使うのが本来の使用目的で、当時の各国軍艦や武装商船の大砲の使用目的と違うところはなかった。

このスペイン艦隊の動きに対するイギリスの動きはどうであったのだろうか。イギリス側は当然のことながらスペインの意図をかなり早い時期に察知していた。そしてスペインの無敵艦隊の来襲を予期していた。

イギリスはこの頃には海軍を組織し艦隊の整備にも怠りはなかった。そして海軍の司令官クラスには有能な私掠船の船長が幾人も登用され、また軍艦の艦長もその多くが私掠船の船長であった。つまりイギリス海軍は航海術と策略と実戦経験の豊富な、百戦錬磨の航海者たちによって固められていたのである。

この時のイギリス艦隊の勢力は実際にはスペインの無敵艦隊を完全に圧倒するものであった。主力艦隊はハワード提督率いる本国艦隊でその戦力はガレオン型帆装戦艦と私掠船三十四隻で、次席艦隊は私掠船船長としてその名を轟かせたフランシス・ドレーク提督率いるガレオン型帆装戦艦と同じく私掠船三十四隻であった。このフランシス・ドレークこそスペインが国王の名においてイギリスに処断を求めた目の敵の人物で、スペインにとってはイギリス海賊船船長の大頭目として、憎んでも憎み切れない人物であった。

この合計六十八隻の艦隊に続き、ロンドンを母港にしてドーバー海峡を防衛する中・小型ガレオン型武装商船三十隻で編成されたロンドン艦隊があり、さらにドーバー海峡の北部の防衛を担当する中・小型ガレオン型武装商船二十三隻で編成されたシーモア艦隊があった。

つまりイギリスは、アルマダの呼び声は高いが主力艦二十隻と予備艦的存在の五十二隻の軍艦や武装商船で編成された合計七十二隻の混成艦隊に対し、五十隻以上の主力戦艦と七十一隻の主に私掠船より成る強力な艦隊でスペイン艦隊の来襲に備えていたのであった。

イギリス艦隊が搭載していた砲は合計千八百門で、これもスペイン艦隊の千三百門を圧倒していた。しかもイギリス艦隊が搭載していたカルバリン砲やカノン砲は口径や射程においてスペイン艦隊のそれを圧倒しており、スペイン側はそれを知らなかったのだ。

この時のイギリス艦隊が装備したカノン砲については、残されている戦闘記録に「重砲」という記載がある。この「重砲」については詳細は不明であるが、推定されているところでは、通常のカノン砲より口径が大きな（口径十～十五センチと推定）大砲であったらしい。

勿論これらカノン砲の弾丸は実体弾で炸裂弾は使われていない。ただカルバリン砲もカノン砲もスペイン艦隊の同じ砲に比べ、有効射程は大幅に勝っていたとされている。これも私掠船の実戦経験から改良が重ねられた結果であったのである。

第28図　アルマダの海戦経過図

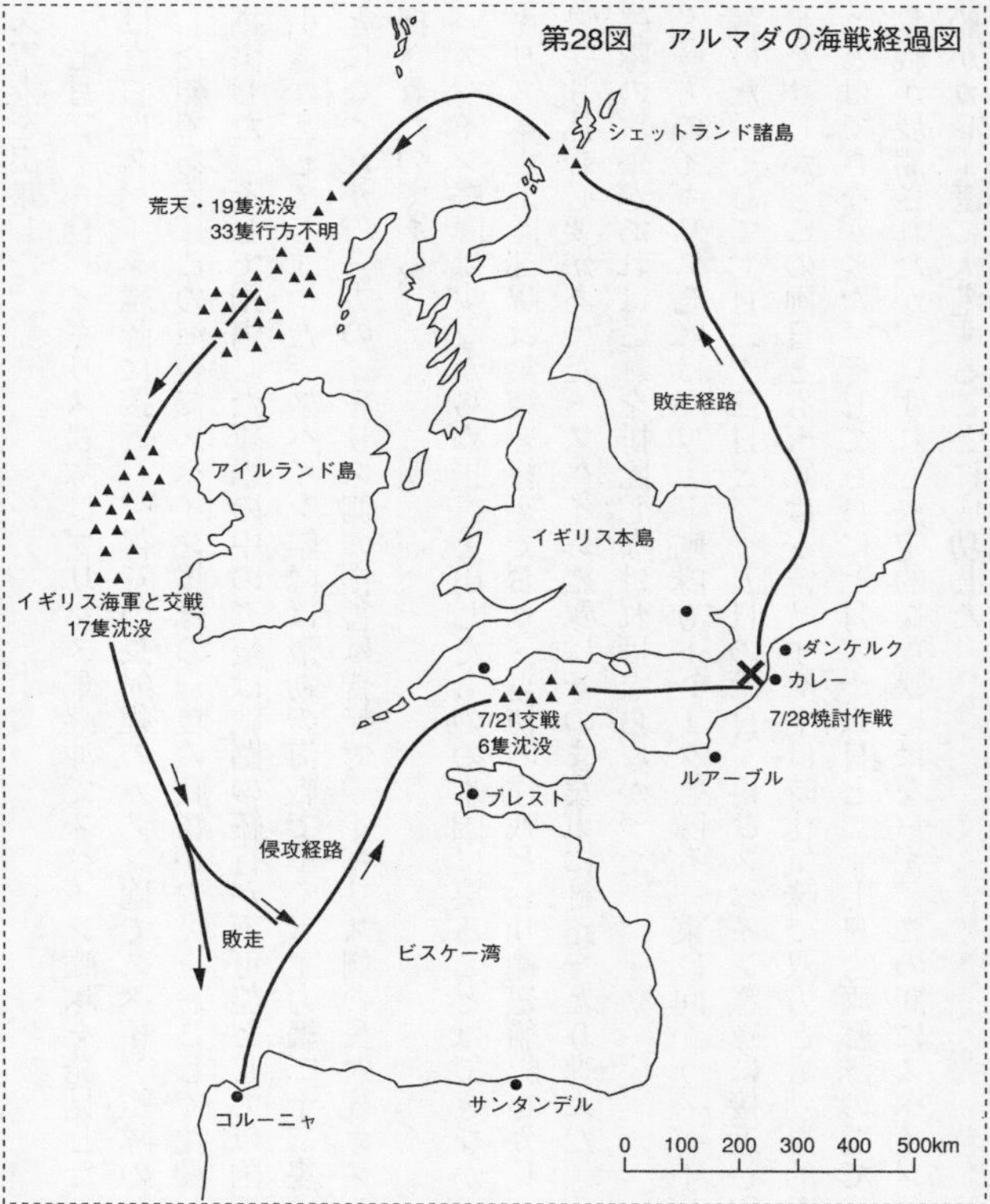

七月二十日、イギリスの哨戒艦がイギリス海峡の西端、イギリス本島の南西端のリザードヘッド付近にスペイン艦隊の一群らしき姿を発見した。これに対し警戒体勢にあったイギリス海軍のハワード艦隊とドレーク艦隊の大艦隊が直ちにプリマ

ス軍港を出撃した。

七月二十一日、イギリス艦隊はプリマス軍港沖でスペイン艦隊を発見した。イギリス艦隊は直ちにスペイン艦隊に接近し、得意の長射程のカノン砲でスペイン艦隊の射程外から発射したのである。この海戦でスペイン艦隊の一隻の戦艦が火災をおこして沈没し、十隻前後が損傷した。そして損傷した軍艦の中の五隻は戦闘の続行が不可能として母国のコルーニャに引きかえしてしまった。スペイン艦隊は最初の海戦で早くも主力艦二十二隻中六隻を失うことになったが、一方のイギリス側の損害は皆無で、イギリス側の長射程カノン砲の実力が発揮されたのである。

スペイン艦隊は少なからぬ損害を出したものの本国に戻ることはできなかった。すでにイギリス本土上陸部隊は集結を終えており、当初の作戦どおり輸送船隊をカレーやダンケルクに送り込む必要があった。スペイン艦隊はそのまま東に針路をとり進んだ。そしてイギリス艦隊の攻撃があればこれを排除しなければならなかった。

一方のイギリス艦隊はハワード艦隊もドレーク艦隊も、東に向かうスペイン艦隊の追跡を続けた。そして七月二十三日と二十五日の両日、再びスペイン艦隊に接近し砲撃戦を繰り返した。しかしこの両日とも天候は安定せず海上は時化気味で双方とも効果的な砲撃を行なうことはできなかった。そしてさらに七月二十六日と二十七日も両艦隊の間で小競り合いの砲撃戦が展開されたが、いずれも決定的な攻撃にはならず、この間にスペイン艦隊の残る全艦船がカレー港に入港することに成功した。

七月二十八日、カレー港に入港したスペイン艦隊の全艦船は食料や弾薬や飲料水などの補給を開始した。しかし百隻を超えるスペイン艦隊の全艦船の補給が完了するにはよほどの時間がかかるはずであった。

この間にイギリス艦隊の主力のハワード艦隊とドレーク艦隊はカレー港入り口付近の海上に集結を終えていた。そしてこの間を利用して補給船から弾薬、食料、飲料水の多少の補給を受けていた。スペイン艦隊は同艦隊の戦力を上回る強力なイギリス艦隊に完全に包囲されてしまい、仮に補給が完了しても容易なことでは艦隊の出撃はできない状態にあった。つまりこの状況の中ではスペイン艦隊が随伴してきた輸送船や武装商船に、イギリス上陸用に集結させた陸軍部隊をすぐに乗船させるわけにもゆかなかったのだ。スペイン側の当初の壮大なイギリス上陸計画を実行するにはあまりにも危険がありすぎた。

一方のイギリス艦隊はスペイン艦隊の全戦力をいつまでもカレー港内に閉じ込めておくこともできず、打開策としてイギリスは異色の奇襲攻撃を展開することにしたのであった。その作戦とは「焼き討ち作戦」であった。

イギリス艦隊は随伴していた小型のガレオン型軍艦六隻を選び、その船上と船内に大量の可燃物を積み込むと、決死隊を選びそれぞれを六隻のガレオン船に乗り込ませると夜間を利用してカレー港内に侵入させたのであった。そして港内に侵入すると、折からの追い風によって船がさらに港内に進むように、全ての帆を展帆し帆桁を風の向きに固定すると十分に油を撒かれた可燃物に火をつけると、決死隊は搭載していた脱出用の短艇で一斉に港の外へ脱出した。

燃え盛る六隻のガレオン船は、そのまま港内一杯に停泊し身動きもできない状態のスペイン艦隊に向かって突進した。カレー港内は大混乱となった。焼き討ち船の作戦は洋の東西を問わず古くから行なわれている戦法であるが、これほど大規模な焼き討ち作戦は歴史上でも、この時の作戦以外に例を見ない。

港内で身動きもできないスペイン艦隊は狼狽の極みで、停泊していた艦船は次々と類焼を始めた。一部の艦船は港外への脱出を試みたが、風が逆風であるために狭い港内ではうまく操船ができない。

辛うじて港外に逃れ出たスペイン艦船は待ち構えていたイギリス艦に滅多打ちの砲撃を受け、沈没艦船こそなかったが脱出した十六隻がイギリス艦隊に降伏することになった。

乱戦の中、夜間を利用して残るスペイン艦隊の輸送船を含む主力の艦船は、辛うじての脱出はできた。しかし当然のことながら輸送船には一人の陸兵も乗り込んでおらず、また補給も開始されたばかりであったために、十分な弾薬も食料も飲料水も搭載されない状態での出港であった。ここにスペインのこの作戦の最大の目的であったイギリス上陸作戦は、あえなく失敗に終わることになった。

残存スペイン艦隊は帰国を急ぎたかったが、イギリス海峡には強力なイギリス艦隊が待ち伏せており、そのまま最短距離でスペインへ帰ることは極めて危険なことであった。勿論スペイン艦隊は、遠くイギリス本島を一周して敵の目をくらまし帰国することもできたが、補給途中で脱出した艦隊のそれぞれの艦船の食料や飲料水は、その日数のかかる航海には完全に不足状態にあることは間違いなかったのだ。かといって最寄りのフランスの港に寄港することもできなかった。うかつに寄港すればたちまちイギリス艦隊の攻撃の的になり、また宗教的にスペインと対立しているフランスの地に寄港することは、各艦船のフランスへの降伏をも意味したのである。

結局残されたスペイン艦隊が選べる脱出の道は、途中に待ち構える規模の小さいイギリス艦隊との小競り合いの可能性はあるものの、イギリス本島の北側を大きく迂回し大西洋に出、スペインまでの長駆航海を行なうしかなかったのだ。

七月二十九日、脱出時に分散していた残存スペイン艦隊は、次第に隊形を整えながらドーバー海峡を北上していた。イギリス艦隊はスペイン艦隊を追跡し攻撃を続けたかったが、イギリス艦隊側も途中での補給が不十分であったためにその後の長くなるであろう追撃戦には二の足を踏んでいた。スペイン艦隊にとっては安全に脱出できる好機が訪れたのであった。

スペイン艦隊はイギリス本島の北端のオークニー諸島を大きく迂回し、ヘブリデーズ諸島の西側を通り大西洋に出た。そしてアイルランド島の西側を南に向かった。

しかしこの間、艦隊はこの季節特有の大西洋の荒天に巻き込まれていた。スペイン艦船のいずれの船内にもすでに食料も飲料水も無くなっていた。乗組員たちは完全な飢餓状態の中で体力も消耗し、この打ち続く荒天の中で十九隻が沈没し、三十三隻が行方不明になった。

そして更なる試練は、迂回脱出を察知していた補給十分のイギリス艦隊が、アイルランド島南西端でスペイン艦隊を待ち伏せていたのであった。そしてこの待ち伏せ攻撃でスペイン艦船十七隻が撃沈あるいは拿捕された。

世界最強と豪語していたスペインの無敵艦隊アルマダは、脱出行を含めて参加艦船百三十隻中実に八十六隻を失い、残った艦船は哀れな姿で出港地のコルーニャにたどり着いた。アルマダの壊滅はスペインの大西洋における制海権の喪失につながり、以後西ヨーロッパにおけるスペインの国勢は衰える一方となったのだ。


その3●トラファルガー沖海戦(一八〇五年十月二十一日)

一八〇五年十月に展開されたトラファルガー沖海戦は、木造帆装軍艦時代の最後の大規模海戦であると同時に、次に記すリッサの海戦を除けば、前装式カノン砲やカルバリン砲を砲戦力とする最後の「大規模海上砲撃戦」であったのだ。

一方この海戦で勝利したイギリスは、その後のイギリス海軍の世界覇権の基盤を確立することになったのである。

フランス革命後の混乱する国内に、陸軍士官のナポレオンは新星のごとく現われ、頭角を表わすとたちまちフランス陸軍の司令官にまで昇進した。そしてエジプト遠征で勝利をつかむと、一七九九年には彼を頭とする統領政府を樹立するとたちまち第一統領に就任してしまった。そして翌年にはイタリア遠征で勝利を得、さらにオーストリア軍とも対峙しこれを破った。もはや彼の向かうところには敵はなく、一八〇四年にはナポレオンはフランス皇帝になったのである。

ナポレオンはヨーロッパ征服の野望に燃え、次にはオーストリアの完全制圧とイギリス制圧に執念を燃やしたのであった。

ナポレオンのイギリス制圧の基本戦略は、当時フランスと同盟関係にあったスペインの艦隊の戦力を借り、フランス艦隊との強力な連合艦隊を編成し、これによってイギリス艦隊を圧倒し、その間にドーバー海峡からフランス陸軍部隊をイギリス本土に上陸させ、イギリスを制圧するという考えであった。

しかしイギリス側は早くからナポレオンのこの野望を察知し、イギリス艦隊は戦力の錬成を怠らなかった。そしてイギリス海峡やビスケー湾を中心に積極的な哨戒活動を展開し、この間にフランス艦隊との間で小規模な海戦が展開されていた。

イギリス海軍にはこの時期大きな不安があった。それはヨーロッパ最強といわれたイギリス艦隊も、仮にフランス艦隊がスペイン艦隊と連合艦隊を編成すれば、その戦力は明らかにイギリス艦隊の戦力を上回ることであった。つまりイギリス艦隊としては正面からフランス・スペイン連合艦隊と戦闘を交える前に、何とかしてこの連合艦隊の戦力を削ぐ手立てを考えなければならなかった。

この問題を解決するためにイギリス海軍が考え出した戦法は、イギリス側の戦力は分散されるが、フランスとスペイン艦隊の活動に先制し、両艦隊の拠点港を封鎖し艦隊を港に封じ込め、その間にイギリス陸軍部隊の大軍をフランスに上陸させフランスの陸上戦力を削ぎ、その間に封じ込められたフランスとスペイン艦隊の戦意を喪失させる、という作戦であった。つまりナポレオンのイギリス制圧作戦の完全な裏返しの作戦の決行であった。

イギリス海軍は果敢であった。作戦の骨子が固まると直ちに行動を開始した。当時のフランス海軍の主力艦隊の拠点港は地中海のツーロンであった。そして分遣艦隊の基地を大西洋側のブレストとロシュフォールに置き、多少の戦力を常駐させていた。一方スペイン艦隊の拠点港はイベリア半島南東部の地中海のカルタヘナであった。

イギリス艦隊は直ちに本国艦隊と地中海艦隊の主力によってツーロン軍港とカルタヘナ軍港の封鎖作戦を開始した。勿論この作戦は短期作戦を考えてはいなかった。一年あるいは二年という長期の封鎖作戦は覚悟の上であった。イギリス海軍にとっては持久作戦は最も得意とする作戦の一つであった。

そしてこの作戦が長引けばフランスに陸軍部隊を上陸させる以前に、フランスは連合艦隊として機能しない動けぬ艦隊を前に、イギリス侵攻作戦は頓挫するものと考えられたのである。しかしこの長引く封鎖作戦にシビレを切らせた連合艦隊側は、イギリス艦隊の封鎖部隊を強行突破し外洋へ出撃することは十分に考えられた。

しかしこの可能性についてイギリス海軍は大胆な考えを持っていた。つまりフランスとスペイン両艦隊の司令官や乗組員は長期の封鎖に焦りと士気の低下と弛緩の可能性は十二分にありえることで、仮に脱出に成功しても乗組員の士気の低下は戦闘力の低下に直接結びつき、いざ海戦となった場合には相手が連合艦隊であっても、イギリス側の勝利の公算は極めて高いと判断していたのである。

この判断は見事に的中した。ナポレオンは封鎖され動きのとれない不甲斐ないフランス・スペイン連合艦隊の姿にまさにシビレを切らせていた。そして両艦隊の司令官に対し封鎖の強行突破の命令を書簡で送り付けた。

一八〇五年一月、地中海西部海域は激しい荒天に見舞われた。このときを封鎖突破の好機と判断したフランスとスペイン艦隊の司令官は、荒天に紛れて同時に封鎖を突破しジブラルタル海峡へ向かい、大西洋を西に向かったのである。

両国連合艦隊の司令長官の作戦は、「連合艦隊が大西洋を西に向かうという一時的な欺瞞行動をとる。この行動に対しイギリス艦隊は艦隊を分散して配置し連合艦隊に対するであろう。連合艦隊は反転し、その空白の間隙を縫い一気にビスケー湾に入り込み、分散したイギリス艦隊を各個撃滅する」という作戦であった。

第29図　トラファルガー沖海戦位置図

フランス・スペイン連合艦隊は態勢を整えながら当初の計画どおり西に向かって進もうとした。しかしイギリス艦隊は分散するどころか全戦力で連合艦隊を追跡する態勢に入った。

これを知った連合艦隊の総司令官ヴィルヌーブ提督は、たちまち艦隊を反転させスペインの大西洋に面したカジス港に引き返してしまった。これはイギリス艦隊にとっては願ってもない幸運となった。つまり一つの港をイギリス艦隊の全戦力で封鎖すれば良かったのである。

この時ヴィルヌーブ提督はなぜ全艦隊でカジスに逃げ込んだのか。理由は一つヴィルヌーブ提督の弱気がなせる技であったのだ。

当然のことながらナポレオンはフランス・スペイン連合艦隊の不甲斐ない行動に激怒した。ナポレオンはヴィルヌーブ提督に対し万難を排しても艦隊を出撃させ、ビスケー湾に面するブレスト港に移動し、直ちにイギリス艦隊撃滅の準備に入ることを命じた。しかし提督はナポレオンの再三の出撃命令に対し、艦隊のカジスからの出撃を躊躇していた。カジス軍港の前面の海域にはイギリスの全艦隊が待機しているのである。

ナポレオンはこの時までに十五万名の陸軍部隊をブレストに集結させ、輸送船を揃えイギリス本島への侵攻の準備を完了させていたのだ。

再三の命令に背き一向に動こうとしない連合艦隊に、戦機を失ったと見切りをつけたナポレオンは集結した十五万名の陸軍部隊をオーストリア侵攻作戦のために移動させてしまった。ここにナポレオンの生涯の作戦の中でも最大級の作戦、そして唯一無二のイギリス侵攻作戦は永遠に跡絶えてしまったのであった。そしてこれはフランス海軍の威信の大きな失墜と制海権の喪失につながるものとなったのである。

今やヴィルヌーブ提督の前からは、イギリス艦隊撃滅という目的が失われてしまったのである。彼が今やるべきことは遮二無二にでも封鎖艦隊を突破し、フランスとスペイン艦隊の根拠地であるツーロンやカルタヘナへ戻ることであった。

この時カジス港の沖合ではイギリスの艦隊が二つの戦隊に分かれて封鎖作戦を展開中であった。一方の戦隊はイギリス艦隊の総司令官でもあるネルソン提督率いる十四隻の戦列艦で、旗艦は戦艦ヴィクトリーであった。もう一方の戦隊は艦隊の次席司令官であるコリンウッド提督率いる十三隻の戦列艦で、旗艦はロイヤルソブリンであった。総戦力二十七隻。

イギリス海軍の二十七隻の戦列艦の装備する砲は、カノン砲、カルバリン砲そして一段と強力な破壊力を持つカロネード砲で、これら砲の合計は二千百四十八門に達した。この中でもカロネード砲は当時イギリス海軍の戦列艦にだけ装備されていた最強力の砲であった。

これに対するフランス・スペイン連合艦隊の戦力は、一つは連合艦隊総司令官が率いるフランスの戦列艦十八隻（旗艦は戦艦ビサンチュール）。もう一つはスペイン艦隊で連合艦隊の次席司令官であるグラヴィナ・エスカーノ提督率いる戦列艦十五隻（旗艦はプリンシペ・デ・アスツリアス）で、連合艦隊の総戦力は三十三隻であった。

勿論イギリス艦隊も連合艦隊も戦列艦以外にそれぞれ六～七隻の偵察・哨戒用のフリゲート艦を随伴していた。

連合艦隊側の砲戦力はカノン砲とカルバリン砲合計二千六百二十六門で、イギリス艦隊に対し戦列艦の数が六隻多い分、五百門も多くの砲を装備していた。しかし両艦隊には砲戦力だけでは判断できない大きな格差があったのである。それは乗組員のこれから始まろうとする戦闘に対する意識の差であった。

イギリス海軍は提督、艦長、士官、下士官、兵員に至るまで、戦われるであろうこの戦闘が国家存亡を決定する戦いであることを十分に認識した烈々たる闘志を持っていた。一方、フランスとスペイン艦隊の軍艦の乗組員たちは、長期にわたるイギリスの封鎖作戦に対し志気は低下し、また艦隊の本来の目的も達成せずにただ「逃げ帰る」という姿勢に、乗組員一同の志気は完全に低下していたのである。ましてやスペイン艦隊の乗組員たちは、自国の戦争でもない雇われ戦争という気分が蔓延し、厭戦気分が頂点に達し戦闘に対する意欲も極度に低下していた。

連合艦隊は機を見てカジス港を脱出した。そして二つの戦隊はそれぞれジブラルタル海峡方面に向かって南下を始めようとした。

連合艦隊の脱出を知ったネルソン総司令官は二つの戦隊で追跡を開始した。そして十月二十日、動きの遅い連合艦隊に対して先回りし、ジブラルタル海峡の西端出口の北西に位置するトラファルガー岬沖でフランス・スペイン連合艦隊を待ち伏せることになった。

十月二十一日の早朝、朝もやの中に待ち伏せするイギリス艦隊を発見した連合艦隊は、もはや戦闘を回避することは不可能と判断したが、イギリス艦隊の隙をついてとりあえずカジス港へ戻る脱出口を捜し反転し北上を開始した。

これを見たネルソン総司令官は自らが率いる十四隻の戦列艦を、単縦陣の配列で、これまた単縦陣で進む十八隻のフランス艦隊の左舷側から突っ込んでいったのである。一方コリンウッド次席司令官自らが率いる十三隻の戦隊は、これもまた単縦陣で同じく単縦陣で進む十五隻のスペイン艦隊に左舷から突っ込んでいった。

正午、まずコリンウッド提督率いる戦隊がスペイン艦隊に対しカノン砲の一斉射撃を開始した。射程二百メートル。トラファルガー沖海戦の火蓋が切られた。

第30図　トラファルガー沖海戦
戦闘開始時の各艦隊の位置図

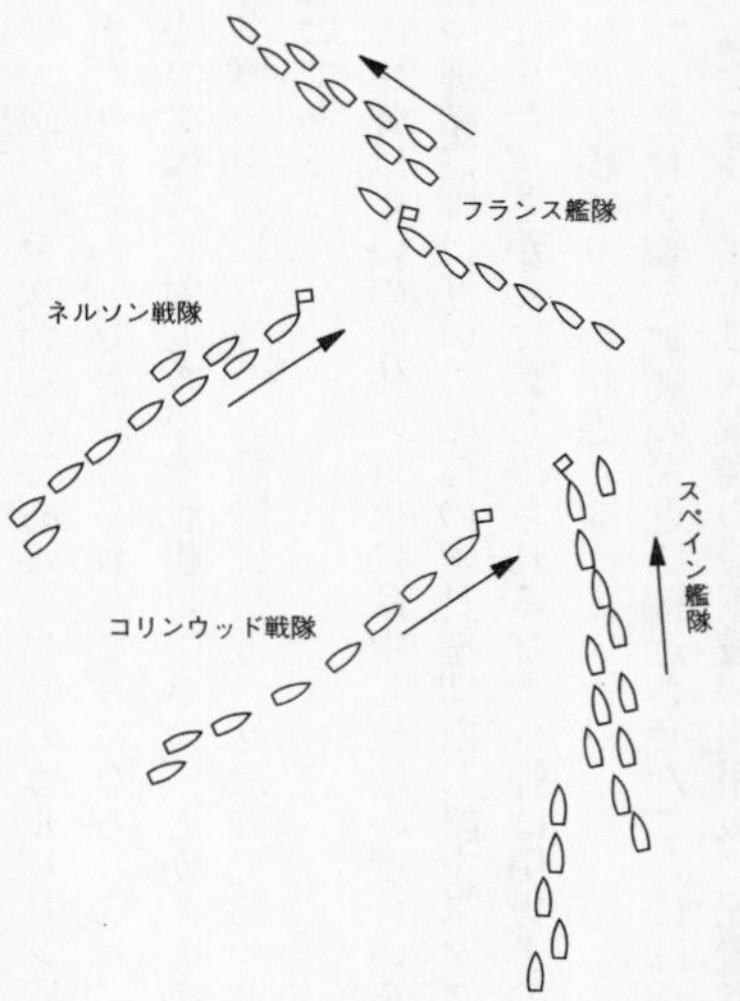

コリンウッド提督指揮の第二艦隊の攻撃が始まった直後、今度はネルソン提督指揮の第一艦隊が単縦陣隊形でフランス艦隊の隊列の左舷方向から接近、両艦隊の間でたちまち激しい砲撃戦が開始された。

単縦陣で進むネルソン提督指揮の第一戦隊は、これもフランス艦隊の隊列の左舷から接近するとその隊列に沿ってネルソン戦隊を平行に進め、射程二百メートル前後に保ちながら戦隊の全艦十四隻の右舷側の全砲門が射撃を開始した。およそ五百六十門の大砲が火を吹いたのである。当時のカルバリン砲やカノン砲の発射速度を考えると、一分間当たり百発の射撃が続けられたことになる。これに対しフランス艦隊もほぼ同数の大砲でイギリス艦隊に対し攻撃を仕掛けてきた。しかしこの猛烈な砲撃戦中でネルソン提督は戦隊の各艦をさらにフランス艦隊に接近させたのであった。まさに舷々相接する至近距離での砲撃戦である。

互いの砲弾は互いの船体の外板に命中し破壊の度合いを増していった。また撃ち出される鎖砲弾や連結砲弾は互いの船体の索具を切断し帆をズタズタに裂き、帆の操作も思うにまかせなくなった。さかんに撃ち出されるブドウ弾は甲板上の乗組員を次々と薙ぎ倒し、互いの甲板上は惨状極まりない状態となっていた。

ネルソン提督が艦を敵艦の至近に接近させたことには理由があった。距離六十メートルまで接近したとき、イギリス戦艦の最下段の砲甲板に配置されていたカロネード砲が一斉に火を吹いたのである。

カロネード砲はカノン砲より口径が大きく、直径二十五センチあるいはそれ以上の実体弾を発射することができた。有効射程は短いが短距離での破壊力はカノン砲の比ではなかった。至近距離からのカロネード砲の攻撃を受けたフランス戦艦の舷側はたちまち破壊されていった。マストを直撃した砲弾は太いマストを一撃で打ち倒した。

カロネード砲による猛攻はフランス艦隊を怯ませた。特に砲甲板の舷側に命中したカロネード砲の巨大砲弾は頑丈な舷側外板を突き破り、飛び散った細かい木片は砲甲板で射撃中の多数の砲撃要員を次々と傷つけ、戦闘力を失わせていった。

フランス・スペイン連合艦隊は、戦闘開始と同時にカノン砲とカルバリン砲の一斉射撃でイギリス艦隊の戦艦の帆柱と帆桁を狙った射撃を展開してきた。一方イギリス艦隊側は水平射撃に徹し、目標を敵艦の舷側の砲口や舷側の帆の索具装置の破壊に集中していた。連合艦隊側の狙いは早いうちに相手の帆装装置を破壊し艦の動きを封じようとするものであったが、細い目標であるために無駄球が多く、早い時間の内に相手に決定的なダメージを与えることができなかった。一方のイギリス艦隊のカノン砲による水平射撃は極めて効果的で、多くの砲の破壊と砲員の殺傷につながった。また近接射撃でのカロネード砲の敵艦の船体の破壊は敵艦に大きなダメージを与えた。敵艦の船尾の舵の破壊は極めて効果的であり、敵艦の操船を全く不可能にしたのである。また吃水線付近に生じた破口からは海水の侵入が続き、敵側の狼狽は極めて大きなものとなった。

この至近距離の乱戦の最中にネルソン戦隊の旗艦ヴィクトリーとフランス艦隊の戦艦レドタブルのメインマストの下段ヤードと索具が絡み合い、両艦は完全に接舷してしまった。

ここで予期せぬ不運が起きたのである。戦艦レドタブルの後部マスト（ミズンマスト）の中段の見張り台に狙撃兵が待機していたのだ。彼はイギリス艦が接近してくることに対し、敵艦の甲板上で指揮をとるイギリスの士官を狙撃することを命令されていたのであった。戦艦レドタブルと戦艦ビクトリーは接舷したまま身動きがとれないでいた状態の時、ヴィクトリーの後甲板ではイギリス艦隊の総司令官であるネルオン提督が、ヴィクトリー艦長と共に作戦の指揮をとっていた。

一見して高級士官とわかるネルソン提督の姿に狙撃兵の小銃（マスケット銃）の照準が合ったのだ。ネルソン提督の胸を狙撃兵の小銃弾が貫いた。彼がこの戦闘の結末を見ぬままに戦死したのはこの海戦をことさらに有名にした。

この瞬間にレドタブルに乗り組んでいた海兵隊が次々と刀を振りかざしヴィクトリーの甲板に乱入してきたのである。典型的な帆船時代の白兵戦が始まった。

ネルソン提督が撃ち倒された憤激に燃えたヴィクトリー乗り組みの海兵隊員は、全ての砲手も含めて乱入してきたフランスの海兵隊員に対し刀を振りかざし躍りかかってゆき、甲板上での激しい白兵戦が展開されたのである。しかし復讐心に燃えたイギリス海兵隊員と砲手たちのすさまじい反撃を受け、レドタブルの海兵隊員約二百名がヴィクトリーの甲板上で殺傷された。帆船時代の海戦の最後を告げた船上の激闘はヴィクトリー側の勝利で終わった。

ヴィクトリーは絡み合ったレドタブルの帆桁と索具を切り放し、次の敵を求めて戦闘を再開したが、この時のヴィクトリーの姿は帆柱は敵弾の命中で途中から折れ、一部の帆桁は落下し、帆はズタズタの状態でとうてい原形を留めているとはいえない凄惨な姿になっていた。しかしそれでも乗組員は再び砲の配置に付き次の敵艦砲撃の準備をしていたのだ。

戦闘開始から四時間後の午後四時、この激烈な海戦は終わりを告げた。双方の損害は甚大であった。

フランス艦隊の十八隻の戦列艦の中の九隻が撃沈されたり航行不能の状態に陥っていた。またスペイン艦隊では十五隻の戦列艦の中の十隻が撃沈されるか航行不能に陥っており、戦場を離脱した十四隻のフランス・スペイン艦隊の戦列艦は八隻が敗走の途中での荒天で沈没。四隻が途中でイギリス海軍に拿捕され、残る二隻も途中で座礁し沈没してしまった。

戦艦ヴィクトリー（現代に保存されているもの）

ここにフランス・スペイン連合艦隊は壊滅したのであった。

一方イギリス艦隊の損害も沈没艦こそ出さなかったが、多くの戦列艦が激しい損傷を受けていた。中でもイギリス側の二つの戦隊の旗艦の損傷は凄まじいものであったが、それは激戦に勝利した勲章でもあったのである。この二隻の旗艦の損傷状態を紹介すると次のような激しいものであったのである。

旗艦ヴィクトリーは、後部マスト（ミズンマスト）は砲弾の直撃で途中から折れ、残る二本のマストも帆桁（ヤード）の損傷が激しく、各帆は穴だらけの状態で垂れ下がり索具は寸断され、自力航行は全く不可能な状態になっていた。

一方、旗艦ロイヤル・ソブリンの損傷もヴィクトリーとほとんど同じ状態で、三本のマストはいずれも最上段のロイヤルマストは敵弾の命中で吹き飛ばされ、大半の帆桁も砲弾の直撃で折れ、全ての帆は砲弾の命中でズタズタに引き裂かれ各索具も寸断されて垂れ下がっていた。ロイヤル・ソブリンも自力航行は不可能な状態であった。

この海戦における乗組員の損害は、イギリス艦隊の死傷者が千六百八十九名、フランス・スペイン艦隊の死傷者は六千九百五十二名となっている。

イギリス海軍側の卓越した戦闘指揮と兵員たちの旺盛な闘争心、そして特に凄まじい威力を発揮したカロネード砲がこの海戦をイギリスの完全勝利に導いたのであった。

帆船時代の軍艦が展開した海戦としてはこのトラファルガー沖海戦が最も激烈な戦いであった。そしてこの海戦は木造帆装軍艦と前装砲による海戦の限界を示す戦いでもあり、その後の艦砲の後装砲、先尖弾、炸裂弾化や鉄製船体化への急速な転換・発展へのきっかけにもなったのである。

その4●リッサの海戦（一八六六年七月）

一八六六年七月十八日にアドリア海のリッサ島沖で展開されたリッサの海戦は、決して歴史にその名が轟くような著名な海戦ではないが、軍艦が帆装軍艦から蒸気駆動軍艦へ、木造艦から鉄製艦へ、非装甲から装甲へ、砲が前装滑腔砲から後装旋条砲へ、また砲弾が球形の実体弾から尖頭弾へと変化する過渡期に起きた海戦として、海戦史上極めて興味深い海戦なのである。

この海戦の特徴は、帆船時代から続いた舷側にカノン砲のような多数の前装滑腔砲（スムースボア式砲）を並べた軍艦と、砲身内に旋条を付けた前装砲（マズルローダー式砲）が混在した中での砲撃が展開され、後装砲への進化の一つ前の段階にあった「マズルローダー式砲」の有利性が証明された戦いでもあった。

この海戦の結果は世界の海軍の注目するところとなり、艦砲はたちまち砲身内に旋条を付け後装式にした砲（ブリーチローダー式砲）の時代を到来させることになったのである。

この海戦で戦ったオーストリア・ハンガリー帝国とイタリア側の参加主要艦の一覧を第1表に示すが、装甲艦の装甲は双方共に十一〜十二センチの鋼板張りで、少数の艦が十三〜十七センチの複層鋼板であった。また表を見るとわかるが、装甲艦でも前装砲を装備した艦のほとんどは砲がスムースボア式砲、つまり前装式滑腔砲であり、新旧形式の軍艦が混在した中での海戦であったことがわかる。

この海戦については日本ではほとんど知られていないので、戦いの原因についても合わせて解説することにする。

リッサの海戦は普墺戦争（プロシアとオーストリア間の戦争）といわれる戦争の中で展開された海戦である。十九世紀後半にドイツ帝国が建設される過程でプロイセン王国は、老大国オーストリアに対し戦争を挑んだ。この時オーストリアはハンガリーを支配下におさめ、オーストリア・ハンガリー帝国を築き上げていた。そしてその領土はバルカン半島のほぼ全域を含み、イタリア半島の東に奥深い大きな湾のように広がるアドリア海にも面し、相応の海軍力を持ち、当面の仮想敵国であるイタリアに対していた。そしてオーストリア・ハンガリー帝国海軍の拠点はアドリア海の最奥に位置するトリエステであった。

この普墺戦争勃発直後の一八六六年六月、イタリアはプロイセン王国と手を結びオーストリア・ハンガリー帝国に対し、宣戦を布告した。

宣戦布告直後にイタリアは第一段作戦を実施した。それは強力な艦隊に援護された上陸部隊を、アドリア海のイタリアに対峙するバルカン半島沿岸の小島リッサ島に送り込み、ここを拠点に陸上部隊の大部隊をバルカン半島に侵攻させ、オーストリア・ハンガリー帝国を南側から攻略しようとするものであった。

一八六六年七月十八日、イタリアの千五百名の陸戦隊員と陸軍部隊を乗せた二隻の輸送船が、十一隻の装甲艦と十二隻の非装甲艦に守られてリッサ島に向かった。そしてその直後にさらに装甲艦一隻と非装甲のフリゲート艦二隻で護衛する、二千六百名の陸軍部隊を乗せた輸送船一隻がリッサ島に向かった（現在リッサ島はヴィース島と呼ばれている）。

リッサ島はバルカン半島の西南岸の海岸に沿って連続して点在する大小の島々の中でも、最も南に位置する島で、大きさは日本の九州南端に位置する屋久島くらいの島であった。

二つの輸送船と艦艇の集団がリッサ島に接近したとき、十一隻よりなるイタリア艦隊が北方から接近してくる艦隊の姿を発見した。まさにオーストリア・ハンガリー帝国海軍の艦隊であった。

この時イタリアの十一隻の護衛艦隊は攻撃や守備の陣形をとっておらず、全くバラバラの隊形で進んでいたのである。イタリア艦隊は接近してくる敵艦隊に対しあわてて守備陣形の隊形をとろうとした。しかし全くどうしたことか、イタリア艦隊の司令官が突然旗艦を変更し、別の艦を旗艦にして指揮をとろうとしたのである。全く理解できない行動であったが、この行動はまだバラバラで行動中の艦隊のほとんどの艦の艦長には信号でも知らされていなかったのだ。そしてこの行動がその後の艦隊の行動を大混乱に陥らせることになったのだ。

第31図　リッサの海戦位置図

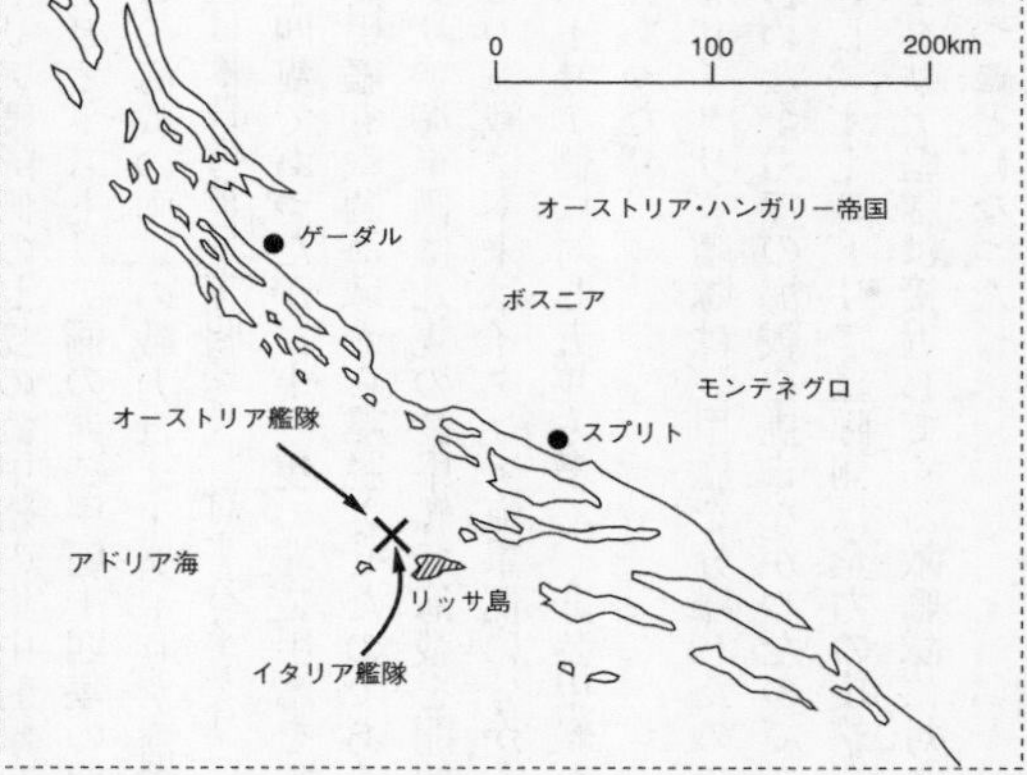

この混乱の最中にオーストリア側の艦隊が同艦隊の各艦の射程に入った。オーストリア側の艦隊は二十一隻の大部隊であった。

まだ守備陣形もとれず混乱の中のイタリア艦隊の各艦に対し、オーストリア艦隊は集中射撃を開始した。

結果的にはイタリア艦隊の装甲艦三隻がオー

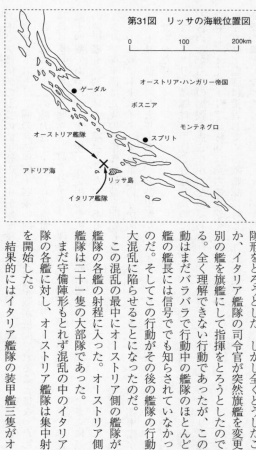

ストリア艦隊側の七隻の装甲艦の集中射撃を受けることになり、残ったイタリア側の装甲艦六隻とオーストリア側の非装甲艦十四隻の間で新たな砲撃戦が展開されることになったのだ。

この海戦の両軍の戦力はオーストリア海軍側が装甲艦七隻、非装甲艦（装甲板は持たず、構造は木鉄構造）十四隻で、対するイタリア海軍側は本来は装甲艦の合計は十二隻、非装甲艦十四隻であったが、十四隻の非装甲艦を戦闘海域から離脱させたのであった。さらに三隻の装甲艦も戦闘海域から離脱させたのである。つまり二十一隻のオーストリア海軍側に対しイタリア海軍側は九隻の装甲艦で海戦を開始したのである。

この海戦は本来はイタリア海軍側に分があったのである。つまりイタリア側の装甲艦がオーストリア側に対し五隻も多く、非装甲艦が多いオーストリア側は圧倒的に弱体であったはずであった。

なぜイタリア艦隊は装甲艦を分離したのであろうか、オーストリア艦隊のように非装甲艦も含めた全力での海戦を挑まなかったのであろうか。不可解なことが多すぎるイタリア艦隊に対し、オーストリア艦隊側は全力の攻撃を仕掛けてきたのだ。

イタリア艦隊は接近してくる敵艦隊に対し、九隻の装甲艦を何とか単縦陣の陣形に整え迎え撃つことになった。

これに対しオーストリア艦隊は装甲艦を先頭に立てたV字型隊形という、帆船時代の海戦で使われた隊形でイタリア艦隊の左側面から接近してきた。

オーストリア艦隊は一列に進むイタリア艦隊に対し集中砲火を浴びせてきた。その砲火は

第32図　リッサの海戦
戦闘開始時の両国艦隊の位置図

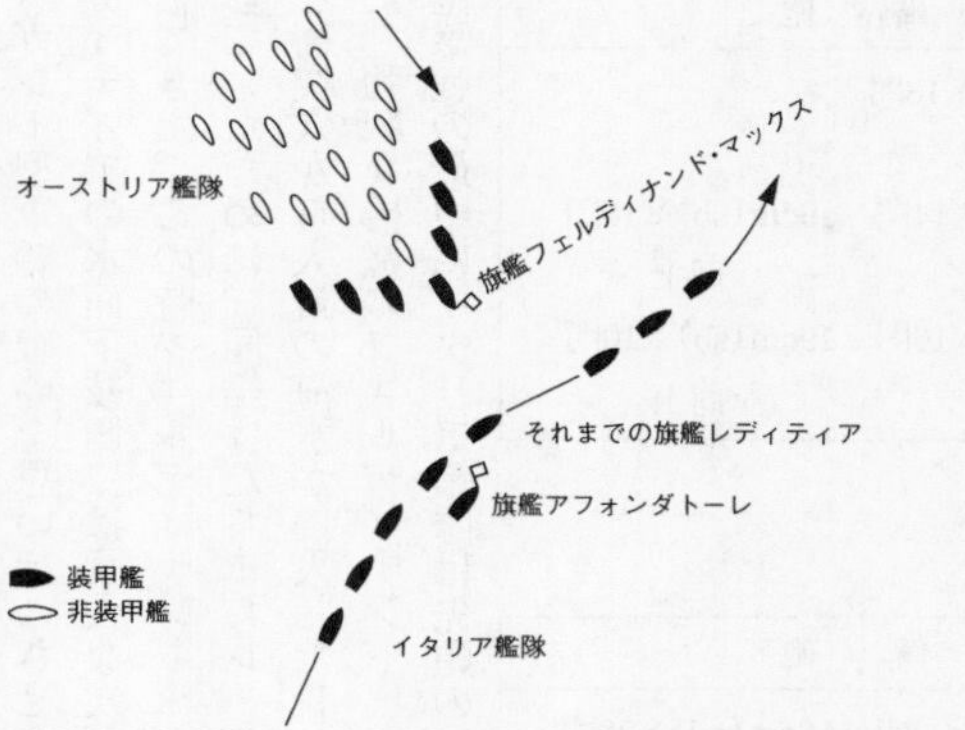

たちまち先頭を進む旗艦レ・ディティアを捕捉した（この時実質上の旗艦は途中の混乱の中で二番艦のアフォンダトーレに変更されており、この時同艦ははるか後方に遅れていた）。旗艦と思われた一番艦の装甲艦レ・ディティアは、多数の命中弾を受けたが、装甲のために命中した球形炸裂弾は装甲を貫通することができなかった。

しかしその中の何発かが舷側の砲門から飛び込み艦内で爆発した。この効果は大きかった。一番艦レ・ディティア艦内では火災が発生し、炎は機関室まで侵入してきたのだ。しかし少なくとも外見上はレ・ディティアは多数の砲弾の命中がありながらもビクともしていない様子に、V字隊形の先頭を進むオーストリア艦隊の旗艦フェルディナンド・マックス（装甲艦）は、砲撃では撃沈できないと判断し、敵艦との距離が接近していたので艦首水面下に装備されている衝角を敵艦の水面下舷側にぶつけ、撃沈させる決意をしたのである。

フェルディナンド・マックスはレ・ディティアの左舷真横から、速力十一・五ノットで激突した。ガレー型軍船の戦いを思い起こさせる戦闘である。

レ・ディティアの水面下舷側には巨大な穴が開き、大量の海水が奔流となって一気に艦内に侵入してきた。この時フェルディナンド・マックスは定石どおり激突と同時に機関を後進全速にしていたために、同艦はたちまちレ・ディティアを離れていった。

巨大な衝突穴から大量の海水が侵入したレ・ディティアはたちまち左舷側に傾くと転覆し沈没した。強靭な構造のフェルディナンド・マックス側には少しの損傷もなかった。

この砲撃戦の最中にイタリア艦隊は先頭のレ・ディティアを含む三隻と、後方の六隻（実質上の旗艦アフォンダトーレはこの六隻の中にいた）になぜか分かれてしまっていた。

先頭を行く戦隊は一隻を失い今や二隻になっていた。そしてこの二隻（装甲艦パレストロとサン・マルチン）はオーストリア艦隊のV字隊形の

備砲	
18cm(sb)×18門	
同上	
24cm(bl)×14門	19cm(sb)×16門
同上	同上
24cm(bl)×16門	19cm(sb)×10門
同上	同上

備砲	
20cm(ml)× 2門	16cm(ml)×30門
同上	16cm(ml)×26門
16cm(ml)×23門	20cm(sb)× 4門
同上	同上
25cm(ml)× 2門	16cm(ml)×16門
20cm(ml)× 2門	20cm(sb)× 2門

第1表　リッサの海戦参加の両国艦隊主要艦艇一覧

オーストリア艦隊

艦　名	基準排水量	舷側装甲
フェルディナンド・マックス	5130 t	21cm（クルップ鋼）
ハプスブルグ	5130	22　（クルップ鋼）
カイザー・マクシミリアン	3588	12　（クルップ鋼）
プリンツ・オイゲン	3588	28　（クルップ鋼）
ドラッヒェ	3065	12　（ハーヴェイ鋼）
ザラマンダー	3065	12　（ハーヴェイ鋼）

sb（Smooth-Bore＝前装式滑腔砲）
bl（Breech-Loader＝旋条付砲身後装砲）

イタリア艦隊

艦　名	基準排水量	舷側装甲
レ・ディ・タリア	5700t	18cm（種類不明）
レ・ディ・ポルトガロ	5700	18　〃
カステルフィダリオ	4250	12　〃
アンコーナ	4250	12　〃
アフォンダトーレ	4070	13　〃
パレストロ	2000	12　〃

ml（Muzzle-Loader＝旋条付砲身前装砲）

左翼側の装甲艦からの激しい砲撃を受けることになった。そして装甲艦パレストロの非装甲部分を貫通した数発の炸裂弾が艦内で爆発、火災が発生するとその火はたちまちパレストロの弾薬庫に燃え移り、午後二時三十分に装甲艦パレストロは大爆発を起こし、たちまち沈没してしまった。

この間に遅れて進んでいたイタリア艦隊の実質上の旗艦を含む六隻の装甲艦は、オーストリア艦隊の非装甲艦十四隻の集中砲火を浴びることになった。この時のオーストリア艦隊の非装甲艦十四隻の砲撃は凄まじく、イタリア艦隊の装甲艦マリア・ピアの非装甲部分の舷側に命中した球形炸裂弾多数が舷側を貫通し、艦内で炸裂して火災を発生させ、結果的には大破、行動不能状態に陥らせたのである。

この砲撃戦でオーストリア艦隊の非装甲艦にも損害が出た。非装甲戦艦カイザーは激しい砲撃により大破し、行動不能に陥った。

この海戦に参加した軍艦は、イタリアの装甲艦レ・ディ・ポルトガロとアフォンダトーレが、口径二十五センチの前装式旋条砲を艦首と艦尾に各一門ずつ配備した強力武装艦であったが、他の装甲艦は全て砲を舷側の砲門に並べた木造艦の名残を持つ艦であった。そしてその装甲も鋼板を舷側に単層あるいは複層に張り付けた構造のものであった。

レ・ディ・ポルトガロとアフォンダトーレの二十五センチ砲は、円筒型の装甲を施した砲塔内に装備されていたが、その他の副砲は他の装甲艦と同じく装甲された舷側の砲門内に配置されていた。

この海戦の結末は早かった。イタリア艦隊の当初からの統一されない行動の中で、装甲艦パレストロが大爆発を起こすという衝撃が艦隊司令官の戦意を急速に喪失させたのか、艦隊は反転すると戦闘海域を急ぎ去っていったのである。

イタリア艦隊は艦隊を代表する装甲艦二隻の喪失と、その他の装甲艦が受けたおもわぬダメージから、予定されていたリッサ島上陸作戦を中止すると、作戦全体を中止しイタリア本土に戻ってしまった。

この海戦の収支は、イタリア艦隊が装甲艦二隻沈没、装甲艦一隻大破、装甲艦二隻中破、乗組員の戦死者六百二十名という損害に対し、オーストリア艦隊の損害は非装甲艦一隻大破、乗組員の戦死者三十八名で、オーストリア・ハンガリー帝国艦隊の圧勝に終わった。そしてこの海戦の結果はイタリア艦隊の指揮官や指揮系統の無能・無策ぶりを白日の下にさらけだしたことになり、この戦争でのイタリアの参戦は、陸上戦闘でもイタリア陸軍部隊がオーストリア陸軍部隊に撃退されることにより、陸上海上ともに不甲斐ない結果をさらけだし、プロシアにとってはイタリアの存在がむしろ荷物になってしまったのであった。

一方、この海戦はその後の海上戦闘、主に軍艦の装備の上で多くの教訓を得ることになった。リッサの海戦は次の三つの教訓を生み出した。但しこれらはあくまでも海上戦闘の過度的な教訓であって、近代軍艦や近代海上戦闘の確立の上で、どうしても通過しなければならない課題でもあったのだ。

その一：　装甲艦は極めて有効な戦闘艦である。わずか十一センチの鋼板装甲は、砲身内に旋条を施した元込砲（ブリーチローダー式砲＝初期のアームストロング砲）の尖頭弾でも貫通することはできなかった。艦内に火災が発生し大損害を被った艦は、弾丸が装甲を貫通したためではなく、砲門などの開口部から飛び込んだ砲弾の炸裂によって損害を受けた。

その二：　非装甲艦は厚い木造構造あるいはその上に十ミリ程度の鋼板を張った艦であるが、先込式滑腔砲（スムーズボア式砲）には貫通に対して十分の効果はあるが、先込式旋条砲（マズルローダー式砲）の尖頭弾や元込式旋条砲（ブリーチローダー式砲）の尖頭弾に対しては耐久性は全くない。

その三：衝角（ラム）攻撃は現段階では有効な攻撃方法である。

（注）この衝角攻撃が有効であるという戦訓は、強力な装甲艦を撃沈する有効な戦法であるとする考え方が世界の海軍の中に伝わることになったが、その後の新しい戦艦の登場や砲戦力の急速な進歩の前に、いつしか消え去ってしまった。それと同時に新しく建造される軍艦で衝角を設けた姿は二十世紀に入る頃から急速に消え去ってしまった。

リッサの海戦から間もなく、ドイツのクルップ社が大口径長砲身の後装式旋条砲を開発したが、この結果は装甲の強化に一層の拍車がかかることになり、砲と装甲の相矛盾する戦いはにわかに激化して行くことになった。

新式砲と装甲の戦い

その1●黄海の海戦（一八九四年九月十七日）

リッサの海戦から二十八年後に起きたこの海戦は、軍艦の大砲や装甲が急速に発達して行く中で、世界的にも大規模な海戦がほとんどなかった時に起きた唯一の海戦であっただけに、海戦の結果は世界の海軍の注目するところとなり、その後の軍艦の装備の上で様々な教訓が生まれることになった。

この海戦の意義は、世界で初めて本格的な装甲軍艦と近代的後装旋条砲が戦われ、さらに近代的構造の口径三十センチ級の巨砲が実戦で使われたことで、その結果に大きな注目が集まったのである。

ここでいうところの黄海の海戦とは、一八九四年七月に勃発した日清戦争の時の黄海の海戦で、後の日露戦争の時に起きた黄海の海戦とは異なるのである。

朝鮮の支配権をめぐる日本と清国との対立は、一八九四年七月の日清戦争の勃発を招いた。この戦争では日本は大陸に大量の陸軍部隊を送り込む必要があり、そのためには清国海軍戦力を排除し、東シナ海東部から黄海にかけての制海権を得ることが是が非でも必要であった。そしてそれにより日本は、遼東半島から半島北側の地に安心して陸軍部隊と戦備物資を送り込み清国陸軍部隊の朝鮮半島への進出を阻止することができるのであった。

清国艦隊は当然のことながら出撃してくるであろう日本艦隊の撃滅に全力を尽くすであろう。当時の清国は南北に長く伸びる大陸沿岸の防備のために、五つの艦隊を保有していた。その中でも最も強力な艦隊は、ロシアや急速に強化されつつある日本艦隊に対峙するために編成された北洋艦隊で、黄海から東シナ海北部を守備行動範囲としていた。そしてこの艦隊には、清国がドイツに発注して建造した「定遠」と「鎮遠」という、当時世界でも最強とうたわれた二隻の装甲艦を配置していた。

この二隻の装甲艦は基準排水量七千三百四十トン、連装の三十センチ主砲塔二基を装備し、装甲は三百ミリという恐るべき巨艦であった。

日本海軍はこの二隻の巨艦に対抗するために、フランスに三十二センチ主砲一門を搭載する装甲艦の設計を依頼した。そしてその中の二隻を直ちにフランスに建造を依頼し、一隻を日本で建造することになった。

フランスで建造された装甲艦は「厳島」と「松島」と命名された。そして日本で建造された艦は「橋立」と命名され一八九四年（明治二十七年）に完成した。この三隻は基準排水量四千二百八十トンで、アームストロング後装式単装三十二センチ砲を一門だけ艦首甲板か艦尾甲板に装備していた。そしてこの一門だけの主砲以外には、舷側の装甲砲盾の内側に片舷当たり六門の十二センチ副砲を装備していた。

清国の二隻の装甲艦の三十センチ主砲は変則的な配置になっていた。艦首に近い甲板の両舷に食い違い状態で連装砲塔が配置されていた。この砲塔は両舷への射撃は不可能で片舷砲撃しかできなかったが、それでも日本の三隻の装甲艦が一門だけの片舷射撃に対し、二門の射撃が可能であった。

実は清国と日本のそれぞれの新鋭装甲艦の砲配置については完成されたものではなく、実際の戦闘時に射撃を開始した場合には様々に問題を背負っていたのである。つまり巨砲は実用化されてはいたが、それを装備する軍艦が、またそれを軍艦にどのように配置するかについてはまだ十分な研究がされていなかったのであった。

日本の三隻の装甲艦の場合はわずか基準排水量四千トンそこそこの船体に大型の重量ある砲を装備したために、砲を左右に旋回させた時に船体には様々なバランス障害を起こすことになったのである。例えば砲を左舷に旋回させた場合には船体の浮力が十分でないために、左舷側に多少の傾きを示し砲の照準を合わせるのに支障を来し、また射撃を行なった時にはその反動で船体が大きく揺らぎ、姿勢の回復に時間がかかり、次の射撃まで多くの時間を要することになったのである。

第33図　黄海の海戦位置図

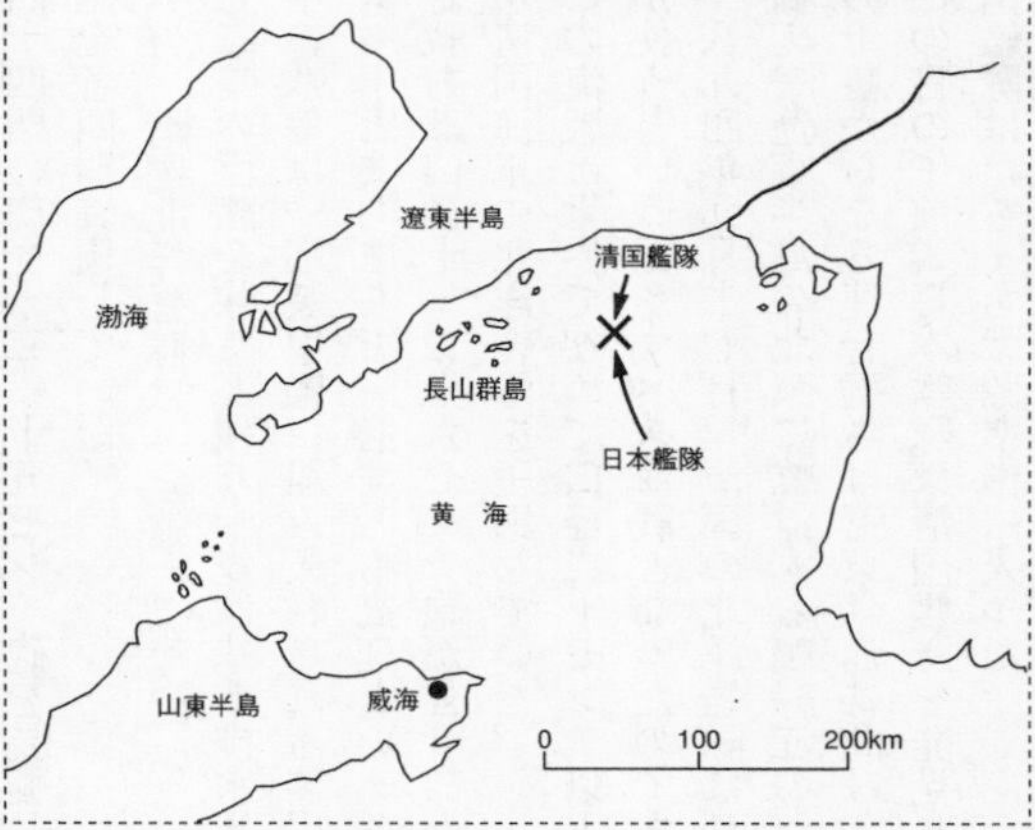

一方の清国の二隻の装甲艦もアンバランスな砲配置が禍し、砲の旋回が船体に微妙な傾斜を発生させ、照準合わせに時間を要することは日本の新鋭装甲艦と大きく変わることはなかったのである。

日本海軍は清国の二隻の恐るべき装甲艦の出現に対処するために、三隻の巨砲搭載の装甲艦を急遽建造したが、これを補うために新たに五隻の高速装甲巡洋艦を建造し、旧式巡洋艦二隻と三隻の新造装甲艦と合わせ十隻で実戦艦隊を編成したのであった。

新しく建造した装甲巡洋艦は基準排水量が三千七百～四千二百トンで、最高速力は十八～二十三ノットという高速を誇り、五隻で合計四十四門の口径十二～十五センチ砲を装備していた。またその中の二隻は単装二十五センチ砲を各四門装備していた。

一方、清国北洋艦隊は「定遠」「鎮遠」の二隻を含め十二隻の軍艦で編成されていた。しかし二隻の巨艦を除くと残り十隻は基準排水量千～二千九百トンという小型の巡洋艦で、その中の八隻は一応装甲艦に組み入れられる装甲を装備していた。しかし最高速力は十一～十八ノットとまちまちで、必ずしも高速といえるものではなかった。そしてこの十隻の搭載する砲戦力は口径十～二十六センチ砲が合計二十二門で、速射砲の数と最高速力では日本海軍側が清国海軍の北洋艦隊を圧倒していた。

この海戦は世界で初めて口径二十センチ以上の大口径の後装砲が実戦で、それも互いの軍艦が使うという記念すべき海戦となったのである。

一八九四年九月十七日、清国の北洋艦隊は日本艦隊と日本の輸送船団の遼東半島への接近に備え、遼東半島の北東に位置する鴨緑江の河口付近の海域で待機していた。これに対し日本の十隻からなる連合艦隊は遼東半島に向けて進んでいた。

この日の午前、日本艦隊は清国艦隊を発見した。清国艦隊もほぼ同時に日本艦隊を発見し両国艦隊はたちまち戦闘準備に入った。

日本艦隊は高速装甲巡洋艦四隻を遊撃隊として単縦陣で本隊より前に進ませ、三隻の巨砲搭載の装甲艦を含む本隊の六隻も、単縦陣で遊撃隊に遅れて敵艦隊に向かって最大戦速で進んでいった。

これに対し清国艦隊は二隻の巨砲搭載艦を先頭に、V字隊形で単縦陣で進む日本の六隻の本隊に向かって進んできた。清国艦隊のこの戦法はリッサの海戦の時のオーストリア艦隊がとった戦法と同じであった。まず強力な主砲の射撃で日本艦隊を圧倒し、それに続いて「定遠」と「鎮遠」の二艦の水面下艦首に備えられた衝角の衝突で日本の主力艦の二隻を一気に撃沈しようとする作戦であったようだ。

第34図　黄海の海戦
戦闘開始時の両国艦隊の位置図

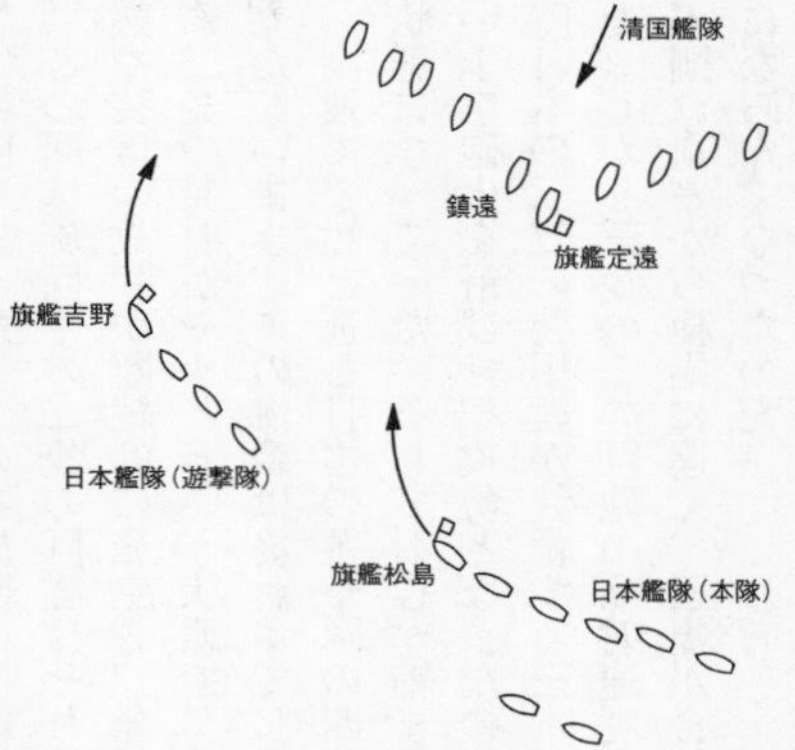

しかしこの戦法を使うには清国艦隊には大きな欠点があった。V字戦法を定石どおり行なうには全艦隊の速力を同じにし直進する必要があった。このために清国艦隊は遅い艦に速力を合わせざるを得ず、V字で進む清国艦隊の速力は十〜十一ノットの低速に押さえられたのである。

一方、単縦陣で進む日本艦隊の本隊は遅い艦でも十三ノットの駿足で進むことができた。清国艦隊のV字戦法の思惑は崩れてしまった。そして日本艦隊の本隊を追うように清国艦隊は右旋回を始めざるを得なかった。この行動は清国艦隊にとって大きな齟齬《そご》となった。

このV字編隊を保ったままの右旋回は、結果的に清国艦隊の動きをバラバラにしてしまったのだ。この間に旋回中の二隻の巨艦はそれぞれ三十センチ巨砲を発射した。しかし砲の操作の未熟や装置の故障が断続的に発生し、発射速度は理想とは大きくずれ、一門当たり実に一時間に二発の発射がやっとという状態で、結果的には日本海軍を震撼とさせた巨砲はほとんど役立たないまま、この海戦は終わってしまったのだ。

一方、高速で整然と進む日本の遊撃隊の四隻と本隊の六隻はいつしか清国艦隊の各艦を包囲する状態になっていた。そして射程が縮まると日本艦隊は四十四門の副砲で清国艦隊に対し激しい十字砲火を浴びせ、攻勢となったのであった。

この時日本の三隻の装甲艦が装備する三十二センチ砲も「定遠」と「鎮遠」に対し砲撃を開始した。しかし三隻のこの巨砲の発射速度も「定遠」や「鎮遠」と大同小異で、発射速度は操作不馴れなどから極端に遅く、三隻が合計十三発発射した時点で三門とも砲は故障し、使い物にならなくなったのだ。

三十二センチ巨砲の不手際はあったものの、日本側はこの間に清国艦隊に倍する副砲による激しい砲撃を展開していた。つまり口径十二センチと十五センチ砲の連射であった。

日本艦隊の副砲の射撃は初め敵艦との距離三千メートルで開始された。しかし敵艦隊のバラバラな動きに対したちまち射程千五百メートル程度の乱戦に陥った。副砲の数に勝る日本艦隊側は清国艦隊の各艦を撃ちに撃ちまくった。

射程はさらに近接になりほとんどの砲は直接照準の平射に代わり、このために清国艦隊の

装甲艦「松島」

各艦の装甲板は次々と貫通され、艦内は火災と榴弾の飛び散る修羅場と化してしまった。

両艦隊が砲撃を開始したのはほとんど同時であったが、砲撃開始三十分後に清国艦隊の二隻の巡洋艦が早くも撃沈され、その後さらに一隻の巡洋艦が撃沈され二隻の巡洋艦が大破し戦闘力を失った。またこの乱激戦の中で二隻の清国艦隊の巡洋艦が戦線を離脱し、逃亡するという珍事まで発生し、清国艦隊の戦闘可能な艦は五隻に減ってしまっていた。

この間日本の装甲巡洋艦は「定遠」と「鎮遠」の二隻に十五センチ速射砲の連射を浴びせたが、決定打が出ないまま戦闘開始約五時間後に戦闘は終了し双方ともに戦場を離れた。

この海戦での日本側の損害は四隻の艦船（二隻は商船を徴用した通報艦など特設艦であった）が大破または中破し戦場を離脱している。

さて日本の巨砲を搭載した三隻の装甲艦はどうしたか。「松島」は「鎮遠」が放った三十センチ砲弾一発の直撃を

装甲艦「鎮遠」

受けた。両艦隊で巨砲が命中したのはこの一発だけであった。命中弾を受けた「松島」では将兵四十九名が戦死し、五十五名が重軽傷を負うという惨事になったが、船体には大きな支障はなくそのまま戦闘を続行している。

日本側の巡洋艦の装甲は、装甲巡洋艦でも七十六〜九十二ミリの、厳密には防御巡洋艦といえない艦であった。また三隻の巨砲搭載艦も厳密には装甲艦とは言いにくく、装甲は七十〜九十ミリ程度のものであり、「松島」の副砲の砲郭舷側も「鎮遠」の三十センチ砲弾の射程千五百メートルでの直撃に簡単に貫通されたのである。

一方、清国艦隊の二隻の巨艦の装甲はまさに戦艦といえる強靱さで、舷側の主要部分の装甲は三百五十五ミリ、防御甲板は七十六ミリ、司令塔周辺は二百三ミリのそれぞれ装甲板で囲まれていた。しかし巡洋艦の装甲はほとんどが三十〜七十ミリ程度で、日本の巡洋艦よりやや劣るものであったが、これらの装甲は日本艦隊の十二および十五センチ速射砲の直撃でほとんど貫通されている。

この海戦は世界の海軍が注目するところであったが、中でも特に注目されたのが次の二点であった。

（イ）、中口径砲の有効性を実証したこと。口径十二〜十五センチ砲は、至近距離（距離五百メートル前後）の直接照準射撃で百五十ミリ以上の装甲を貫通することは不可能であったが、それ以下の装甲を貫通することは可能であった。つまり戦艦を中口径砲で撃沈することは困難であるが、甲板上の構造物を大規模に破壊し多数の乗組員を死傷させ戦闘力を失わせることは十分に可能で、中口径砲の存在は極めて効果的である（黄海海戦での日本海軍の十五センチ速射砲の射撃速度は一分間に約二発の割合であった）。

（ロ）、衝角（ラム）攻撃法は艦が高速化する近代の海戦では無意味であること。相互の艦が高速化すれば敵を捕捉し衝角で敵艦の舷側に意識的に衝突する方法は、全く時代錯誤の戦法であることが確認された。

その2●日本海海戦（一九〇五年五月二十七日〜二十八日）

日本海海戦は一九〇四年に勃発した日露戦争の中で展開された海戦で、日本帝国海軍とロシア帝国海軍のほぼ全力が対決した近代海戦史上でも最大級の海戦である。

この海戦は一九〇五年五月二十七日から翌二十八日の二日間にかけて、日本海の南の入り口にあたる対馬海峡から日本海南部にかけて展開された、日本の命運をかけた一大決戦でもあった。この海戦は外国では「対馬海戦（Battle of Tsusima）」の名で呼ばれている。

この海戦で直接砲火を交えた艦艇は、日本側が戦艦四隻、装甲巡洋艦八隻、巡洋艦三隻、駆逐艦十二隻、水雷艇二十隻、特務艦三隻の合計五十隻に達している。そして一方のロシア艦隊は、戦艦八隻、海防戦艦（旧式戦艦）三隻、装甲巡洋艦三隻、巡洋艦六隻、駆逐艦九隻、特務艦船九隻の合計三十八隻で、合わせて八十八隻の近代的艦艇が一つの海戦で砲火を交えるという例は、世界の海戦史上でも極めて希《まれ》で、第一次大戦のユトランド沖海戦がこれに迫る規模の海戦といえるくらいである。

この海戦における沈没または大破艦艇および戦死者は、日本側が水雷艇三隻沈没、戦死百十七名であるのに対し、ロシア側は戦艦、装甲巡洋艦など大型艦二十一隻が沈没、戦死者四千八百三十名という、日本海軍側の圧勝に終わっている。

そしてその結果、東西に分散していたロシア艦隊は、弱小の黒海艦隊を残しほぼ壊滅状態となった。

日本海海戦の完璧ともいえる日本海軍の勝利は日本海軍の世界的な地位の飛躍的な向上と、海上戦力、装備、質の高い将兵の能力を世界に誇示することになり、日本海軍は一気に列強海軍の仲間入りをすることになったのであった。

日露戦争が勃発した当時、ロシア帝国艦隊は太平洋とバルト海（バルチック海）と黒海にそれぞれ艦隊を保有していた。この時点での日本帝国海軍の戦力は、ロシア太平洋艦隊の総戦力とほぼ拮抗していたが、艦艇の性能面では日本側が最新の戦力を保有し、少なくとも太平洋ではロシア側より有利な立場にあった。

これに対しロシア側はこの戦争を間違いなく勝利に結びつける手段として、バルト海艦隊（バルチック艦隊）を太平洋に回航し二倍の戦力で日本に勝利する計画であった。バルチック艦隊の回航よりも格段に距離の短い黒海艦隊の回航は、すでに締結されていたロンドン条約により黒海を出ることは不可能であったために、長駆バルチック艦隊を回航せざるを得なかったのである。

バルチック艦隊は一九〇四年十月十五日にバルト海沿岸のロシア海軍基地のリパウを出港し、ロシア太平洋艦隊の拠点であるウラジオストックに向かったのであった。しかしこの大回航計画の前途は多難であった。

多難の第一はすでに締結されていた日英同盟による制約を受けなければならなかったことである。極東までの回航予定航路の多くの海域はイギリスの制海権下にあり、艦隊の航行は常にイギリス艦船の監視を受けざるを得なかった。また途中、設備の整った寄港地はほとんどイギリスの勢力下におかれ、良質なイギリス炭を入手することが不可能で、イギリスの影響を受けない港で劣質な石炭を入手する以外になく、劣質炭の使用は機関の出力を低下させ、缶に余分な負荷をかけ正常な機関の維持に多くの負担をかけ、長距離航海をより困難にさせることになった。

また六ヵ月以上の連続航海の間、途中で十分な船体の修理や保守をすることも不可能になり、食料や飲料水などの十分な補給が出来なければ、乗組員の長期にわたる船上生活は疲労の度を著しく増し、規律も低下する可能性は十分にあった。そしてもしこのような状態で仮に日本近海に接近した場合、直ちに日本艦隊と衝突するような事態になれば、様々な面で障害が生じ、戦力を十二分に引き出すこと自体不可能になる可能性もあったのだ。

実はバルチック艦隊の極東への回航に際し、ごく初期の段階で艦隊はその後の航海に様々な影響を与えてしまうような失敗を行なっていたのであった。

艦隊がリバウ基地を出港して六日後の十月二十一日の深夜、ユトランド半島沖の漁場で有名なドッカーバンク近海で、操業中の多数のイギリスの漁船を、先回りした日本の水雷艇と勝手に勘違いしたロシア艦隊は、数隻のイギリス漁船を砲撃し沈没あるいは損害を与え、乗組員多数を殺傷するという事件を引き起こしてしまった。

バルチック艦隊のこの行為はイギリスの世論を一気に反ロシアに傾かせてしまった。その結果がロシア艦隊のイギリス影響下の港への寄港拒否、さらに近道であるスエズ運河通行の拒否につながってしまったのであった。

ウラジオストックへ向かうバルチック艦隊の動向は、日本側にとっては直接国運に関わる重大事で、まず第一に行なうべきことは艦隊が極東に回航される前にロシア太平洋艦隊を撃滅しておかなければならなかった。この太平洋艦隊の撃滅は苦難の作戦の結果、バルチック艦隊が日本近海に接近する前に完結することができた。残るはいつバルチック艦隊が日本近海に現われるかの一点に絞られることになった。

一九〇五年五月二十七日未明、バルチック艦隊の一部が日本が厳重に配置していた哨戒網の一隻の哨戒艦に発見された。

日本海軍連合艦隊のその後の動きは迅速果敢であった。バルチック艦隊の対馬海峡通過が確実と予想した連合艦隊は、待機中の全艦艇に出動命令を出した。主力となる第一戦隊（戦艦四隻）、第二戦隊（装甲巡洋艦六隻）、第三戦隊（巡洋艦四隻）を単縦陣で出撃させ、バルチック艦隊の通過予想針路を遮る陣形で待ち伏せ態勢に入った。

一方、対馬海峡を通過する針路をとっていたバルチック艦隊の戦力は次のとおりであった。

第一戦隊（戦艦四隻）、第二戦隊（戦艦三隻、装甲巡洋艦一隻）
第三戦隊（旧式戦艦一隻、装甲海防艦＝旧式戦艦三隻）
巡洋艦戦隊第一隊（巡洋艦四隻）、巡洋艦戦隊第二隊（巡洋艦四隻）
駆逐隊第一隊（駆逐艦五隻）、駆逐隊第二隊（駆逐艦四隻）
特務艦船九隻（工作艦、病院船、輸送船等）

戦力的には主力艦だけでもバルチック艦隊は日本艦隊を凌駕していた。ここで両国主力艦の砲戦力と装甲を比較してみよう。

日本艦隊　　戦艦「三笠」
基準排水量一万四千八百五十トン、三十センチ連装砲二基、
十五センチ単装砲（速射砲）十四門
舷側装甲帯二百二十九ミリ、副砲砲郭装甲百五十二ミリ、

砲塔装甲三百六十五ミリ、司令塔三百五十六ミリ
強度甲板二百五十ミリ
最高速力十八ノット

装甲巡洋艦「出雲」
基準排水量九千七百七十三トン、二十センチ連装砲二基、
十五センチ副砲（速射砲）十四門
舷側装甲帯百七十八ミリ、司令塔三百五十六ミリ
強度甲板百二ミリ、
最高速力二十・八ノット

巡洋艦「日進」
基準排水量七千七百トン、二十センチ連装砲一基、単装砲一基、
十五センチ単装砲（速射砲）十四門
舷側装甲帯百二十ミリ、司令塔百五十ミリ、強度甲板七十ミリ
最高速力二十ノット

バルチック艦隊
戦艦クニャージ・スワロフ
基準排水量一万三千五百十六トン、三十センチ連装砲二基、
十五センチ連装副砲塔六基

舷側装甲帯百九十ミリ、砲塔二百五十四ミリ
最高速力十七・八ノット

戦艦オスラビア
基準排水量一万二千六百八十三トン、二十五・四センチ連装砲二基、
十五センチ単装副砲十一門
舷側装甲帯二百二十九ミリ、砲塔二百二十九ミリ
最高速力十八・五ノット

装甲巡洋艦オレーク
基準排水量一万一千六百九十トン、二十センチ単装砲四門、
十二センチ単装副砲六門
舷側装甲帯二百五十四ミリ、砲塔二百五十四ミリ
最高速力十八・七ノット

日本の戦艦もロシアの戦艦もいずれも前ドレッドノート級とでもいうべき旧式スタイルの戦艦で、連装砲塔や装甲で覆われた副砲の砲郭、そして舷側や砲塔や司令塔などの装甲は互いに大きく違うものはない。また巡洋艦についても砲戦力や装甲に大きな差は見られないが、最高速力については日本側の平均二十ノットに対し、ロシア側は平均十八ノットで多少の差は見られた。しかし速力については極東に到着するまでの約七ヵ月間に艦底の付着物のクリ

ーニングは全く行なわれておらず、これは速力を低下させる原因にもなり、バルチック艦隊の速力の低下は大きなものであったことは容易に想像できるのである。そして速力の低下は戦闘時に様々に影響を与えることになるのである。

ここで日本の装甲巡洋艦や巡洋艦について一つの特徴が見られる。それは副砲として十五センチ速射砲の配備が多いことである。これは黄海の海戦の戦訓が活かされ、有効な速射砲の配備が多くなったと考えるべきであろう。

七ヵ月にわたる長期航海の末、やっと極東の海域に到着した時、極東のロシア艦隊の様相は激変していた。ロシア最強とも豪語されたロシア太平洋艦隊は、すでに前年の十二月に旅順陥落と共に壊滅しており、共同作戦をとろうにも僚友は消えておりバルチック艦隊の回航の意義は、同じ規模の太平洋艦隊を新たに編成し直したに過ぎなかったのであった。

一八九〇年頃までに建造された戦艦は、主砲の配置や機関の配置あるいは装甲等構造的に様々な試行錯誤が見られたが、一八九五年以降に建造された世界の戦艦は、次第に共通の思想で建造されることになり、どの戦艦も大きさといい構造や配置といい似たようなものに仕上がっていた。

装甲された砲塔には三十センチ連装砲が装備され、これを一基ずつ艦首と艦尾甲板に配置し、上甲板あるいは中甲板の舷側は装甲が施され、副砲の砲郭（ケースメイト）として八門前後の十五センチ級の速射砲が配置されるのが共通した姿であった。

一方、大口径砲も中口径副砲も、砲の機能自体が完全に確立されていたわけではなく、故障や事故が多かった。また三十センチの徹甲弾も弾頭の材質は開発途上にあり、射程八千メートルでは三百ミリの最新の装甲を確実に貫通できるわけではなかった。

第35図　日本海海戦戦闘海域図

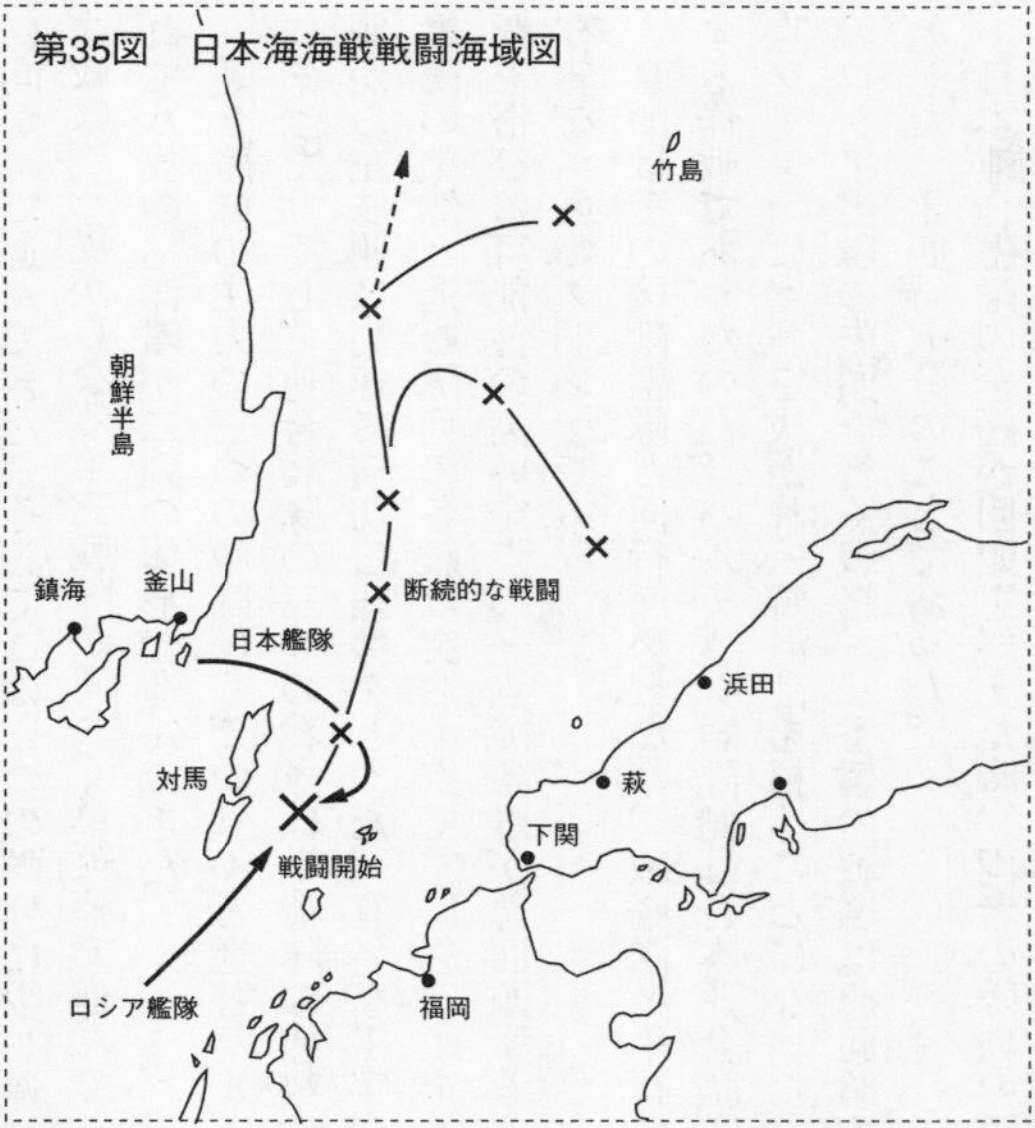

日本海軍連合艦隊の主力は三つの戦隊で編成され、これを主力としてまず敵主力戦艦隊を迎撃する計画であった。但し戦艦の数では日本は圧倒的に不利で、わずか四隻しか存在せず、これに対するロシア艦隊の戦艦は八隻（内一隻は旧式戦艦）を有していた。この差を克服する日本側の戦法は、十分に訓練が尽くされた砲戦能力を信頼した、射程一万メートル以内の近接戦闘による一艦必殺の砲撃戦闘に持ち込むことが絶対条件であった。

ロシア艦隊は戦艦四隻から成る第一戦隊と、戦艦三隻と装甲巡洋艦一隻からなる第二戦隊が並列の体形でそれぞれ単縦陣で対馬海峡に向かって進んできた。そしてこの二つの隊列に少し遅れて旧式戦艦一隻と装甲海防艦（旧式戦艦）三隻からなる第三戦隊が同じく単縦陣で進んできた。そしてこれらの隊列に少し遅れて八隻の巡洋艦が二列の体形で進んできた。

連合艦隊の主力の三つの戦隊は、この堂々と進むバルチック艦隊の隊列の右舷前方の位置にあった。そして連合艦隊の三つの戦隊は単縦陣の態勢のままバルチック艦隊の前方を右舷側から左舷側に高速で横切る態勢をとった。有名なT字迎撃戦法の態勢である。そして連合艦隊の整然と進む隊列の各艦は突然一点で左に急回頭を始めたのである。つまり敵の集中砲撃を浴びる可能性の高い定点の一点で各艦が急回頭するという突然の行動に出たのである。有名な「東郷ターン」である。

目的はその後敵艦隊と同行態勢となり、敵艦隊と平行に航行し有効な砲撃を開始しようとする作戦であったのだ。バルチック艦隊側は日本連合艦隊の予期せぬ「T」と予期せぬ「一点ターン」に度肝を抜かれ一時混乱を招くことになった。

ロシア艦隊の先頭を行く戦艦、二番艦の戦艦は急回頭する旗艦「三笠」に向けて砲撃を開始した。十四時七分のことであった。

日本連合艦隊の全艦が回頭を終えた時、両者の隊列の距離は六千四百メートルであった。連合艦隊の全艦はバルチック艦隊の各艦に対し照準を合わせ砲撃を開始した。この時日本側が発射した砲弾は全て榴弾であった。極めて鋭敏な伊集院信管と爆速と燃焼力が際立って高い下瀬火薬を装備・充填した日本の大口径、中口径砲の砲弾の威力は際立っていた。

第36図　戦闘開始時の両国艦隊の位置図

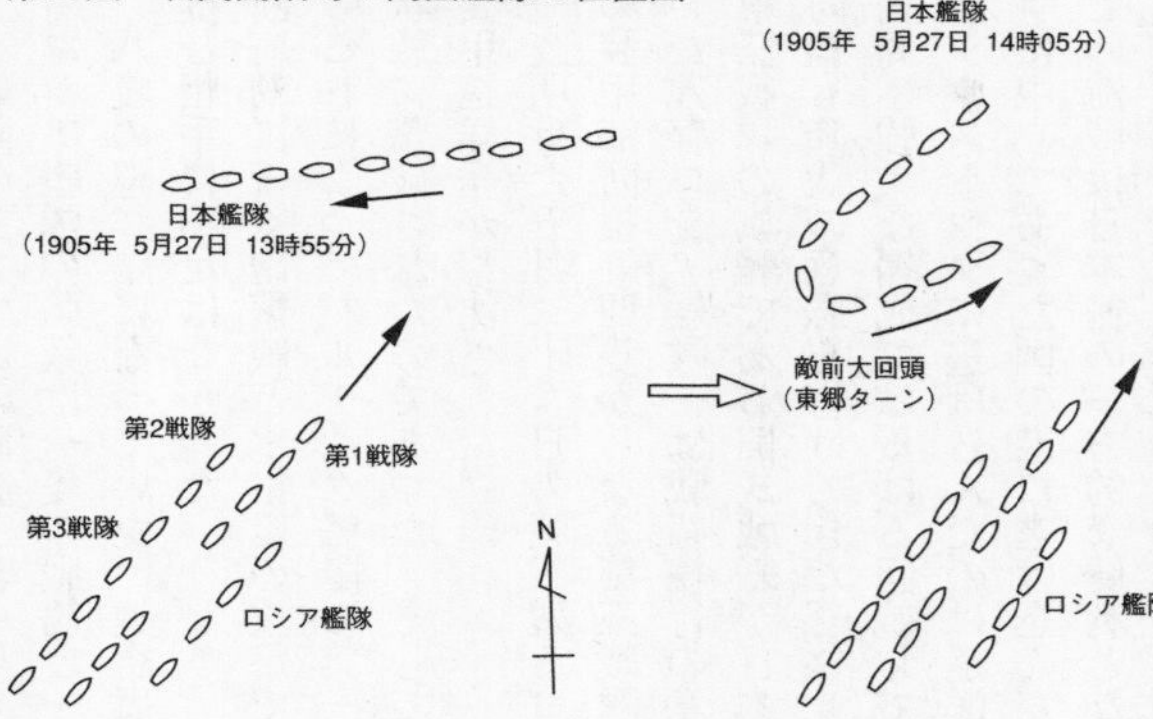

猛烈な射撃訓練を繰り返していた日本側各艦の砲の命中率は、六千メートル台という近距離も幸いし極めて高いものとなっていた。命中弾を受けたバルチック艦隊の各艦では甲板上の装備はたちまち破壊炎上し、開口部や薄い装甲を貫通して飛び込んできた砲弾が艦内で次々と爆発し、各艦は大混乱に陥ることになった。

バルチック艦隊第二戦隊の旗艦は多数の砲弾の集中攻撃を浴び、早くも十四時五十分には沈没してしまった。これと同時に第一戦隊の旗艦も戦闘不能の状態に陥ってしまった。この時の日本側とロシア側の艦隊の距離は三千メートルを切っていた。日本側はここで砲弾を榴弾から徹甲弾と徹甲榴弾に切り替え、近距離射撃による徹甲弾の威力を十分に発揮させる徹甲弾射撃戦法に切り替えたのだ。

砲弾を切り替える以前にすでにロシア艦隊の戦艦三隻が戦闘力を失い一隻が沈没していた。バルチック艦隊の主力である戦艦七隻中早くも二隻が撃沈され、四隻が戦闘力を失っていたのだ。残るロシア艦隊の強敵は一隻の戦艦と一隻の旧式戦艦、三隻の装甲海防艦、一隻の装甲巡洋艦、八隻の巡洋艦になっていた。連合艦隊の三つの戦隊十二隻の戦艦と装甲巡洋艦、巡洋艦が挑む相手に不足はなかった。

断続的に続く砲撃戦と水雷艇の攻撃で、行動不能の戦艦を含めさらに戦艦三隻が撃沈された。これによってバルチック艦隊の第一戦隊と第二戦隊の戦艦五隻が失われ、二隻が行動不能状態に撃破されたのであった。そして夜に入った二十時二十分、駆逐艦の雷撃で第二戦隊の装甲巡洋艦が撃沈された。

一夜明けた五月二十八日の朝、残るロシア艦隊で主力といえるものは、旧式戦艦と旧式戦艦の装甲海防艦等四隻からなる第三戦隊だけとなったが、すでに無傷の日本艦隊に包囲されていた残存ロシア艦隊には戦闘続行の意志は失せていた。

第三戦隊の旗艦である旧式戦艦が日本側に降伏の意志を表示してきた。それに続いて装甲海防艦も降伏の意志を告げてきた。

結局、強大な編成ではるばる回航してきたバルチック艦隊で、日本側の包囲網を突破してウラジオストックに逃げ込んだのは巡洋艦一隻と駆逐艦二隻だけで、巡洋艦など六隻がこの戦争に中立であった国の港に逃げ込んだ。バルチック艦隊は壊滅したのだ。

この海戦は日本側の一方的な勝利となった。最終的に集計された戦果は戦艦六隻撃沈、装甲巡洋艦一隻撃沈、巡洋艦や駆逐艦等九隻撃沈、戦艦、旧式戦艦、海防艦、巡洋艦、駆逐艦

戦艦「三笠」

等自沈六隻、拿捕六隻という一つの海戦の戦果としては驚異的な数字を示したのであった。この戦闘でのロシア側の戦死者は四千八百三十名、捕虜六千百六名で、捕虜の中にはバルチック艦隊の総司令官や第一艦隊、第三艦隊の司令長官も含まれるという前代未聞の結果となった。

この海戦でロシアの東西二つの艦隊が消滅することになったが、バルチック艦隊の敗因は様々に明白であるがこの書では解説する必要はない。ただこの海戦における日本側の砲戦力について多少の解説を加えておきたい。

この海戦の結果を見ると日本側の砲撃については、ハード面とソフト面の両面で際立った独創的な手法が取り入れられていることに特徴がある。その一つが日本側が使用した砲弾が、ロシアのそれに比べ格段に優れていたことである。そしてもう一つが射撃方法に画期的な手法が使われたことであった。

(イ)、砲弾の威力。

使用された砲弾は口径十二センチ、十五センチ、二十センチ、三十センチ砲弾であるが、いずれの砲もイギリスのアームストロング社が製造した格段に進化した後装砲で、これはロシア艦隊が主力艦に装備していた砲と大きく変わるところはなかった。しかしそこで使われた砲弾に格段の違いがあったのである。その違いは次のとおりである。

その一、炸薬としての下瀬火薬の採用

この火薬は、ロシア艦隊の砲弾の炸薬や、当時の世界の艦砲砲弾の炸薬の主流であった黒色火薬と違い、爆発時の爆圧と燃焼熱の伝播が際立って大きく、命中時の爆裂効果が黒色火薬のそれを大きく超えていることであった。

下瀬火薬は日本海軍が独自に開発したもので、当時の炸薬の爆発の強さでは最強のもので、この頃実用化に入ろうとしていたフランスの「メリニック」火薬に極めて近い性能であった（下瀬火薬はこの「メリニック」火薬の情報を日本海軍がいち早く入手し、改良を加えて早期に実用化したもの、と伝えられることもある）。

但し下瀬火薬もメリニック火薬も性能が際立っている反面、不意爆発の危険性の高い火薬として取り扱いには様々な問題を抱えていたが、日本海軍は危険性を加味した中であえて実用化に踏み切ったいきさつがあった。事実この海戦の後には不意爆発が原因と思われる事故が実際に数例発生している。

この下瀬火薬は日本側が使用した榴弾、徹甲弾そして徹甲榴弾の全ての炸薬として使われた。この海戦で日本側は当初は全ての砲弾に榴弾を使用した。これは下瀬火薬の特徴を最大限に活かす戦法で、敵艦の上部構造物にこの榴弾が命中した場合には、構造物や付近にいる

戦艦アリョール

乗組員たちはたちまち強力な爆圧と猛烈な火炎を浴び、破壊されるか死亡するという恐ろしい結果を招いたのであった。戦闘開始直後に命中弾を浴びたロシア艦隊の各艦は大混乱に陥ったことは想像に難くないし、乗組員たちの証言も異口同音にその恐ろしさを証言している。

一方、射程が三千メートルになった時に砲弾は徹甲榴弾や徹甲弾に切り替えられたが、これはこの距離では日本側の各艦が装備していた砲の砲弾が敵艦の三百ミリ以下の装甲板であれば確実に貫通できると判明していたからであった。

そしてその効果は戦後に捕獲したロシア軍艦を調査した結果では、それが予測どおりであったと同時に、装甲板を貫通した弾丸は内部で爆発すると、榴弾と同じく猛烈な爆圧と燃焼力で敵艦の内部に大損害を与えていたことが判明したのである。つまり敵戦艦が早い時点で行動不能に陥ったり撃沈している原因の一つが、強力な下瀬火薬の爆発による艦内の予想外の破壊によるものであることが証明されたのであった。

この当時の徹甲弾は弾体の強度を高める研究が不十分で、まだ完全な徹甲弾といえるものではなかった。また装甲板も焼き入れ技術の未熟などから十分な装甲効果を期待することは無理であった。このために厚さ百ミリ程度の装甲であれば、至近距離からの砲撃であれば榴弾でも貫通する可能性はあった。これがロシア艦隊の当初からの損害をもたらした原因にもなったようであった。

その二、伊集院信管

当時の砲弾は榴弾であれ徹甲弾であれ、各国海軍は砲弾の信管の機能に多くの問題を抱えており、敵艦に命中しても不発の砲弾が多かったのは事実であった。

伊集院信管とは日本海軍の伊集院五郎少将が開発した信管で、特殊な瞬発式の作動原理によって命中後百パーセントの確率で信管が作動する仕掛けになっていた。ただ作動が極めて鋭敏で砲弾が敵艦の索具に命中しただけでも爆発するほどの凄まじさがあった。

事実この海戦で捕虜になったロシア艦隊の乗組員の話によると、飛来する砲弾が艦の上部構造物に命中する直前に空中で爆発し、周囲一帯が激しい爆風と火炎で覆われ、その猛烈さにロシア側乗組員は激しい恐怖心に包まれた、と証言している。

(ロ)、速射と一斉射撃戦法

日本艦隊が射撃に際してロシア艦隊に対し優位を占めた理由に早い射撃速度と一斉射撃が上げられる。日本艦隊が射撃に際し使用した装薬は、発射時に砲身から出る煙が少なく、視界を妨げにくいコルダイト系火薬であった。この装薬を使えば視界を妨げられることなく連続照準が可能で、砲の発射速度も早くなるのである。

ロシア艦隊が使った発射火薬は褐色火薬で、発射後砲身から噴き出す黒煙によってしばらく視界が遮られやすく、射撃間隔は長くならざるを得なかった。

ロシア乗組員捕虜の話からも、日本艦隊の各艦の砲の射撃間隔が極めて短いことが証言されており、これは艦砲の理想的な射撃理論にも当てはまるのである。

もう一つ日本艦隊の射撃で特徴的であったのが各砲の一斉射撃戦法であった。帆船時代から艦砲は目標に対しては各砲がそれぞれに照準を行ないそれぞれが独自に射撃を行なうのが普通であった。つまり各個発射（射撃）である。そしてこの行動は軍艦が近代化しても伝統的に残されていた。日本海軍でも黄海の海戦時点までは各個射撃が主体であった。しかしこの方法は射程が長くなり、間接射撃が主体となった場合には砲側での照準を行なうことの煩雑さが禍し、高い命中率を求めた正確な射撃は困難にならざるを得なくなる。

日本海海戦では戦艦の三十センチ主砲や装甲巡洋艦の二十センチ主砲の射撃は、射撃諸元の一切は砲術長の統制下におかれ、射程、砲の射撃角度、射撃方向が決まるとそれに基づいて主砲が操作され、砲術長の命令の下での一斉射撃が行なわれた。

つまり射撃ごとに敵艦に体する弾着の状況を観測し、逐一射撃諸元を微妙に変更させ一斉に命中弾を与えることが可能になるのである。

ロシア艦隊側の多くの艦は従来どおりの各砲塔照準による射撃が行なわれていた模様で、しかも褐色火薬、黒色火薬の砲煙による視界の妨げから、射撃速度は低下し砲弾の命中率も期待できず、射撃の欠点を露呈してしまったのである。

その3●ユトランド沖海戦（一九一六年五月三十一日～六月一日）

日本海海戦から十一年後の一九一六年五月、第一次大戦勃発二年後に西ヨーロッパのユトランド半島沖で大規模な海戦が展開された。この砲撃戦は近代海軍艦隊の砲撃戦史上でも最大規模の海戦といえるものである。この砲撃戦の結果はその後の戦艦の機能や構造的な発達の上で、様々なテーマを投げかけることになった。

この海戦の名称は英語読みでは「ジュトランドの戦い」（The Battle of Jutland）となるが、ドイツ語読みでは「ユトランドの戦い」（Sahlacht von Jutland）となるのだ。またドイツでは「スカゲラークの戦い」（戦闘海域がユトランド半島北部のスカゲラーク海峡入口付近で開始された意味）と呼ぶ場合もある。

この海戦は第一次大戦勃発当時、世界の海軍国の雄であったイギリス海軍と、急速に海軍力の増強が進んだドイツ海軍の双方の大艦隊が激突するという、まさに近代のサラミス海戦あるいはレパントの海戦というべきものであった。

この海戦に参加した艦艇の数は、イギリス海軍が大小百五十一隻、ドイツ海軍が九十九隻というもので、戦闘の結果、イギリス海軍側は巡洋戦艦や巡洋艦等の大型艦六隻と小型艦艇八隻を失った。一方のドイツ海軍は巡洋戦艦や旧式戦艦（前ド級戦艦）、巡洋艦等の大型艦六隻と小型艦艇五隻を失った。そしてイギリス側は乗組員の戦死者六千九十四名、ドイツ側は乗組員二千五百五十一名を失った。

数字を見る限りドイツ側がやや有利な勝利を得たように見えるが、この海戦以後ドイツ海軍は二度とこのような大規模な海戦を挑む姿勢を示さず、戦略的にはイギリス海軍の勝利に見えた。結果的には五分の引き分けとでもいえる海戦であった。

ドイツは西部戦線での陸軍部隊の膠着状況の中、何らかの形で国民に対する戦意高揚の場が必要であった。そこでドイツ海軍はイギリス海軍に対し有利な態勢の中で海上での戦いを挑み、ドイツ海軍に対し圧倒的な戦力を持つイギリス海軍に対し、大きな打撃を与える戦法で戦いを挑むことになったのである。

第37図　ユトランド海戦位置図

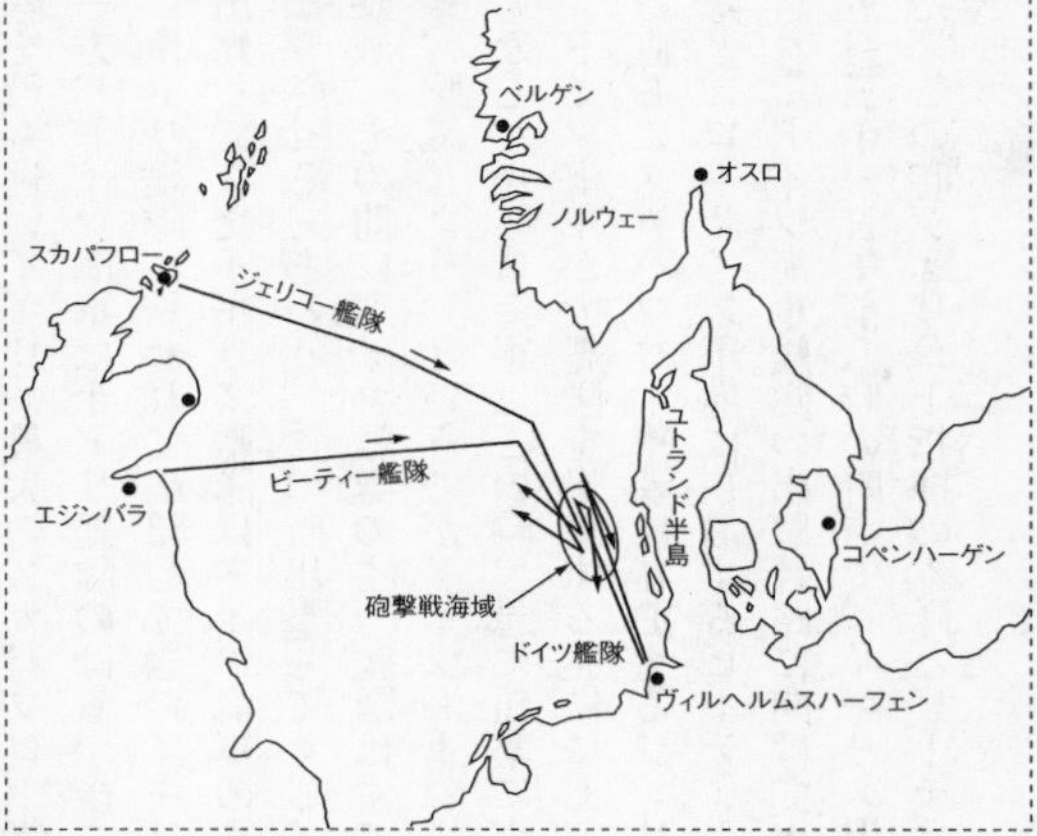

ドイツ海軍の作戦は用意周到であった。まずドイツ海軍の巡洋戦艦五隻から成る索敵部隊をオトリ部隊としてスカゲラーク海峡から北海に進出させることから始まった。また同時に潜水艦部隊をイギリス本島沿岸のイギリス各海軍基地（スカパフロー、クロマーティ、ローサイス、サンダーランド、ハーリッチ）周辺の海域に配置したのである。

イギリス海軍はドイツ海軍のオトリ艦隊の北海への出撃に対し、直ちにイギリス海軍の本隊を最も近いイギリス最大のスカパフロー軍港から出撃させるであろう。

一方、ドイツ海軍はオトリ艦隊のはるか後方から戦艦、巡洋戦艦から成る大部隊を出撃させ、オトリ艦隊に誘われて出撃してきたイギリス艦隊の本隊をオトリ艦隊の方に誘導する。

出撃してきたイギリス艦隊はドイツ海軍の本隊の存在を知り直ちに各基地から応援の艦隊を出撃させるであろう。この時出撃してくるイギリスの各艦隊を待機している潜水艦で攻撃し撃滅、その間にドイツ艦隊の主力艦隊はすでに出撃しているイギリス艦隊の本隊を存分に攻撃、撃滅しよう、というのがドイツ海軍の描いたシナリオであったのである。

しかしイギリス海軍はこの時、急に頻繁に交信され出したドイツ艦隊の無電を傍受しており、ドイツ海軍が大艦隊を出撃する兆候にあることを察知していた。これに対しイギリス海軍は直ちにスカパフロー軍港に在泊するジェリコー海軍大将の指揮するイギリス本国艦隊の主隊と、ローサイス軍港に在泊するビーティー海軍中将の指揮する本国艦隊の分遣隊を、予想されるドイツ海軍艦隊の出撃針路に向けて出撃させたのであった。

五月三十一日午前八時の時点で、イギリス海軍の二つの艦隊は北海中央部付近まで進んでいた。この時ジェリコー指揮の本隊とビーティー指揮の分遣隊との距離は南北に約百三十キロであった。

この頃ヒッパー海軍中将指揮のドイツ海軍の巡洋戦艦五隻の強力なオトリ部隊は、ユトランド半島西側の根元に位置するドイツ海軍の拠点軍港ヴィルヘルムスハーフェンを出港し、ユトランド半島西岸沖を北上中で、スカゲラーク海峡の西側入り口付近に接近していた。

午後三時、イギリス海軍のビーティー戦隊とヒッパー戦隊はスカゲラーク海峡の西側海域で遭遇した。

突然の遭遇で両戦隊は射程一万六千メートルでほぼ同時に砲撃を開始した。そして射撃開始間もなく、双方の巡洋戦艦が数斉射を終えた時点で、ビーティー戦隊の巡洋戦艦ライオンとタイガーにドイツ巡洋戦艦の二十八センチ主砲の砲弾数発が命中した。これにより両巡洋戦艦は艦内で爆発が起き大損害を被り戦列を離れた。それから間もなくヒッパー隊の巡洋戦艦デアフリンガーにもイギリス巡洋戦艦の三十センチ砲弾数発が命中し、大火災を起こし、これまた戦列を離れた。

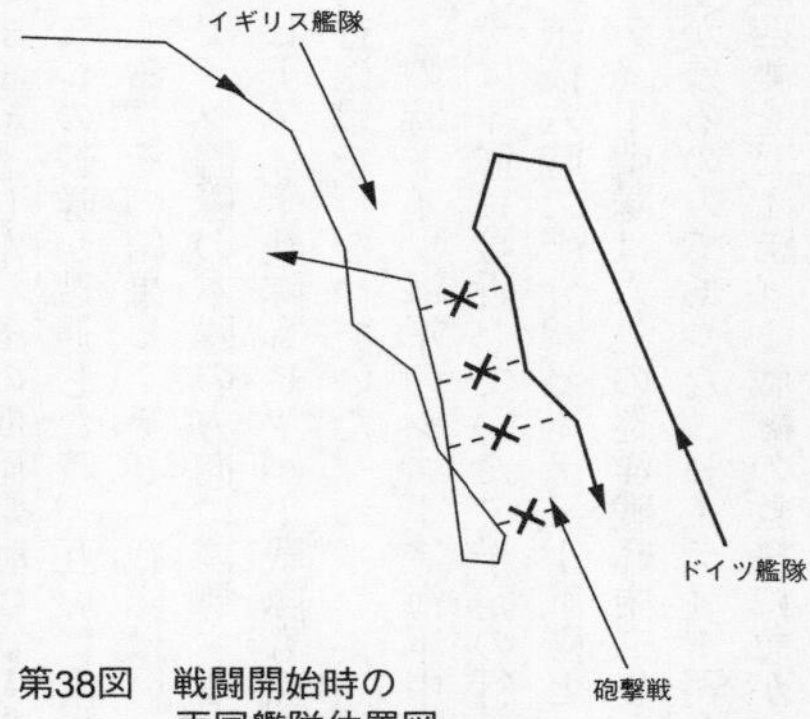

第38図　戦闘開始時の両国艦隊位置図

激烈な砲撃戦となった。その直後、今度はイギリスの巡洋戦艦インディファティガブルとクイーンメリーが次々と被弾し、両艦ともに猛烈な爆発の直後、船体が裂け沈没した。まさに轟沈であった。

この間、ドイツ戦隊もイギリス戦隊も水雷戦隊を前方に出し、主力艦の魚雷攻撃を展開したが、この双方の水雷戦隊も互いに有利な射点につけないまま経過した。その間砲撃戦は繰り返されたが決定的な打撃を与えることはできなかった。

二つの戦隊が遭遇した時、互いに南に針路を変え同行姿勢をとり同行の砲撃戦となったのである。その結果ビーティー戦隊はいつの間にかヒッパー戦隊の思惑どおり、イギリス戦隊をドイツ艦隊の本隊の方向に誘導することになったのである。

ビーティー戦隊もヒッパー戦隊も互いに二十五ノットという砲撃戦としては異例の速度で同行砲撃を行なっていた。

この時ドイツ海軍のシェーア海軍中将が指揮するドイツ海軍本隊が二十ノットの速力でビーティー隊に接近していた。予定の行動であった。

午後六時二十分、ビーティー戦隊とシェーア本隊はほぼ同時に砲撃を開始した。この時ビーティー戦隊は六隻の巡洋戦艦中二隻が撃沈され二隻が行動不能になっており、わずかに二隻が残るのみであった。ビーティー司令官の緊急の要請で何とかジェリコー戦隊から巡洋戦艦四隻をビーティー戦隊の救援に急がせた。しかし急場に間に合った救援の巡洋戦艦がシェーア本隊と砲撃戦を展開した直後に、救援隊の巡洋戦艦インヴィンシブルが命中弾を受け、たちまち爆沈してしまった。

午後七時、ジェリコー戦隊の本隊が戦場に到着し、ここにドイツ艦隊とイギリス艦隊による壮烈な砲撃戦が展開されることになったのだ。

この日午後三時、両国艦隊が最初の砲撃戦を展開した時点での両国艦隊の艦艇の数は次のとおりであった。

巡洋戦艦クイーンメリー

イギリス海軍　ド級戦艦二十八隻、巡洋戦艦九隻、装甲巡洋艦八隻、軽巡洋艦二十六隻、駆逐艦七十八隻、その他二隻、合計百五十一隻

ドイツ海軍　ド級戦艦十六隻、巡洋戦艦五隻、旧式戦艦六隻、軽巡洋艦十一隻、駆逐艦六十一隻、合計九十九隻

（注）巡洋戦艦とは、戦艦並みの砲戦力を持ち巡洋艦並みの高速力を持つという艦で、高速を出すことから船体を軽く造るために装甲は戦艦より軽減されていることが特徴。

午後七時でもまだ明るい北洋での砲撃戦は続いた。そしてこの乱戦の中でドイツ側は巡洋戦艦リュッツオ、デアフリンガー、フォンデアタンの三隻が被弾し戦闘力を失い、イギリス側は引き続く夜戦の中で装甲巡洋艦ディフェンス、ウオーリア、ブラック・プリンスが被弾後撃沈され、軽巡洋艦サウザンプトン、ダブリンが大破し戦闘力を失った。一方ドイツ側は軽巡洋艦フラウエンローブが撃沈されている。

この後の夜戦は両国艦隊の水雷戦隊の遭遇戦が展開され、イギリス側は八隻の駆逐艦を失い、また魚雷攻撃などでドイツ側は旧式戦艦ポンメルンが撃沈され、軽巡洋艦四隻と駆逐艦五隻がこれに続いた。

六月一日午前三時三十分に双方の艦隊は戦闘を中止し、引き上げにかかった。しかし帰還の途中で砲撃で損傷し浸水が激しかったドイツの巡洋戦艦ザイドリッツが、途中のヤーデ川河口付近に自ら座州し沈没の危機を回避している（後に浮揚修理された）。

この海戦はまさに乱打戦であった。しかしイギリスもドイツも後衛戦隊に属していたド級戦艦は砲火を交えることはなかったが、前衛部隊としての巡洋戦艦や巡洋艦同士が激しく砲火を交えることになった。

双方の損害の総決算は次のとおりであった。

イギリス海軍：巡洋戦艦三隻沈没、装甲巡洋艦三隻沈没、駆逐艦八隻沈没。

ドイツ海軍：巡洋戦艦一隻沈没、旧式戦艦一隻沈没、軽巡洋艦四隻沈没、駆逐艦五隻沈没。

この海戦を砲と装甲で総括すると次のような結果が生まれた。

(イ)、ドイツ海軍の射撃技術は総合的に見ても優秀（優れた射撃照準光学装置）。

(ロ)、イギリス巡洋戦艦の装甲の脆弱性の露呈（特に水平装甲甲板が脆弱。ドイツ側の徹甲弾や徹甲榴弾は数層の装甲甲板を貫通し、中には弾火薬庫まで貫通し誘爆させている）。

(ハ)、イギリス艦艇の防火設備不十分と練度の高いドイツ艦艇の応急消火体制。

(ニ)、高い練度のドイツ海軍の操艦技術。

イギリスの主力巡洋戦艦三隻までがいずれも爆沈（弾火薬庫の誘爆と推定）で失われたことは、イギリス海軍にとっては大きな衝撃であった。戦後、この事件について検討された中で、最大の原因として追求されたのが、大角度で落下してくる徹甲弾に対する水平甲板の弱

巡洋戦艦リュッツオ

さと砲塔や装甲帯の装甲板の配置と板の耐弾性能の弱さであった。

その一方、イギリス側もドイツの装甲巡洋艦や巡洋戦艦にも多くの命中弾を与えたはずであるが、イギリス艦のような大きな損害はなかった。

この原因として考えられることは、ドイツ艦の優れた装甲デザインと優れた装甲板の性能であることに間違いはなかった。そしてイギリスの徹甲弾や徹甲榴弾の性能自体も疑問視されることになった。事実、イギリス艦が撃ち込んだ徹甲弾の多くが、ドイツ艦の装甲を貫通することができず、海戦の後のドイツ側の実況検証で、二百ミリの装甲でさえイギリスの三十八センチ徹甲弾の直撃に耐えたということが実証されたのであった。

この事実は艦載砲王国のイギリスにとっては極めて衝撃的な出来事であった。戦後になって急遽、装甲板と徹甲弾の研究が再開されることになった。

この海戦があってから二十五年後の一九四一年に、再びドイツ戦艦の砲撃でイギリス最大を誇る戦艦（旧巡洋戦艦）フッドが一瞬にして爆沈するという出来事が起きた。しかしこの頃には戦艦の時代はそろそろ終わりを迎えており、この件に対する取り立てての対策を行なうことはなかった。

重量のかさむ装甲の多少の犠牲を払う（装甲を薄くする）ことは覚悟の上での設計ではあったが、同じコンセプトの中で設計された巡洋戦艦でありながら、イギリス側に多くのダメージがあったことは、その後のイギリス海軍としての巡洋戦艦のあり方に幾多の課題を与えることになった。その中でも大きな課題となったのは巡洋戦艦の存在意義であった。

この巡洋戦艦の存在意義と同時にイギリス海軍で課題となったのは、ド級ではあっても在来型の速力の遅い戦艦は戦艦としての存在意義がないのではないか、という問題であった。

この海戦でイギリス側は最新鋭の高速戦艦クイーン・エリザベス級を初めて実戦に参加させた。この戦艦は超ド級戦艦の設計思想の中で建造されたもので、強靱な装甲（装甲帯三百三十ミリ、砲塔装甲三百三十ミリ、水平甲板装甲合計百三十四ミリ等）を持つ傍ら機関の出力を大幅に強化し、最高速力を巡洋戦艦並みの高速力を発揮できるようにされていた。ただ機関の出力を強化した分、機関室の容積が拡大され、搭載する砲の数が少なくなっているのが特徴であった。

クイーン・エリザベス級高速戦艦はこの海戦の後半でドイツ艦隊に対し優位な砲撃戦を展開しているが、クイーン・エリザベス級戦艦という高速戦艦の出現は巡洋戦艦の存在意義を問うものともなり、これ以後戦艦は次第に高速化の方向へ進み出したのであった。事実、第一次大戦後に建造されたほとんどの戦艦の最高速度は二十五ノット以上となり、イタリアやフランス海軍の新鋭戦艦の全てが最高速力三十ノットを発揮し、ドイツ海軍最大のビスマルク級戦艦では二十九ノット、日本の「大和」級超重量級戦艦でも二十七ノットを記録し、アメリカの四万五千トン級戦艦アイオワ級では、ついに三十三ノット（時速六十一キロ）という韋駄天ぶりを発揮することになったのだ。これに対し戦艦の高速化を打ち出したイギリスが、第一次大戦後に総力を上げて建造した四万トン級戦艦ロドネー級が、わずかに二十三ノットという低速であったこと、第二次大戦直前に完成した最新鋭のキング・ジョージ五世級で、やっと二十八ノットを発揮したことに何か不思議な違和感を感じるのである。

その4●ラプラタ沖海戦（一九三九年十二月）

ラプラタ沖海戦は第二次大戦劈頭に起きた海戦であるが、この海戦は戦闘に参加した軍艦や戦闘の経緯、さらにこの戦闘の発端などに様々な注目すべき事柄があることで世の注目を浴びた。中でもそこで展開された砲撃戦は、あたかも一時代も二時代も前の海戦を思い起こさせるような激烈かつ執拗な砲撃戦の連続で、近代的な砲撃戦が展開された第二次大戦中に起きた幾つかの海戦の中でも、この海戦は特筆すべきものと考えられるのである。

この海戦の主役は一方のドイツ海軍がたった一隻のポケット戦艦（通称）であり、一方のイギリス海軍は、本来ならばこのドイツ戦艦とまともに戦闘を挑むこと自体不利といえる、巡洋艦三隻であった。

この一隻対三隻の間の砲撃戦は実に十三時間に渡り展開され、消費された砲弾の数はイギリス側が二千四百五十発、ドイツ側が六百発に達し、戦後に調べられた四隻の被弾数から計算すると、撃ち出された砲弾の命中率はドイツ側が約三パーセントであるのに対し、イギリス側は辛うじて一パーセントという数字で、射撃が七千メートルから一万七千メートルの中での砲撃戦ではあったが、艦艇の砲撃戦というものがいかに非効率的な戦闘であるかを如実に示すもので、実戦で射程一万五千メートル前後での砲弾の命中率を十パーセント代に保つなどということは、光学的照準装置を駆使するこの時代では、奇跡的と考えるか、あるいは疑問符を持つとしか考えられないのである。

一九三九年に入った時点で、ドイツは自国がイギリスとフランスと戦争状態に入ることは、もはや避けられないものと判断していた。そこでドイツ海軍は予想される戦争の勃発を前にして、大西洋海域での水上艦艇及び潜水艦による海戦の準備を極秘の中で展開していた。

ただドイツ海軍としては当面の大西洋における海の戦いは、島国イギリスの国力維持のための海上輸送の撃滅に焦点を置き、イギリスの国力をなし崩しに弱体化させることに集中する計画であった。勿論、当時のドイツ海軍には強力なイギリス海軍とまともに対抗するだけの海軍戦力もなく、手持ちの艦艇で効率の良い作戦を仕掛け、目的を達成することに賭けたのであった。

ドイツ海軍が展開する作戦の基本方針は、手持ちの戦艦、ポケット戦艦、巡洋戦艦あるいは商船を改装した特設巡洋艦などで、大西洋やインド洋上でゲリラ的な商船攻撃を展開し、同時に潜水艦の集中的な運用で効率の良い商船攻撃を行ない、敵（当面はイギリス海軍）の戦力の分散化を図ろうとするものであった。つまり徹底した通商破壊作戦の展開であった。

ドイツ海軍は第一次大戦後は、戦後ドイツの武力を徹底して制約するためのベルサイユ条約の中で、海軍の立て直しもままならない状態になっていた。つまりドイツ海軍が保有する艦艇のトン数（基準排水量）はわずか十万トンに制限されたのである。

再建中のドイツ海軍はこの制限の中で極めて特異な軍艦を設計し、その三隻を完成させた。その特異な艦とは、基準排水量一万トン（実際は一万二千百トンであった）の船体に、口径二十八センチの三連装砲塔二基を搭載し、十五センチ単装砲八門、五十三センチ四連装魚雷発射管二基、水上偵察機二機を搭載するという、同じ規模の重巡洋艦よりも格段に強力なものであった。

ただこの艦の弱点は、制限された基準排水量の中での重武装のために装甲を犠牲にせざるを得なかったことであった。つまり舷側装甲帯の装甲は五十〜百二ミリ、水平甲板で五十ミリ、砲塔で二十五ミリというイギリスやフランスあるいはイタリアの重巡洋艦や軽巡洋艦並みのものとなったのである。

それではこの艦の建造の目的は何であったのか。実はこの謎を解き明かすものがその主機関にあった。実は重巡洋艦並みの装備を持ちながら主機関はディーゼル機関であったのだ。この頃の世界の海軍の戦艦も巡洋艦も駆逐艦も、全ての主機関が強力な蒸気タービンであったことから考えれば実に奇異な感じであった。

主機関は最大出力一万三千五百馬力のディーゼル機関を四基で合計五万四千馬力を発揮し、二軸のスクリューを回転し、速力十八ノット（時速三十三キロ）で実に二万カイリ（約三万八千キロ）という長大な航続距離を発揮したのである。これはタービン機関推進による重巡洋艦が十八ノットで航海した時の平均的な航続距離が八千カイリ（約一万五千キロ）であることを考えれば、この艦の際立った特徴であったのである。ただ最大出力の低下から最高速力は二十六ノットにならざるを得なかったのは覚悟の上であった。

航続距離が長いということは、途中での燃料補給がなくとも長期間の行動が行なえることを意味しており、ここにこの艦の存在意義があったのである。

ドイツ海軍は第一次大戦において多くの商船を改装した特設巡洋艦や軽巡洋艦を、大西洋や太平洋あるいはインド洋に派遣し、イギリスを中心とする連合軍商船のゲリラ的な攻撃を展開し成功するという実績を持っていた。

ドイツとしては島国イギリスを包囲、孤立させるための最も効果的な戦法として、第二次大戦の勃発に際しても、水上艦艇と潜水艦による通商破壊作戦を大々的に展開する考えであったのだ。

完成した三隻の艦の使用目的が当初から通商破壊作戦専用の艦であったことに間違いはなかったのである。

この特殊な艦は戦艦と重巡洋艦の間に位置する存在で、完成を知った周辺海軍ではこの艦を「ポケット戦艦」と呼ぶようになった。ただこの艦の決定的な欠点は、他国の重巡洋艦より低速で、主砲は二十八センチと強力であるが装甲が弱く、重巡洋艦の二十センチ主砲弾、あるいは軽巡洋艦の十五センチ主砲弾による貫通の可能性も十分にあった。つまりこの艦が敵艦と互角に戦う唯一の方法は、二十八センチ主砲の長射程を有効に使い、アウトレンジ戦法に徹することであったが、最高速力の遅さがそれをカバーできないことは明確であった。

この三隻のポケット戦艦はアドミラル・シェーア、ドイチュラント、アドミラル・グラーフ・シュペーと命名されたが、最も遅く完成したのがアドミラル・グラーフ・シュペーで、完成は一九三六年六月であった。

グラーフ・シュペーは第二次大戦勃発の直前の一九三九年八月二十一日に、ヴィルヘルムスハーフェン軍港を密かに出港し、どこへともなく消えていった。グラーフ・シュペーの作戦行動予定海域は主に南大西洋であった。

イギリスはドイツがベルサイユ条約を破棄し軍事力の強化を図ることに神経を尖らせていた。情報によるとドイツ海軍は最新式の戦艦と重巡洋艦などの水上艦艇の増備に注力しており、事実イギリスを凌駕する戦艦の建造も行なっていることを知っていた。

一九三九年九月一日現在のイギリス海軍は、大西洋西部と南大西洋を守備する艦隊として南西方面艦隊を新たに編成していた。その戦力は二個の巡洋艦戦隊と一個の水雷戦隊、そして南大西洋全域を守備する南米支隊であった。

南米支隊の根拠地は西アフリカのフリータウンで、他に副基地としてフォークランド諸島やアルゼンチンのリオ・デ・ジャネイロの存在があった。

南米支隊の戦力は重巡洋艦二隻（カンバーランド、エクゼター）と軽巡洋艦二隻（アキリーズ、エイジャックス）のわずか四隻であった。つまりこの四隻で広大な南大西洋を哨戒、守備するのであった。

第二次大戦勃発後の九月三十日に、ブラジルの東岸レシフェの南東二百五十キロの地点で、イギリスの貨物船クレメンテ号が撃沈された。グラーフ・シュペーによる通商破壊作戦の戦果第一号であった。

ブラジル沖からイギリスまでの北へ向かう航路は、イギリスがアルゼンチンの穀物や牛肉を輸送する貨物船の主要航路で、ドイツの通商破壊艦が獲物を最も狙いやすい海域であった。またアフリカ西岸沖から北上する航路はオーストラリアやニュージーランドからイギリスへの穀物や食肉あるいは羊毛などを輸送する貨物船の主要航路であり、ここもドイツの通商破壊艦が標的にしやすい海域であった。

貨物船クレメンテ号は撃沈される直前に敵軍艦の攻撃を受けている旨の無電を発信している。この無電を受信したイギリス海軍南米支隊はにわかに緊張が走った。そしてその後十一月末までにさらに八隻のイギリスを含む連合国側の貨物船が撃沈された。そして撃沈された貨物船から送られてきた情報は、攻撃艦は全て大型艦であるということであった。

イギリス海軍はこの情報に接すると直ちにこの「敵大型艦追撃」作戦を展開したのである。展開された艦艇は四隻の南米支隊の巡洋艦、新たに本国艦隊から派遣された空母二隻、戦艦三隻、重巡洋艦三隻、軽巡洋艦一隻、駆逐艦群であった。このイギリスの行動はドイツ通商破壊艦の作戦目的の一つでもあったのである。つまり一隻または数隻のドイツ通商破壊艦の出現に、多くのイギリス艦艇を引き摺り出し、艦艇の分散を図り守備力を低下させる効果を

ポケット戦艦アドミラル・グラーフ・シュペー

狙うものであった。

広大な南大西洋のどこに存在するか分からないドイツ大型艦（イギリス海軍はクレメンテ号の連絡から、敵大型艦がポケット戦艦であると断定していた）を捕捉、撃滅する任務は四隻の巡洋艦から成る南米支隊にあった。しかしこのとき南米支隊は重巡洋艦一隻（カンバーランド）を修理のために欠き三隻だけであったのだ。

南米支隊の司令官であるハーウッド代将は、もしドイツ大型艦に遭遇した場合には、戦力的に絶対的に不利ではあるが犠牲は覚悟の上で敵艦に遮二無二食らいつき、以後の作戦が続行できなくなるだけのダメージは与えようという猛烈な闘志を燃やしていた。

彼の敵大型艦に遭遇した場合の作戦は次のようなものであった。手持ちの三隻の巡洋艦を重巡洋艦一隻と軽巡洋艦二隻の二手に分け敵艦の左右から砲撃を展開するというもので、可能な限り肉薄し敵艦の砲戦力にダメージを与えようとする考えであった。

十二月二日、南米支隊はイギリス貨物船ドリック・スター号の緊急無電「敵大型艦ノ攻撃ヲ受ケツツアリ」を受信した。位置はアフリカ西岸沖約一千キロであった。その後ドリック・スター号からの無電は絶えた。そしてその翌日、ドリック・スター号が攻撃された位置より南西に約三百二十キロの地点で、今度もイギリスの貨物船タイロア号が敵大型艦に攻撃されるつつあり、との無電を発した後消息が絶えた。

この二つの攻撃状況から敵大型艦の今後の予想針路は、南米のラプラタ川河口方面と判断し、三隻の巡洋艦の迎撃位置をラプラタ川河口東北沖二千百キロ地点と定め、この周辺に先回りし周辺海域の哨戒を始めることにした。

敵大型艦グラーフ・シュペー（この時はまだイギリス側は艦名を知らなかった）は、ハーウッド代将の予測どおりイギリスの三隻の巡洋艦が哨戒する海域に接近していた。

十二月十三日の午前六時、グラーフ・シュペーの見張員ははるか東方に二隻（軽巡洋艦アキリーズとエイジャックス）の巡洋艦あるいは駆逐艦と思われる艦影を発見した。

そしてこれとほとんど同時にイギリスの二隻の巡洋艦もグラーフ・シュペーの姿を発見した。ところがそれから十分後に今度はグラーフ・シュペーは二隻の巡洋艦から大きく離れ、針路を二隻の巡洋艦と同じ方向に進むもう一隻の巡洋艦（重巡洋艦エグゼター）を発見した。

偶然にもハーウッド代将が計画したとおり、敵大型艦を三隻の巡洋艦で後方から挟み込む態勢がとれていたのであった。

六時十七分、まずグラーフ・シュペーの艦尾の二十八センチ三連装砲塔が一斉に砲撃を開

第2表　両国軍艦要目比較表

要　　目	グラーフ・シュペー	エグゼター	エイジャックス
基準排水量(t)	12100	8390	7030
最高速力(kn)	26.3	32.0	32.5
主砲	28cm×6門	20cm×6門	15cm×8門
副砲	15cm×8門	10cm×4門	10cm×4門
魚雷発射管	53cm連装×2基	53cm3連装	53cm4連装
装甲帯装甲厚(mm)	80(最大)	50	50
砲塔装甲(mm)	85〜140	25	25

始した。射程一万九千七百メートル。

ハーウッド代将は三隻の巡洋艦では、ドイツのポケット戦艦と見られる大型艦にまともに砲撃戦を挑むことは、余りにも無謀と判断していた。しかしハーウッド代将は戦隊司令官としては、今やるべきことは持てる戦力で、可能な限り敵艦に損害を与えるのが最善の策と考え、果敢な砲撃戦に挑むことにしたのである。

イギリス側はこの時まではこのポケット戦艦の実際を正確に把握していなかった。それだけに大きな脅威を抱きながらの砲撃戦となったのであった。

別表にグラーフ・シュペーとイギリス側の三隻の概略要目を示すが、実はグラーフ・シュペーのイギリス巡洋艦に対する優位性は六門の二十八センチ主砲だけで、三隻の巡洋艦の主砲の合計はグラーフ・シュペーに勝り、またその発射速度も早く、目標が巡洋艦側の主砲の射程範囲内に入れば、撃ち出される砲弾の数は圧倒的にイギリス側が勝り、勝利を獲得できる可能性は十分にあったのである。

六時二十分、グラーフ・シュペーの左舷後方の位置にある重巡洋艦エグゼターの前部四門の二十センチ主砲が射撃を開始した。射程一万七千百五十メートル。双方とも速力は二十五ノットであった。その直後の六時二十二分、今度は二隻の軽巡洋艦の前部十五センチ主砲合計八門が射撃を開始した。ここにこの後十三時間続く激しい砲撃戦の火蓋が切られた。

イギリス側が恐れたのは相手は間違いなくポケット戦艦で、そこに装備されている情報による六門の二十八センチ主砲であった。

一方グラーフ・シュペー側にも戸惑いがあった。シュペー側は本来はアウトレンジで敵艦を捕らえ、敵巡洋艦の主砲の射程外からの射撃で敵艦を撃退することが本来の目的であったが、相手が高速の巡洋艦と判明した場合にはそれは通用せず、むしろシュペー側の弱点（薄い装甲）を曝《さら》け出すことになりかねなかったのだ。

事実イギリス巡洋艦は次第に接近してくる気配を見せていた。またイギリスの巡洋艦が二手に分かれて追尾してくることに対しては、グラーフ・シュペーの前後甲板に装備した二基の主砲塔をそれぞれの敵艦に対し振り分けて反撃する必要があり、砲戦力の分散による低下は目に見えていた。三門の二十八センチ砲に対する敵重巡洋艦の六門の二十センチ砲の反撃、三門の二十八センチ砲に対する十二門の敵軽巡洋艦の十五センチ砲の反撃。グラーフ・シュペーの装甲は巡洋艦並みであり、十五センチ砲弾でも装甲は十分に貫通される可能性がある。そして敵の速力はグラーフ・シュペーを凌いでいる。

グラーフ・シュペーのただ一つの強みは、敵巡洋艦戦隊はシュペーの装甲の実態を知らず、その装甲は巡洋艦以上、戦艦並みと思い込んでいる可能性があることだ。つまり敵艦は危険を冒し接近してまでの砲撃戦は行なわないであろうということで、その間により正確な砲撃を繰り返し敵艦を撃退する可能性はあった。ただこの砲撃戦の情報は直ちに伝えられ、より強力な応援部隊が現われることはほぼ確実であった。つまりただ一隻のグラーフ・シュペーのこれ以後の行動計画は、眼前の敵戦隊を撃退しても極めて大きな危険がつきまとうことにならざるを得ないのであった。

第39図　ラプラタ沖海戦戦闘海域図

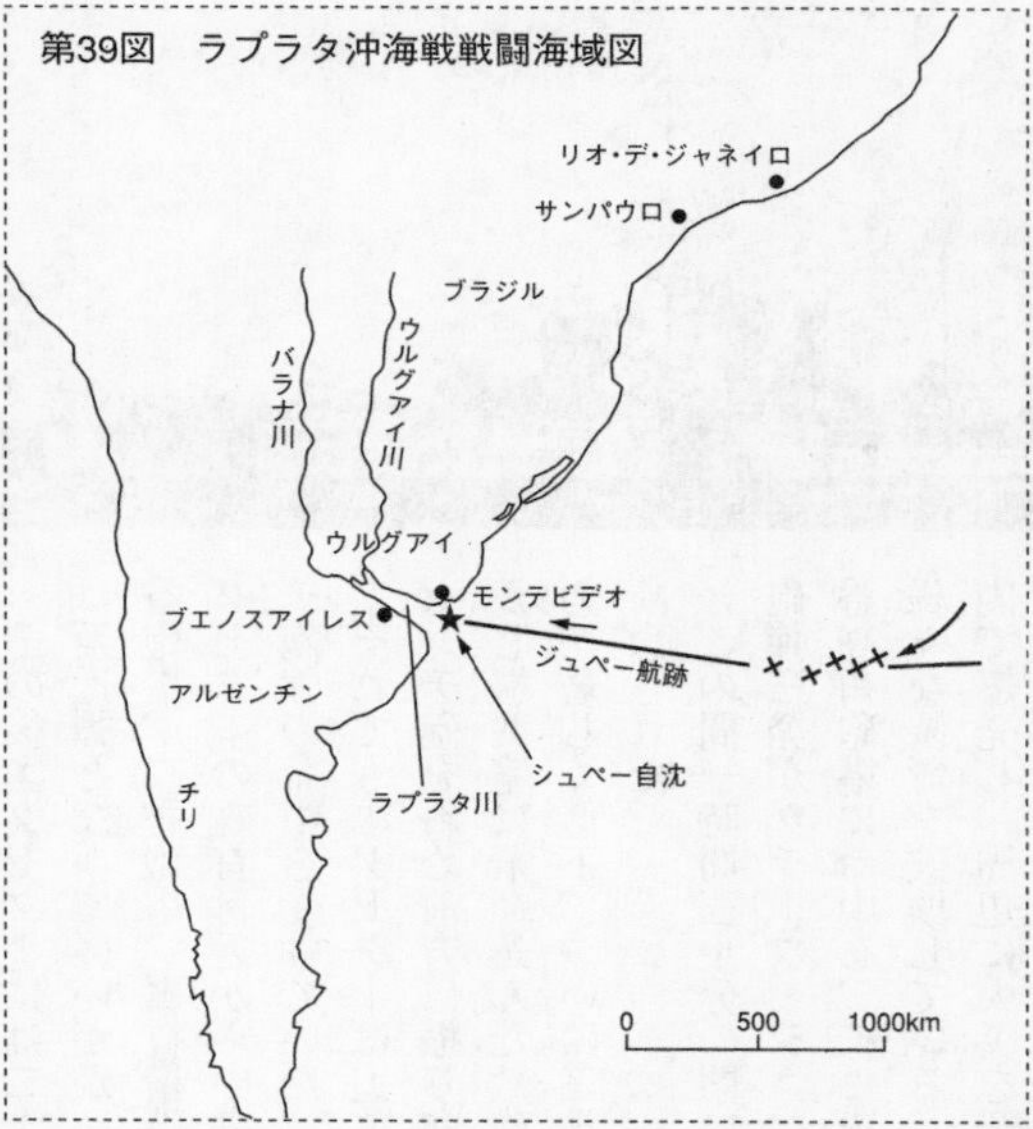

　シュペーの照準は極めて正確であった。午前六時二十三分、射程一万七千百メートルでエグゼターはシュペーの二十八センチ砲弾六発に立て続けに挟叉された。そしてその直後に二十八センチ砲弾一発がエグゼターの二番砲塔を直撃し、これを使用不能に破壊した。

重巡洋艦エグゼター

その後エグゼターには二十八センチ砲弾が次々と命中あるいは至近弾となって襲いかかった。今や重巡洋艦エグゼターの一番砲塔、二番砲塔、艦橋構造物、前部甲板など、追跡姿勢のエグゼターの艦首付近から中央部にかけて合計七発の二十八センチ砲弾の命中を受けていた。

それでもエグゼターは追跡姿勢を止めず、艦尾の二門の二十センチ砲を斜め前方に振り向けて果敢な反撃射撃を続けた。しかし機関室に飛び込んだ敵砲弾は発電機などを損傷させ発電能力が著しく低下、ついに三番砲塔の操作が不可能になり砲撃は断念された。

この間一時間三十分の間にエグゼターの発射した二十センチ砲弾三発がグラーフ・シュペーに命中している。一発は左舷一番高角砲塔に命中し、そこを貫通した砲弾は下の甲板で爆発し、様々な装置を破壊している。また一発は左舷装甲帯を貫通し艦内で爆発し、周辺に火災を発生させた。

三発目は艦橋構造物の左舷基部に命中したが、幅の狭い基部を左舷から右舷に貫通しただけで損害はなかった。

この間二隻の軽巡洋艦の追跡は続いた。そしてグラーフ・シユペーの弾着が近弾になるたびに煙幕を展開し敵の照準をくらます戦法を繰り返した。二隻の軽巡洋艦は最終的には二千発を超える十五センチ砲弾を発射したが、戦闘終了時までにグラーフ・シュペーには合計十七発の十五センチ砲弾が命中した。これら十五センチ砲弾の全ては上甲板以上の上部構造物に命中していた。この中の三発はシュペーの前後の砲塔に命中しているが、装甲を貫通することはできなかった。

それ以外の十四発は全て上部構造物の薄い鋼板を貫通し内部で爆発しているために、艦内各所で部分的な破壊が生じ火災が発生しているが、全ての火災は消火された。そしてこの砲撃戦ではグラーフ・シュペーの機関部は健全なままであった。しかし同艦にとっての心配事は二十八センチ砲の残弾が限界以下に減っていることであった。

弾丸の補給は補給艦との会合によって洋上で補給することは可能であるが、今や所在の知れたシュペーは洋上で極秘に補給艦と会合することは不可能であった。

この追撃戦で二隻の軽巡洋艦にもそれぞれ数発の二十八センチ砲弾が命中している。最大の損害はエイジャックスの三番砲塔に砲弾が命中し、砲塔が使用不能になったことであった。エイジャックスもアキリーズも命中弾が艦内で爆発し、艦内電路が損傷するという被害もあったが、それらは大規模な被害にはならず、最後までグラーフ・シュペーの追跡を続けることができた。

グラーフ・シュペーのラングスドルフ艦長は熟慮の末、同艦の針路をラプラタ川河口左岸に位置するウルグアイのモンテビデオ港に向けた。ここはこの戦争にまだ中立であったのだ。

重巡洋艦エイジャックス

彼はここで艦の応急の手入れと補給を試みようとしていた。そしてもし機会が訪れれば再び大西洋のどこかに溶け込もうとしたのである。しかしこの間にイギリス艦隊はより強力な戦隊を派遣してくる可能性は十分にあった。その場合はグラーフ・シュペーはこの地から逃げ出すことは不可能であった。ところが一方のイギリス側はこの時には頼みの重巡洋艦のエグゼターは戦闘続行不可能な状態にあり、二隻の軽巡洋艦も砲弾のほとんどを使い尽くしており、追撃戦は不可能な状態になっていた。またもう一隻の重巡洋艦カンバーランドはフォークランド基地から出撃していたが、シュペーが出港した場合には間に合う可能性はなかった。追うものと追われるものとは互いに現状がわからず、疑心暗鬼の中にあったのである。

ここでドイツ側にとっての試練が訪れた。グラーフ・シュペーはモンテビデオ港での長期停泊はウルグアイ政府の方針で不可能となった。直ちに出港することを要請してきたのだ。十二月十七日午後八時五十四分、ラプラタ河口のウルグアイの領海外に出たグラーフ・シュペーは自爆装置を作動させ爆沈した。そしてラングスドルフ艦長はこの事態に至った責任をとりピストル自殺を遂げた。

この戦いの結果は、いかに優れた射撃照準装置をもってしても、射程一万五千メートルを超える砲撃戦では命中精度は極めて悪く、命中率は一パーセント台を保つことすら容易ではないことが実証されたことになった。近接戦闘ならいざ知らず、海上での艦砲の中距離・長距離射程の砲撃戦の非効率さが、戦争勃発と同時に実証されてしまったことになったのである。


その5●戦艦ビスマルク追撃戦（一九四一年五月二十四日～二十七日）

この海戦は古今の戦艦同士の砲撃戦の中でも、四万トンを超える巨艦が互いに砲撃戦を展開した直後のわずかな時間の間に、一方が相手の砲弾の命中で一瞬にして撃沈（爆沈）されたものとして、唯一無二の戦いとしてあまりにも有名である。

この戦いの二隻の主役とは、一方がドイツの新鋭巨艦ビスマルク（基準排水量四万一千七百トン）で、一方がイギリス海軍最大の巨艦の一隻フッド（基準排水量四万二千七百五十トン）であった。

ドイツは一九三六年に二隻の戦艦の建造に入った。イギリスとドイツの間にはドイツの再軍備開始後に新たな英独海軍協定が結ばれ、ドイツが新たに建造する戦艦については基準排水量三万五千トンを越さないという制限が定められた。

ドイツは表向きはこの協定に違反しない中での新戦艦の建造を開始したが、その戦艦の実際の基準排水量は、協定の数値を逸脱した四万一千七百トンという巨艦であり、続いて起工された二番艦は一番艦を上回る四万二千九百トンであった。この事実は当然極秘であった。

イギリスはこの二隻の戦艦の建造についてはドイツが当然協定を遵守するものと信じ、これに対抗できる新型戦艦キング・ジョージ五世級（基準排水量三万六千七百五十トン）五隻の建造に入った。

しかしここでイギリスは新鋭戦艦の主砲の選択に齟齬《そご》をきたしていた。新鋭戦艦キング・ジョージ五世の主砲は十四インチ（三十六センチ）を採用したのである。これに対しドイツの新鋭戦艦の主砲は十五インチ（三十八センチ）であった。イギリスの新戦艦の建造は進んでおり、新しいドイツ戦艦の巨砲に対抗できる砲を搭載するには時間がなかった。ドイツの新戦艦の実態を知った時、その存在はイギリス海軍にとっては極めて重大な脅威となったのである。

ドイツの新戦艦ビスマルクは一九四〇年八月に完成した。そして二番艦ティルピッツは一九四一年二月であった。

ドイツの二隻の巨艦の砲戦力と防御力はイギリスの四十センチ主砲搭載のネルソン、ロドネー、キング・ジョージ五世級よりも格段に優れていた。主砲は四十七口径三十八センチ砲八門（連装砲塔四基）で、その最大射程は三万六千メートルを超えた。また副砲は五十五口径の長砲身の十五センチ砲十二門（連装砲塔六基）で、最高速力は三十・八ノットという高速を発揮した。

戦艦ビスマルク

装甲は最新技術を駆使した鋼板で造られていた。新たにクルップ社が開発したニッケル・モリブデン鋼を採用していることが特徴で、この装甲板はドイツでは当時の世界の装甲板の中では最も強靭とうたっていた。

装甲は舷側の装甲帯で三百二十ミリ、吃水線下で百七十ミリ、水平甲板で百十ミリ、砲塔百三十〜三百六十ミリ、司令塔二百二十〜三百五十ミリという重防御で、三十六センチ砲の水平射撃での舷側の貫通は不可能であった。ただ三十八センチ砲の遠距離砲撃（垂直着弾）に対しては貫通される可能性はあった。

イギリス戦艦でビスマルク級に対抗できる主砲と速力を持つ艦は、元巡洋戦艦のフッド、レパルス、レナウンの三隻だけであった。

この三隻の主砲は三十八センチ砲八門で、最高速力は二十九・五ノットを発揮したが、装甲はビスマルク級に対して劣っていた。

特に水平甲板の装甲はビスマルク級の百十ミリに対し五十一ミリと脆弱であると同時に、主砲の最大射程が数千メートルも短かった。

ビスマルク級が完成した時、ドイツ海軍がイギリス海軍に対し絶対的に優位にあったものに光学照準器の完成度の高さがあった。この伝統は第一次大戦のユトランド沖海戦の時にすでに証明済みであった。そしてその後二十年間でより一層の進歩が遂げられていたのだ。射撃照準装置の完成度の高さは射程二万五千メートルを超える遠距離射撃では、砲撃戦を大幅に有利に導くものであった。

しかしドイツ海軍はこの二隻の戦艦がいかに優れていようとも、イギリス海軍の戦艦部隊とまともに砲火を交える意志は全くなかった。当然のことながらその用途は通商破壊作戦であり、迎撃に現われるイギリス海軍の戦艦に対して十分に対抗できる艦として完成させたのであった。

ドイツ海軍は一九四一年五月に、新鋭戦艦ビスマルクと二隻の巡洋戦艦（シャルンホルストとグナイゼナウ）、そして一隻の新鋭重巡洋艦（プリンツオイゲン）の四隻で、イギリスへ向かう輸送船団を襲撃する撃滅大作戦「ライン作戦」を発動した。

しかしこの時参加すべき二隻の巡洋戦艦は修理のために占領したフランスのブレスト軍港にあり、ビスマルクとプリンツオイゲンと共同作戦を展開することが不可能であった。そこでドイツ海軍はとりあえずこの二隻で北極海から大西洋に出て、予定の通商破壊作戦を展開することになった。そして予定の作戦を展開した後にブレスト軍港に寄港し、あらためて四隻で作戦を展開することになった。

戦艦フッド

一九四一年五月十八日、ビスマルクとプリンツオイゲンの二隻は東欧のグディニア軍港を出港した。そしてカテガット海峡とスカゲラーク海峡を通過し北極海に出た。そしてその後はグリーンランド島とアイスランド島を隔てるデンマーク海峡を通過し、大西洋に出る予定であった。しかし早くもスカゲラーク海峡を通過する二隻は中立国スウェーデン海軍の監視艇によって発見されており、この情報は直ちにイギリス海軍に送られた。

緊張の走ったイギリス海軍は直ちに本国艦隊による迎撃態勢が整えられた。五月二十一日には哨戒行動中の二隻のイギリス巡洋艦がデンマーク海峡を南進する二隻のドイツ艦を発見した。

この情報を受けたイギリス本国艦隊は直ちに戦艦フッドと新鋭戦艦プリンス・オブ・ウェールズ（キング・ジョージ五世級の二番艦）、新鋭空母ヴィクトリアスをデンマーク海峡に向けて出撃させた。

五月二十四日、早朝にイギリスの二隻の戦艦フッドとプリンス・オブ・ウェールズは前方に二隻のドイツ艦を

戦艦プリンス・オブ・ウェールズ

発見した。

午前五時五十二分、フッドの三十八センチ砲が先頭を進むドイツ巡洋艦に向けて発砲した。距離一万八千メートル。

一方ドイツ戦艦ビスマルクは午前五時五十五分に、先頭を進むイギリスの戦艦に対し三十八センチ砲の射撃を開始した。距離一万七千メートル。

ビスマルクが五斉射を終えた直後、目標の敵先頭艦から猛烈な爆煙が立ち昇ると、それから数分後に押し殺すような爆音が聞こえてきた。そのときには目標の敵艦の姿は海上から姿を消していたのである。ビスマルクの砲弾の直撃で先頭の大型艦は一瞬にして爆沈してしまったのだ。その先頭艦は戦艦フッドであった。

フッドの爆沈で三名を除き乗組員の全て千四百十二名が艦と共に海底に沈んだのである。

フッドはビスマルクの放った三十八センチ砲弾が弾火薬庫を直撃したらしいのだ。

その後、ビスマルクは砲撃目標をフッドに続く二番艦（プリンス・オブ・ウェールズ）に向けた。ここでもビスマルクの主砲弾は射撃開始後間もなくに二番艦の司令塔に命中した。そして三百二十ミリの装甲を貫通し、そこにいた司令塔要員全員を死傷させたのである。

この命中弾のためにプリンス・オブ・ウェールズの射撃と操艦機能が一時的にマヒしたのである。そしてその直後に今度は吃水線直下の装甲にも三十八センチ砲弾三発が立て続けに命中し、装甲を貫通すると艦内で爆発した。艦内では浸水が始まりプリンス・オブ・ウェールズは戦闘海域から離脱しなければならなかった。この時の同艦の浸水量は二千トンに達し、イギリス側のビスマルク追撃戦は一時中断する止むなきに至ったのだ。

ソードフィッシュ艦上雷撃機

イギリス最大の戦艦フッドの轟沈と新鋭戦艦プリンス・オブ・ウェールズの損害は、イギリス海軍にとっては大きな衝撃であった。特に射程一万七千メートル以上での極めて短時間の間でドイツ戦艦の命中弾を受けたということは、よほど正確かつ精密な射撃照準装置と射撃システムの存在を示すものであった。

イギリス海軍としては何がなんでもビスマルク撃滅を実行しなければならない。本国艦隊を中心に出撃可能な全ての大型艦を出撃させ、ビスマルクの追撃戦を展開することになった。

この間イギリス側は巡洋艦二隻がビスマルクを追跡し接触を保つことに努めた。一方ドイツ側はプリンツ・オイゲンとビスマルクの二手に分かれ、ブレスト軍港に向かおうとしていた。

五月二十四日夜、戦艦フッドを失い戦艦プリンス・オブ・ウェールズとも離れただ一隻になった空母ヴィクトリアスは、まだ薄明かりの中視界が確保されている午後十時、雷装した九機の艦上雷撃機（フェアリー・ソードフィシュ）を発艦させ、ビスマルクに向かわせた。二隻の巡洋艦の誘導と一機の雷撃機が搭載する機上レーダーの力を借り、九機は二十五日午前零時にビスマルクに接触することに成功したのだ。

この雷撃機は羽布張り複葉で最高速力時速二百五十キロという、時代離れした古風な機体であったが、むしろこのような低速で安定性の良い飛行機であったからこそ、このような危険な夜間雷撃任務が可能であったのだ。

九機はビスマルクに対する雷撃を展開したが、さすがに暗夜での雷撃は極端な困難を伴い、辛うじて一機の投下した魚雷がビスマルクの艦首右舷に命中したのが認められたが、ビスマルクの航行に支障を来すものではなかった。そしてこの直後からイギリス海軍はビスマルクとの接触が絶えたのである。

一日置いた五月二十六日午前十時三十分、イギリスの哨戒部隊がフランスのブレスト軍港の西北西約九百キロの地点でビスマルクを発見した。

この時点でイギリス海軍がビスマルク攻撃に向かわせていた戦力は、ジブラルタル基地を

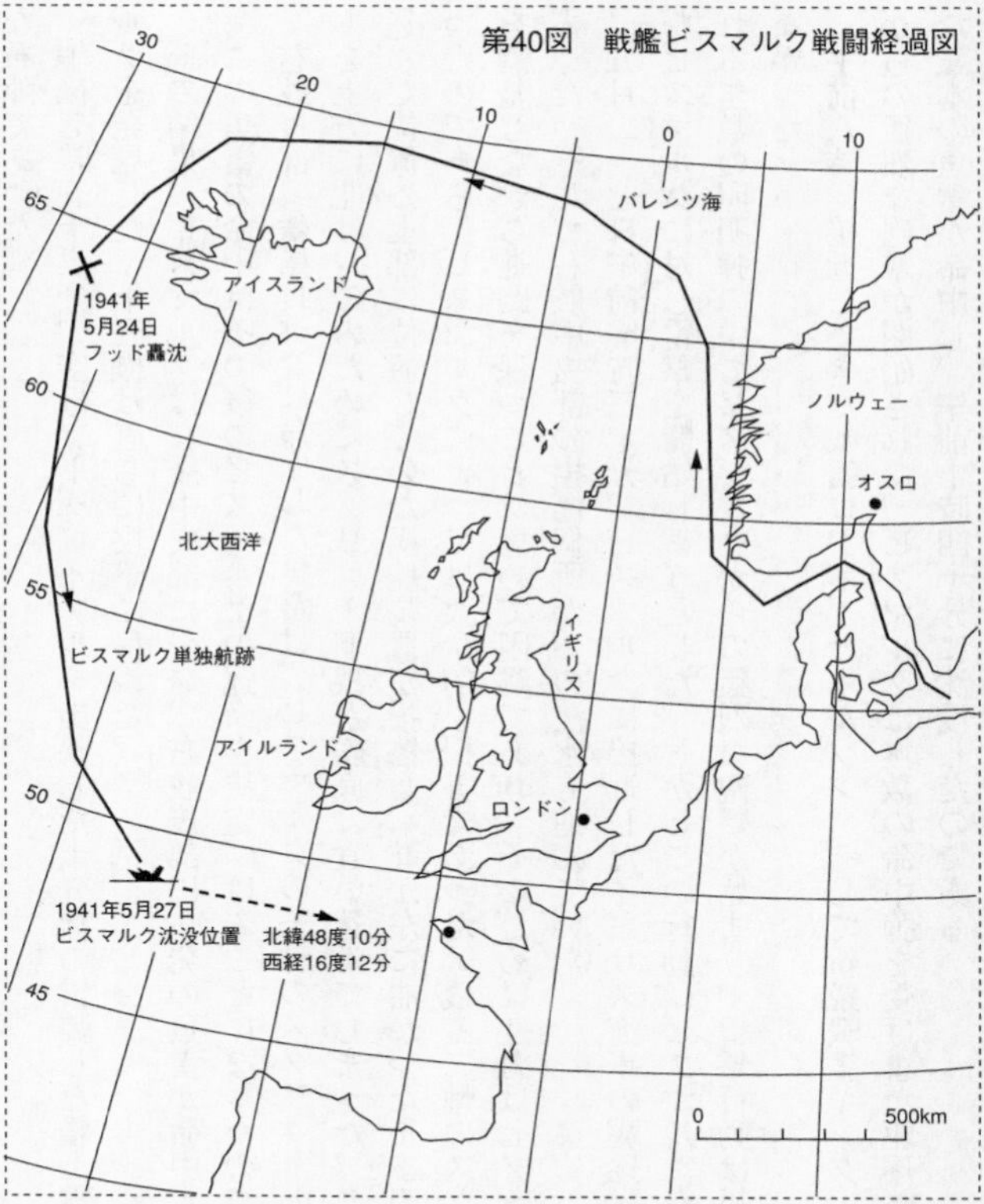

出撃した戦艦レナウンと空母アークロイアル他、本国艦隊の戦艦部隊を含めても四十センチ主砲搭載の戦艦ロドネー、ネルソン等戦艦八隻、空母二隻、重巡洋艦四隻、軽巡洋艦七隻と、わずか一隻の敵戦艦の迎撃戦に対してはあまりにも強力

な布陣であった。

午後七時五十三分、空母アークロイアルを出撃した十五機の雷装した艦上雷撃機がビスマルクを発見した。十五機は直ちに攻撃に移った。

その結果、ビスマルクは右舷中央部に一発、右舷後部に一発の魚雷が命中したのであった。この魚雷の命中はその後のビスマルクの運命を決定づけることになったのである。

右舷後部（艦尾付近）に命中した魚雷は、ビスマルクの三軸のスクリューの中央部シャフトを上方に曲げ、このためにスクリュー羽根が艦底に食い込んでしまった。この結果、食い込んだ位置の上部に位置していた操舵装置が損傷し、舵が左に曲がったまま固定されてしまったのである。ビスマルクにとっては致命的な損害であった。残る二軸のスクリューの回転を調整しながら進路を保つことは極めて困難であり、そのために速力は七ノットに落ちてしまった。そして右舷中央部の損傷個所からの浸水も進んでいた。

五月二十七日午前零時三十分、ビスマルクに接近したイギリス海軍の駆逐隊が、微速で進むビスマルクに対し雷撃を開始しようとした。しかしこの行動はビスマルクから撃ち上げられる無数の照明弾の中でビスマルクからの猛烈な砲撃が始まり、雷撃行動は頓挫せざるを得なかった。

午前八時、接近してきた戦艦ロドネーとネルソン、そして新鋭戦艦キング・ジョージ五世からの猛烈な砲撃が開始された。ビスマルクは無数の命中弾を受けまた駆逐艦から発射された三本の魚雷が命中し、午前十時四十分に沈没したのである。

ビスマルクに対する砲撃は射程も短く猛烈であった。そしてビスマルクは転覆し全乗組員二千二百六名中救助されたのはわずかに百十五名だけであった。

この時の砲撃ではイギリス戦艦の四十センチと三十六センチ砲弾、さらに一隻の重巡洋艦の二十センチ砲弾約四百発が命中したとされている。戦史にもない滅多撃ちである。

一九八九年にアメリカとイギリスの海中捜索隊の手によって、沈没したビスマルクの残骸が水深四千七百メートルの海底で発見された。この時の調査の結果結論づけられたことは、ビスマルクの強靱な垂直装甲を貫通した砲弾はほとんどなかったが、装甲の薄い船体上部構造物は激しく破壊されていることが判明した。しかしこれが直接の沈没の原因にはなっていないということであった。つまりイギリス海軍は最終的にはビスマルクを追いつめたが、戦艦の主砲弾による水平射撃に近い近距離射撃に終始したために、比較的装甲が脆弱であった水平甲板を貫通するような垂直落下の砲弾は命中しておらず、弾火薬庫などへの直撃や機関や缶室へのダメージも少なく、結局ビスマルクを撃沈した直接の原因は航空魚雷の命中による浸水によった、と結論づけられたのであった。

一方、イギリスの戦艦フッドの爆沈の原因は何であったのか。当初より距離一万七千メートルで撃ち出されたビスマルクの遠距離射撃の垂直落下砲弾が、ただでさえ脆弱なフッドの水平装甲板（厚さ五十一～七十五ミリ）を貫通し、さらに数層の薄い甲板鋼板を貫通し弾火薬庫を直撃したとする説が有力であった。

その後、爆沈の原因については様々な異論が出されたが、最終的にはこの砲撃戦におけるビスマルクの砲弾の落下角度は十四度を超えることはないと結論づけられた。つまりフッドの水平甲板にビスマルクの砲弾が垂直落下する可能性はほとんど無く、三十八センチ砲弾は命中角度十四度でフッドの舷側装甲（三百五ミリ）を貫通し、弾火薬庫に命中したものである、という説が公式な説明となったのである。

この海戦での独英間の砲撃戦を見る限り、ビスマルクの四十七口径三十八センチ主砲（砲身長十七・八メートル）は、イギリスの戦艦ロドネーやネルソンの四十五口径四十センチ主砲（砲身長十八メートル）より初速において優り、また優れた徹甲弾の弾頭の強度から貫通力が勝っていたということができるようである。

その6●第三次ソロモン海戦（一九四二年十一月十二日〜十五日）

この海戦はその双方の砲撃戦の激しさにおいては、第二次大戦で展開された軍艦同士の砲撃戦の中でも屈指のものといえた。

一九四二年十一月十二日から十五日にかけて、ソロモン諸島のガダルカナル島周辺で展開された戦いには、日米合わせて空母一隻、戦艦四隻、巡洋艦十三隻、駆逐艦二十八隻が投入され、彼我入り乱れるという一昔前の帆船時代の砲撃戦を再現させたような至近距離の砲撃戦が展開された。そしてその結果、双方合わせて戦艦二隻、巡洋艦三隻、駆逐艦十隻が沈没し、戦艦一隻、巡洋艦五隻、駆逐艦五隻が大中破するという、参加艦艇の半数以上が損傷または沈没する大乱戦となったのである。またこの戦闘による双方の乗組員の戦死者は三千六百名を超えたのであった。

　一九四二年八月六日、アメリカ軍のソロモン諸島ガダルカナル島に対する強襲上陸作戦は、日本側にとってはまさに寝耳に水の出来事であった。日本軍のガダルカナル島守備隊と飛行場設営隊と、対岸のツラギ守備隊は全滅した。そしてソロモン諸島最前線の基地となるはずのガダルカナル飛行場は敵の手に落ちた。

　この基地と島を失うことは、日本軍にとっては今後のソロモン諸島方面の防衛に大きなクサビを打ち込まれたに等しく、全力上げてガダルカナル島を奪還しなければならなかった。以来ガダルカナル島を巡る日米両軍の戦いは激烈を極め、一九四三年二月の日本軍のガダルカナル島残存部隊の撤退までの六ヵ月間は、周辺海域での海戦、空戦、そして島を巡る陸上戦の連続であった。

　その中で展開された一九四二年十一月十二日〜十五日の間に戦われた、日米両海軍の戦艦、巡洋艦、駆逐艦を巡る戦いは、日米双方で激烈な海戦として有名であり、日本側では第三次ソロモン海戦、アメリカ側ではガダルカナル海戦と呼び記憶に刻み込まれている。

　日本陸軍は八月十八日以降五回にわたり、合計二万八千名を超える戦闘部隊を、輸送船あるいは駆逐艦に分乗させてガダルカナル島に再上陸させ、米軍飛行場であるヘンダーソン飛行場奪取の攻撃を行なった。

　しかしこの日本軍上陸部隊は、途中で米軍航空機により輸送船を撃沈されたり、上陸中を航空攻撃を受けたり、陸上戦では強力な待ち伏せ攻撃に遭遇したり、次々と作戦は失敗に終わっていた。

十一月に入り、日本陸軍は新たに六千名の部隊と重火器や大量の弾薬、さらに残存する上陸部隊のための食料を、六隻の高速貨物船によってガダルカナル島に送り込む強行上陸作戦を企てた。そしてこれら上陸決行は十一月十五日午後八時と定められた。この強行上陸作戦は是が非でも成功させねばならず、陸海共同作戦で十分な事前攻撃を行なう中で決行することになった。

日本海軍は十一月十二日から十三日にかけての深夜、護衛の水雷戦隊（軽巡洋艦一隻、駆逐艦十六隻）で守られた戦艦二隻をガダルカナル島北側に侵入させ、三十六センチ砲十六門の連続射撃でヘンダーソン飛行場を砲撃する計画であった。攻撃部隊は計画にしたがって深夜のガダルカナル島の北側海域に侵入していった。

ところが同じ十一月十三日、アメリカ陸軍のガダルカナル島守備隊の増援部隊の上陸が行なわれる予定になっており、輸送船団を護衛するアメリカ海軍の巡洋艦と駆逐艦から成る戦隊が同じガダルカナル島の北側海域に侵入してきたのであった。アメリカ側の戦力は重巡洋艦二隻、軽巡洋艦三隻、駆逐艦九隻であった。

日米戦隊とも侵入に際して互いに索敵行動を怠っていた。双方の艦艇は相手を発見しないまま進んでいたが、距離五百メートルから千五百メートルに接近した時、暗夜の中に互いの姿を発見したのであった。後はまさに乱戦であった。

互いに発見した最近距離の敵艦に対する砲撃から始まった。そして駆逐艦は魚雷攻撃を展

戦艦「霧島」

開した。日本の二隻の戦艦「比叡」と「霧島」は三十六センチ主砲と十四センチ副砲で、至近距離の敵艦に対して水平射撃の砲撃を開始した。その上に十二・七センチ高角砲も砲撃に加わり、二十五ミリ機銃まで水平射撃を展開するという、持てる飛び道具全てを発射するという猛烈な双方の砲撃、銃撃戦となった。

当然のことながら軽巡洋艦も駆逐艦も次々と魚雷を発射すると同時に装備された十四センチ砲や十二・七センチ砲で目前の敵艦を砲撃した。近代の海戦でこれほどの乱戦はその例を見ない。

当然のことながらアメリカ側の巡洋艦も駆逐艦も二十センチ主砲や十五センチ主砲を撃ち返してきた。日米双方共にどの艦が撃った砲弾がどの艦に命中したかなど、判定する余裕もなかったのである。

この戦いは日本側の敵艦の発見に始まり日本側の先制攻撃で常に有利な状態での砲撃戦が展開し、アメリカ側は完全に守勢に立たされていた。しかし予定されていた日本側の飛行場砲撃は中止され、夜が明ける前に日本の攻撃部隊は反転し、再度の攻撃に備えて帰路についていた。

夜が明けたガダルカナル島の北側海域にはアメリカの各種艦艇がまさに散乱していた。アメリカ側の損害は軽巡洋艦アトランタ沈没、同じく軽巡洋艦ジュノー大破(退避の途中、日本の潜水艦の雷撃を浮け沈没)、重巡洋艦サンフランシスコ大破、同ポートランド大破、軽巡洋艦ヘレナ大破、駆逐艦四隻沈没、三隻大破。

健在であったのは駆逐艦二隻だけであった。まさに護衛戦隊全滅である。しかも乱戦の中で上陸支援部隊司令官（キャラガン海軍少将）は戦死し、副司令官（スコット海軍少将）も戦死していたのであった。

ただこの海戦のアメリカ側の記録によると、撃沈されたアメリカ艦艇のほとんどは砲撃の結果ではなく魚雷の命中が致命傷になっている模様であった。

しかし損害を受けたのはアメリカ側だけではなかった。帰路についた日本の攻撃部隊は途中航空攻撃を受けた。無傷のヘンダーソン飛行場から飛び立ったアメリカ海兵隊航空隊の攻撃機と、近海を遊弋中であったアメリカ海軍空母エンタープライズから出撃した艦上爆撃機と艦上攻撃機が戦艦「比叡」を攻撃した。損傷が激しく航行不能となった「比叡」は友軍の駆逐艦の雷撃で失われた。

ただこの砲撃戦では日本側には大きな誤算があった。それはヘンダーソン飛行場の艦砲射撃の準備をしていた日本の二隻の戦艦は、射撃直前の状態にあったために準備されていた砲弾は、陸上砲撃用の特殊な榴弾であった。これは榴弾といっても弾着と同時に強力な爆圧と燃焼を伴うものではなく、弾着と同時に砲弾内部に充填されている無数の一種の焼夷弾が飛び散るもので、対艦攻撃でこれを相手艦に命中させても、通常の榴弾のような損害を与えることができず、攻撃力としては弱いものであった。ただ弾着と共に飛び散る無数の焼夷弾は敵艦に少なからずの損傷、特に人的な損害を多く与えることにはなったのである。

戦艦によるヘンダーソン飛行場の攻撃に失敗した日本側は、翌十三日から十四日の深夜にかけて、急遽、巡洋艦部隊をヘンダーソン飛行場攻撃に向かわせたのである。敵側が二日連続での夜襲は「ない」とする油断をついての攻撃であった。

第41図　第3次ソロモン海戦戦闘海域図

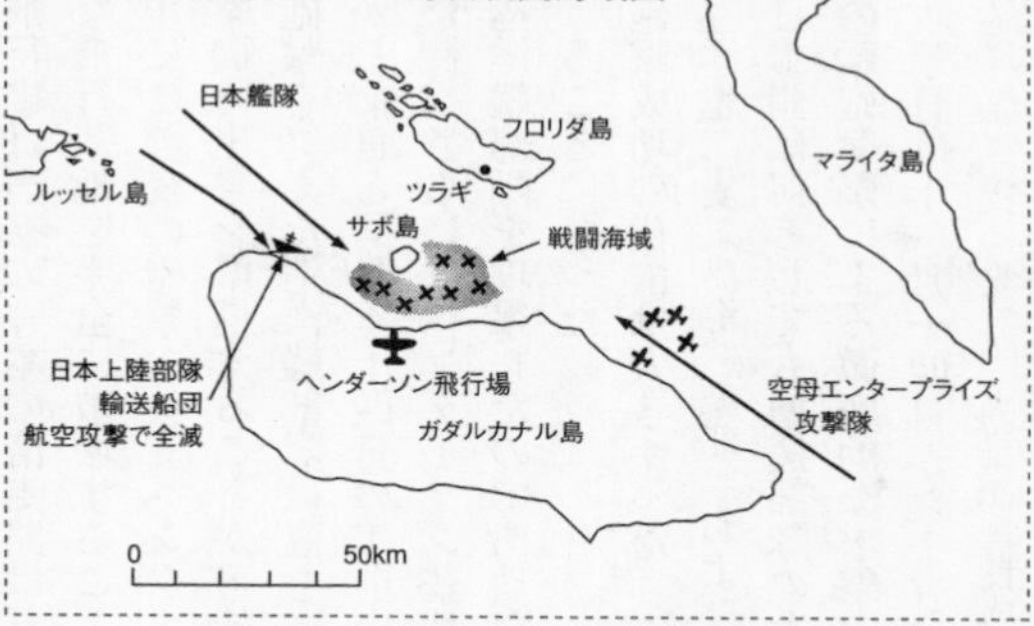

巡洋艦戦隊の戦力は重巡洋艦四隻、軽巡洋艦二隻、駆逐艦四隻であった。この夜の艦砲射撃は成功した。発射した砲弾は二十センチ砲弾九百八十九発であった。しかし戦艦の三十六センチ砲弾に比べ破壊力の劣る二十センチ砲弾の威力がいか程であったか、敵飛行場にどの程度の損害を与えたかは不明であった。特にアメリカの飛行場建設能力は機械力を駆使した、日本とはおよそ桁違いの作業量で進めるために、十一月の時点ではヘンダーソ

ン飛行場は当初の一本の滑走路は三本に増加していた。それだけに限定された砲弾でこの広大な飛行基地を完全に破壊することはとうてい困難であったのだ。

現にこの夜の砲撃の後、ヘンダーソン基地では破壊を免れた海兵隊航空隊の戦闘機や艦上爆撃機で出撃を準備することが可能であったのである。

砲撃を終えた巡洋艦部隊は直ちに砲撃海域を離脱し北西に針路をとり帰路についていた。しかし前日と同じく十四日の午前中、米空母エンタープライズを出撃した艦上攻撃機や艦上爆撃機、さらにはヘンダーソン基地を出撃した海兵隊航空隊の攻撃部隊が、帰路につく日本の巡洋艦部隊を攻撃したのであった。味方戦闘機の護衛もない巡洋艦部隊は敵の集中攻撃を受けることになった。

砲撃成功の代償は大きかった。この航空攻撃で日本側は重巡洋艦一隻（衣笠）が撃沈され、重巡洋艦二隻（鳥海、摩耶）および軽巡洋艦一隻（五十鈴）がそれぞれ大きな損害を受けた。

日本側は何としても増援部隊の上陸を成功させる必要があり、さらなるヘンダーソン飛行場の艦砲射撃による徹底的な攻撃を計画し、直ちに実行に移したのである。

攻撃日は十一月十四日から十五日にかけての深夜とし、その攻撃部隊は戦艦一隻（霧島）、重巡洋艦二隻（愛宕、高雄）、軽巡洋艦二隻（長良、川内）、駆逐艦九隻であった。広大な飛行場に徹底した艦砲射撃を行なうには戦力はとうてい不十分であったが決行が急がれた。

攻撃部隊の編成は戦艦と二隻の重巡洋艦が艦砲射撃部隊で、これを二つの水雷戦隊で守るという手段であった。

戦艦サウスダコタ

一方アメリカ側はこの再度の砲撃部隊の突入を日本側の暗号の傍受と解読で事前に探知していた。そして空母エンタープライズ機動部隊の護衛艦艇の中から、新鋭戦艦二隻（ワシントン、サウスダコタ）と駆逐艦四隻を、日本の攻撃部隊の阻止のためにガダルカナル島の北側海域に待ち伏せ待機させることになっていた。この時二隻のアメリカ戦艦は最新式のレーダーを搭載しており、暗夜の中での敵艦艇の早期発見に備えていたのだ。ただアメリカ側にとってのこの時の弱点は、戦艦と駆逐艦の六隻の戦隊はにわかに仕立てられた防衛部隊であり、戦闘行動に関する行動序列というものはほとんど準備されていないに等しかった。

十五日未明、戦艦ワシントンのレーダーが日本の攻撃部隊の侵入を探知した。しかしアメリカ側の準備不足と不馴れや連絡の遅れ、さらに日本側の敵発見の遅れから、戦闘は彼我九千メートル以内になって初めて開始されることになった。またもや二日前のような乱戦が始まった。

この時も日本側の砲撃部隊は陸上砲撃用の大量の特殊榴弾を準備しており、敵艦攻撃用の徹甲弾や徹甲榴弾は弾火薬庫内に置かれている状態で、急場には間に合わない状態になっていたのだ。

日本側戦艦一隻と重巡洋艦二隻対アメリカ側二隻の戦艦の間で猛烈な砲撃戦が始まった。日本側の戦艦「霧島」はここでも特殊榴弾で敵戦艦に立ち向かわなければならなかった。その一方で二隻の重巡洋艦は至急の徹甲弾の準備によって、何とか徹甲弾による砲撃を開始した。

ところが「霧島」の発射した榴弾が敵戦艦サウスダコタの電源装置を遮断し以後の主砲の砲撃が不可能になったのである。このためにサウスダコタは戦列を離れることになった。ところがもう一隻の戦艦ワシントンは、距離八千四百メートルで主砲のレーダー射撃を開始したのである。世界の海戦史上初めての本格的なレーダー射撃である。

戦艦ワシントンのレーダー射撃は極めて優れた結果をもたらした。戦艦「霧島」は無数の四十センチ砲弾の直撃を受け甚大な損害を出し、たちまち戦闘力を失った。

戦艦「霧島」の主砲は三十六センチ、水線装甲帯は二百五ミリ、砲塔と司令塔の装甲は二百五十四ミリ。これに対する新鋭戦艦ワシントンの主砲は四十センチ、水線装甲は三百五ミリ、砲塔と司令塔の装甲は四百六ミリと砲戦力と防御には格段の違いがあった。「霧島」の舷側装甲帯などはワシントンの四十センチ主砲の徹甲弾によって容易に貫通された。

一方、暗夜の中「霧島」は八千メートル先の敵艦を確認することが難しく、たとえ榴弾であったとしても直撃弾を与えることは至難であった。日本側は当然のことながらレーダー射撃の存在を知らなかった。二隻の重巡洋艦も敵戦艦に対する砲撃を開始したが、相手の強靱な装甲は二十センチ砲では容易に撃ち抜くことはできなかった。また水雷戦隊は敵戦艦と駆逐艦に対し雷撃を決行したが、期待した結果は得られなかった。そしてこの間に駆逐艦一隻が戦艦ワシントンの砲撃によって撃沈された。

この夜の日本側の戦果は敵駆逐艦一隻の撃沈に終わったのである。日本側の奇襲砲撃作戦は完全な失敗に終わった。

この襲撃の間隙を縫って決行するはずであった日本陸軍部隊のガダルカナル島への再上陸作戦は、輸送船団が敵航空母艦の艦載機や健在なヘンダーソン基地を出撃した米海兵隊航空隊の航空機の猛攻にほぼ全滅し、また一部上陸を終えていた部隊も海岸に集積された武器弾薬・糧秣が敵航空機の攻撃の的になり、ほとんどが灰燼に帰しガダルカナル島に残留していた陸軍部隊とこれら新規の上陸部隊は、翌年二月に撤収作戦が行なわれるまで、食料の欠乏にさいなまれる飢餓の部隊となり、戦闘力は完全に失われたに等しくなったのである。

この再上陸作戦に投入された日本の輸送船は延べ十六隻にのぼり、その全てが日本を代表する優秀貨物船であった。そしてこの中で被弾しながらも辛うじて生還したのはわずかに二隻だけであった。

この連夜にわたる激しい夜間海戦は、その激烈さや新技術の採用や作戦の特異性などから、近代の海上戦闘でも特筆すべき内容となったが、ここで注目したいのは海上戦闘が単に砲撃戦や魚雷戦だけではなく、航空攻撃が付加されてくるという特徴を持つようになり、決定的な戦果は航空機による爆弾攻撃や魚雷攻撃によって得られているということで、近代海戦では時間が経過するごとに純然たる砲撃戦は姿を潜め、航空機主体の海上戦闘へと変革していくことになったのである。

その7●スリガオ海峡夜戦（一九四四年十月二十五日）

フィリピン諸島のスリガオ海峡で一九四四年十月二十五日の深夜に展開された日米艦隊の遭遇戦は、海戦の歴史の中で軍艦同士が砲撃を交える最後の戦いとして記録される。

しかしこの海戦の結果はあまりにも一方的な結末を迎えた。それは軍艦同士の砲撃戦の中に電波技術の最先端を進むレーダーが砲撃の照準装置として組み入れられ、夜間に目視では確認できない遠方の敵に対し正確な砲撃を加えるという、この時から五〜六年前までは考えられなかった技術が導入され戦果を確実なものとしたためであった。

軍艦同士の砲撃戦で戦いの帰趨を決するという海戦は、主砲や装甲や艦の速力などという次元とは違った、全く新しい電波兵器というものの導入により完全に形態が変わって行くことが予想されることになったのである。ましてや航空機の急速な発達とあわせ、軍艦同士の戦いの将来は全く予測ができなくなった。つまりは今後、艦隊同士の砲撃戦の存在すら疑問符がつけられることになったのであった。

フィリピン諸島の奪回を巡るアメリカのフィリピン侵攻作戦は、すでに一九四四年十月十日のアメリカ海軍の十七隻の航空母艦を擁する大規模機動部隊による、琉球諸島に対する激しい航空攻撃が行なわれたことで始まった。

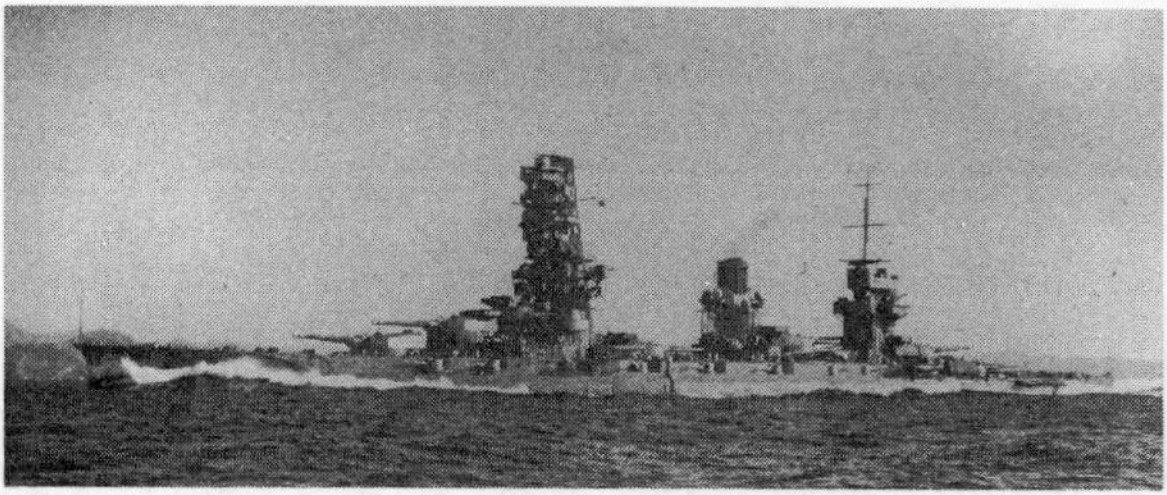

戦艦「山城」

この大機動部隊による激しい航空攻撃は、台湾からフィリピン諸島へと続いた。そして十月十八日には一部米陸軍部隊のレイテ島周辺の小島に対する上陸作戦へと続き、さらにレイテ島への本格的な上陸作戦で日米のフィリピン攻防作戦の火蓋が切られたのであった。

日本海軍はすでにフィリピン死守、米艦隊撃滅を柱とする「捷号作戦」を発動していた。作戦の目的はフィリピンに攻勢をかける米海軍部隊を、日本海軍の総力をもって攻撃し、これを撃滅するというもので、この時点で日本海軍が保有する主要可動艦艇の全てを出撃させ、この作戦を実行することになっていた。

この時日本海軍が保有していた作戦可能な主要艦艇は、空母四隻、戦艦九隻、重巡洋艦十四隻、軽巡洋艦七隻、駆逐艦二十五隻であった。つまりこれら全ての艦艇をフィリピン攻防作戦に投入する予定だったのである。

一方、これに対するアメリカ側の艦艇戦力は、空母（大型、中型、護衛）二十九隻、戦艦十二隻、重巡洋艦六隻、軽巡洋艦十一隻、駆逐艦七十隻という一大戦力であった。そればかりか脅威であったのは、空母部隊が搭載する艦載機（戦闘機、爆撃機、攻撃機）の総数は千五百機を超える戦力で、当時日本がフィリピンに集結させていた陸海軍の可動実戦航空機約五百機をはるかに超えていることであった（しかしこの事実はこの時点では日本側は十分に把握していなかった）。

日本海軍は戦艦五隻、重巡洋艦十隻、軽巡洋艦二隻、駆逐艦十九隻から成る艦隊をもって、十月二十四日にレイテ湾に突入させ、敵上陸部隊の撃滅を図ろうとした。そして同時に戦艦二隻、重巡洋艦一隻、駆逐艦四隻から成る別働隊をこの突入に呼応してレイテ島の南側からレイテ湾に突入させる予定であった。

この別働隊は旧式戦艦「山城」と「扶桑」を主力とし、重巡洋艦「最上」と駆逐艦四隻という戦力であった。この二隻の戦艦は一九一七年の建造で、主砲は三十六センチ砲十二門（連装砲塔六基）と、舷側の砲郭に十四センチ単装砲合計十四門を装備、最高速力は二十二・五ノットという、日本の現役戦艦の中では最も旧式で近代化工事も十分に行なわれていない戦艦で、開戦後は内地周辺で主に練習艦の役割を果たしていた艦であった。しかし国家存亡の時にこの旧式戦艦も戦力の一端を担うものとして現役艦として行動することになったのである。

二隻に期待されたものは合計二十四門の三十六センチ主砲と、二十八門の十四センチ副砲であった。これらの砲で敵上陸部隊を砲撃し再起不能の甚大な損害を与える計画であった。旧式戦艦の唯一ともいえる働きの場が与えられたのである。

十月二十四日の早朝、米空母を飛び立った一機の偵察機が、南部フィリピン諸島とボルネオ島北東部の間に広がるスル海を、レイテ島方面に向かう大小七隻の艦艇を発見した。そこには戦艦らしき大型艦三隻と駆逐艦らしき四隻が確認された。

この情報は直ちにアメリカ艦隊司令部に送られた。この艦隊は西村祥治海軍中将の率いる戦艦「山城」「扶桑」などから成るレイテ湾突入別働隊であった。

戦艦カリフォルニア

この南方からレイテ島に接近する日本の艦隊に対し、アメリカ海軍は直ちに防衛態勢を固めることになった。迎え撃つのはオルデンドルフ海軍少将が率いる戦艦六隻、重巡洋艦四隻、軽巡洋艦二隻、駆逐艦二十一隻、そして多数の魚雷艇隊であった。わずか七隻の日本部隊を迎撃するには余りある戦力であった。

ここで注目すべきことはオルデンドルフ海軍少将指揮下の戦艦六隻は、いずれもアメリカ海軍にとっては旧式戦艦といえるもので、その中の四隻は真珠湾攻撃の際に日本の航空攻撃で着底の損害を受け、その後浮揚し大改造を行なった戦艦（ウエスト・ヴァージニア、テネシー、カリフォルニア、メリーランド）であった。

オルデンドルフ司令官は北上する日本艦隊に対する迎撃態勢をとった。彼は日本艦隊は最短距離であるボホール海を北上し、レイテ湾に飛び出すスリガオ海峡を通過するものと断定した。そしてスリガオ海峡の通過は二十四日から二十五日にかけての深夜と判断した。

彼は日本艦隊の待ち伏せ場所として幅三十キロという狭いスリガオ海峡を定めた。彼の考えでは日本艦隊は駆逐艦を先頭に単縦陣体形で艦隊を進めてくるであろう、そのためには三段構えの防衛陣形をとることが最適としたのである。

防衛陣形は次の計画とした。第一段は海峡の南西入口海域に二十隻からの魚雷艇隊を配置する。第二段は海峡の中間位置に駆逐艦隊を配置し魚雷攻撃の準備をする。第三段は二つの陣形を通過した場合に備え海峡の北東位置に戦艦と巡洋艦部隊を配置し撃滅を図る、というものであった。

つまりオルデンドルフ司令官は魚雷攻撃陣を通過した日本艦隊を、戦艦と巡洋艦の戦隊でT字戦法で迎え撃つことにしたのであった。

日本艦隊はオルデンドルフ司令官が予想したとおり単縦陣で海峡に侵入してきた。二十四日午後十一時、米魚雷艇隊が日本艦隊に対し魚雷攻撃を開始した。しかし暗夜の中、魚雷艇隊の攻撃は不首尾に終わった。日本側は魚雷艇の襲撃を知ると、駆逐艦と重巡洋艦「最上」の十二センチ高角砲や機銃で猛烈な反撃を開始した。そして魚雷艇一隻を撃沈した。

魚雷艇隊が攻撃に失敗すると次に第二段の駆逐艦隊が待ち構えていた。この駆逐艦隊の魚雷攻撃は極めて効果的であった。戦艦「扶桑」には魚雷四本が命中し航行不能になった。そしてその直後、大爆発を起こすとたちまち沈没してしまった。

そして三隻の日本の駆逐艦も次々と魚雷攻撃を受けた。駆逐艦「山雲」が大爆発と共に轟沈した。「満潮」に一発の魚雷が命中し航行不能になった。さらに「朝雲」にも一発の魚雷が命中し艦首が切断され航行不能に陥った（後に沈没）。

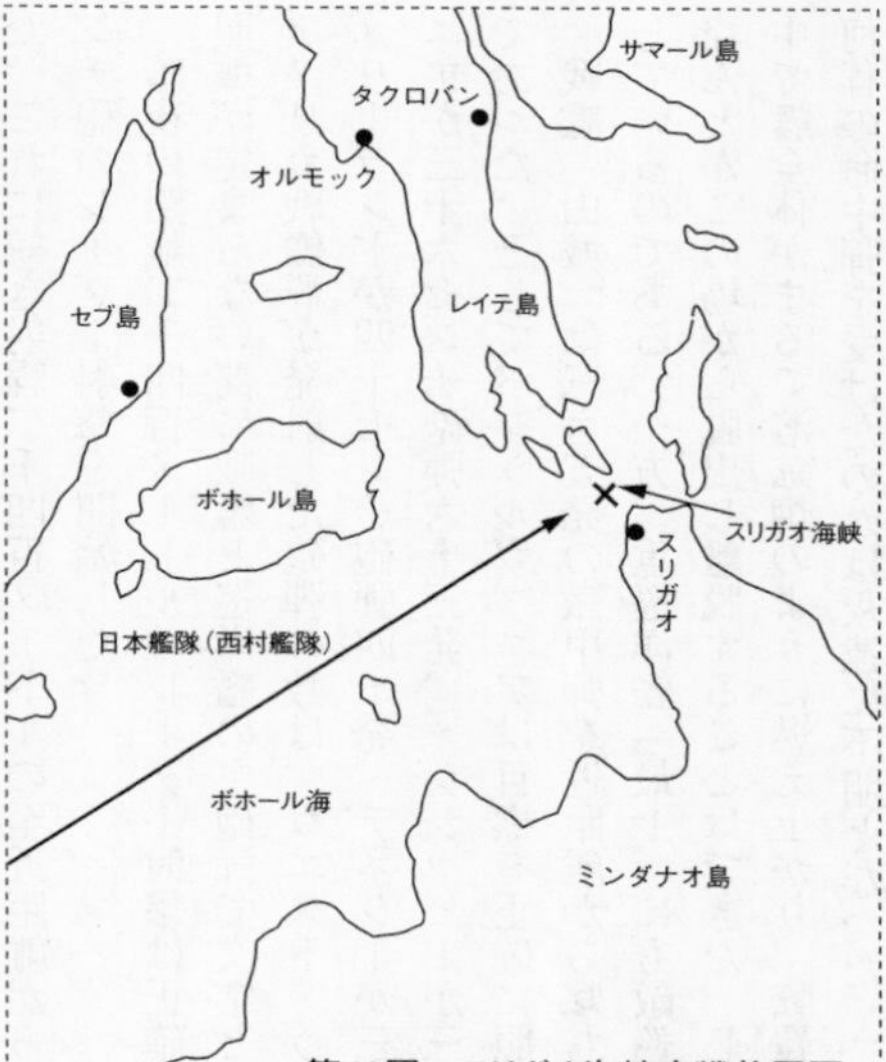

第42図　スリガオ海峡夜戦位置図

午前三時二十分には生き残っていた日本の艦艇は戦艦「山城」と重巡洋艦「最上」、そして駆逐艦「時雨」であった。そしてこの三隻は「山城」を先頭にスリガオ海峡通過を続けたのであった。

これを待っていたのが防衛陣三段目の米海軍戦艦六隻と巡洋艦六隻であった。圧倒的な戦力である。勿論、日本側は知る由もなかった。

午前三時二十四分、まず巡洋艦隊がレーダー射撃で二十センチおよび十五センチ砲の射撃を開始した。これに続き射程二千四百メートルの至近距離から、戦艦部隊が三十六センチ砲と四十センチ砲のレーダー射撃を開始した。

暗夜の距離二千四百メートルのレーダー射撃は正確であった。戦艦「山城」は敵戦艦への照準が定まらない間に戦艦と巡洋艦の主砲弾で文字どおり滅多撃ちの砲撃を受けた。この時アメリカ戦艦群が発射した砲弾の数は、ウエスト・ヴァージニアが四十センチ砲弾九十三発、メリーランドが四十センチ砲弾四十発、テネシーが三十六センチ砲弾六十九発、カリフォルニアが三十六センチ砲弾六十三発、ミシシッピーが三十六センチ砲弾四十発の合計三百五発であった。そしてペンシルヴァニアは目標を正確に照準できないまま射撃は行なわなかった。

戦艦「山城」は三百五発の徹甲弾を近距離から撃ち込まれたのだ。しかもその多くが命中しているのである。一方、重巡洋艦「最上」にも敵巡洋艦部隊から多くの命中弾を受けたが、なんとかこの場から脱出し離脱することはできた。しかし「山城」は無数の命中弾を受けた中で艦全体がまるで溶鉱炉のように燃え上がり、転覆、沈没したのである。戦艦「山城」が何程の命中弾を受けたのかは永遠に不明となった。「山城」の乗組員で奇跡的にも救助された者がいたが、その数はわずかに十名であった。

戦艦「山城」の装甲は水線装甲帯で三百五ミリ、砲塔で三百五ミリ、司令塔で三百五十一ミリであったが、二千五百メートル前後の距離からの敵三十六センチや四十センチ主砲のほぼ水平射撃では、命中した徹甲弾のほとんどはこれら装甲を貫通したであろう。

悲劇の撃沈劇で世界の戦艦同士の砲撃戦の幕は閉じられたのであった。レーダー射撃の出現は、現代の海戦から多少なりとも残されていた海上の砲撃戦から、完全に夢とロマンを消し去ってしまったのだ。

その８●現代の艦載砲

一九九二年三月三十一日、アメリカ海軍の最後の現役戦艦であり、世界最後の現役戦艦であったミズーリが退役した。

戦艦ミズーリは世界の戦艦の主砲の中でも最も進んだ性能をもった四十センチ砲（九門）を搭載していたが、ミズーリの退役によって世界の海軍から艦載巨砲が消えた。

艦載砲は一九六〇年代には命中精度が比較にならないほど高く、また破壊力の強いミサイルにとって代わられていた。

現代の世界の海軍には巨砲で海戦の主導権を握るなどという考えは全く存在しない。遠距離射程での命中率が数パーセントになるかならないかというような不経済極まりない武器はもはや時代の趨勢にあわないのである。戦争にも「原価意識」が芽生え、いかに効率の良い戦闘ができるかが、考えられるようになっているのである。

巨砲を代表とする艦載砲の時代は終わりを告げている。艦載砲は現在では小口径の対航空機用防御兵器か、敵小型艦艇の攻撃用としてしかその存在価値はなくなっている。

砲の性能もすっかり進化してしまっている。口径七十五ミリや百二十七ミリといった現代の艦載砲の中心ともいうべきものは、その弾丸の発射速度は一分間に数十発という驚くべき連続射撃が可能になっているのである。

そして砲の照準は目標までの距離、目標の移動速度、途中弾道に影響を与えるであろう風向や風速まで全てレーダーとコンピューターの働きで自動的に計算され、自動的に射撃が行なわれるのが常識になっているのである。

一九五〇年代後半頃からは世界の趨勢として艦載砲はミサイル万能の考えに傾いていた。このために特に大型艦載砲は撤去され、対艦、対航空機攻撃用のミサイルを搭載する風潮が時代の趨勢になりかけた。

しかしこのミサイル万能の考えは必ずしも正しいことではないと反論も生まれたことは確かであった。その理由は一発のミサイルの命中精度は砲弾に比較すれば格段に優れているかも知れないが、攻撃や防御用の兵器としてはあまりにも高価であり、技術の複雑さやコスト負担、さらには専用の艦艇の建造が必要になるという無視できない経済性の問題から、ミサイル万能という考えに反省が見られるようになったのであった。

高価なミサイルを対空用に何百発も保有することは莫大な費用負担になるが、命中精度を格段に向上させた高性能小口径砲を持った方がはるかに経済的である。

そしてもう一つ重要なことは、ミサイルとは必ずしも百パーセントの命中率が期待できるものでもないということである。

現在アメリカ海軍を中心に広く使われている艦載砲としてMk19型五インチ砲がある。この砲は口径五インチ（百二十七ミリ）、五十四口径の長砲身砲（砲身長六・八メートル）、初速は秒速八百七メートル、砲弾発射速度一分間あたり二十発、最大射程二万三千メートル、最大射高一万五千メートルという、第二次大戦中の同じ五インチ砲と比較すれば雲泥の違いのある砲である。

Mk19砲

　また一九七〇年代にイタリアで開発されたOTOメララ七十六ミリ砲があるが、この砲は口径七十六ミリ、六十二口径（砲身長四・七メートル）、初速は秒速九百二十五メートル、弾丸の発射速度は毎分八十五発、最大射高一万一千五百メートルという高性能砲で、まるで機関砲である。現在でも対空、対艦用として世界の海軍艦艇で広く使われている。

　これらの砲からはかつてのカノン砲やカルバリン砲やカロネード砲といった概念は全く消し去られている。それどころか数十年前まで現役で使われていた巨砲の概念も存在しない。

　かつての戦艦大国であったイギリスにも日本にもアメリカにも、もはや巨砲を製造する技術の伝承はない。書類に残されているだけである。

　砲というものの概念は五百年前、二百年前、六十年前とそれぞれ全く違ってきている。かつての艦載砲に相当する兵器は、各国陸軍の野戦重砲にしか見られなくなってしまったのだ。今後、艦艇に巨砲が搭載される時代が再び訪れるか、その可能性を想像することで艦載砲の夢を追って見たい。

あとがき

読者の皆さんも気がつかれたであろうが、大砲の歴史というものは決して古いものではない、つまり今から六百年より昔には大砲というものは存在していなかった、ということにむしろ驚きを感じられるであろう。エジプト、ギリシャ、中国、ペルシャの各歴史の中にはあまたの戦争があったにも関わらず、そこで使用された武器は刀や槍あるいは弓矢が主体、大砲の元祖ともいえる強力な破壊力と殺傷力を持つ投石器の出現は、西欧の社会が中世という時代を迎える頃で、大砲はまだ存在しなかった。

もう一つ驚きを感じるのは火薬が発明されてから大砲が出現するまでに、少なくとも文献上に記録が現われるまでに千年以上の時代が経過していることである。この危険ではあるが武器として極めて魅力的なものが安全にしかも容易に使えるためには、火薬を使う武器にはこれまでに経験をしたことがないような様々な高度な思考やアイディアが要求されたのであった。つまり火薬を武器として、特に大砲のような武器として使うためには人々はこれまでの知識とは全く異質のアイディアを要求され、その開発のために多くの時間が必要であったのである。

小銃でも大砲でも筒の中に火薬を閉じ込め爆発させ、石や鉄の塊を飛ばすことは容易である。しかし爆発力の全てを石や鉄の塊の発射だけに使う工夫が確立されなければ、武器として使うことは不可能なのである。

つまり大砲が出現するまでに時間がかかったのは、強力な爆発力を弾丸の発射だけに完全に活用する工夫ができるまでに、人々は四苦八苦したためだと考えることができる。

しかし一旦安全な大砲の原理が考案されれば、その後の発達は著しく速い流れに乗って来るのである。しかし大砲の発達の上にはもう一つの関門が待ち構えていた。つまりその時点で完成された大砲は、発射火薬と弾丸を砲口から奥に押し込む前装式であった。この方式の最大の欠点は速い速度での射撃が困難であることだ。より早い射撃速度を求めるのであれば、それは砲の後方から弾丸と発射薬を押し込み発射する後装方式にすることである。

しかしこの方式は爆発力を弾丸だけに伝えるために四苦八苦した最大の問題点に再び挑戦することになるのである。これがために前装方式の大砲から後装方式の大砲への進化には約四百年の時間を要することになったのである。

大砲は陸戦で大いに活躍の場を持ったが、海の戦いに大砲を使うことは決して難しいものではなかった。しかし構造や原理は、陸戦で使う大砲も船に搭載して使う大砲も同じではあるが、船で使う大砲には使い方や取り扱いの面で新しい工夫が必要であった。狭い甲板の上で迅速に素早い射撃操作ができる方法、揺れる船から高い命中率で弾丸を発射する技術、一発の弾丸の命中で相手の船体により大きな打撃を与える工夫、等々である。

その一方で敵の撃ち出す弾丸から自分の船をいかにして護るかの工夫も凝らさねばならない。つまり戦う船特有の装甲の問題である。

艦載砲の発達の上では陸上の大砲以上に様々な難問をクリヤーしなければならなかった。その中でも艦載砲の使用の上で最後まで大きな課題となったのが命中率の問題であった。

陸戦と違い艦載砲の射撃には、大砲を撃ち出す自分の船が動いているという問題、目標の相手の船も動いているという問題、船は常に大きく動揺しているために射撃のタイミングをどのように考えればよいのか。つまり全てが大砲の命中率を積極的に低下させる問題ばかりなのである。

結局高い命中率を期待するために出現したのは大砲ではなくミサイルで、命中率の問題はあっけなく解決されてしまった。長い歴史の上で発達してきた大型の艦載砲は、結局は消える運命にあったのである。

艦載砲が盛んに使われた海戦の歴史は、射程が短い初期の大砲を使う海戦から、大砲が進化し射程が伸びることによる中距離、長距離射撃の海戦へと変わっていった。そして当然のことながら戦いの姿も変わっていった。

艦載砲の発達の歴史を眺めると、そこには様々な産みの苦しみが覗き見られる。歴史上に名を残した様々な艦載砲の姿を現代の砲を搭載する艦艇に求めることはもはや不可能に近い。常に時代の先端の話題として主役を演じていたいわゆる艦載砲の時代はすでに終わってしまっている。

海賊映画などの主役を演じた鍛造製の前装式カノン砲は、見る者に一つのロマンを与えてくれた。艦載砲の発達の過程とそれぞれの時代に演じられた海戦について、この書を読むことによって何かしらのイメージを完成していただければ、著者として大変に好ましいことであります。

参考文献＊「武器（歴史・形状・用法・威力）」マール社＊黛治夫「艦砲射撃の歴史」原書房＊C・H・チボラ／大谷隆和訳「大砲と帆船」平凡社＊堀川一男「海軍製鋼技術物語」アグネス技術センター＊松村劭「二千年の海戦史」中央公論新社＊外山三郎「近代西欧海戦史」原書房＊木俣滋郎「世界軍船物語」雄山閣＊松浦昭典「帆船史話（戦艦の時代）」舵社＊M・ボールドウイン／実松譲訳「海戦」出版協同社＊ジーノ・カルピーニ「戦艦（万有ガイドシリーズ）」小学館＊「帆船（万有ガイドシリーズ）」小学館＊篠原幸好「戦艦名鑑」コーエー＊馬場恵二「サラミスの海戦」人物往来社＊マイケル・ルイス／幸田礼雅訳「アルマダの海戦」新評論＊塩野七生「レパントの海戦」新潮文庫＊酒中三千生「ラプラタ沖海戦」出版協同社＊C・S・フォレスター／実松譲訳「ビスマルクを撃沈せよ」出版協同社＊N.J.BROWER"HISTORIC SHIPS"CHATMAN PUBLISHING＊H.B.CUIVER"THE BOOK OF OLD SHIPS"DOVER PUBLICATIONS

NF文庫書き下ろし作品

ＮＦ文庫

大砲と海戦　新装版

二〇二一年六月二十二日　第一刷発行
著　者　大内建二
発行者　皆川豪志
発行所　株式会社　潮書房光人新社
〒100-8077　東京都千代田区大手町一-七-二
電話／〇三-六二八一-九八九一代
印刷・製本　凸版印刷株式会社
定価はカバーに表示してあります
乱丁・落丁のものはお取りかえ
致します。本文は中性紙を使用

ISBN978-4-7698-3220-1　C0195
http://www.kojinsha.co.jp

NF文庫

刊行のことば

第二次世界大戦の戦火が熄《や》んで五〇年——その間、小社は夥しい数の戦争の記録を渉猟し、発掘し、常に公正なる立場を貫いて書誌とし、大方の絶讃を博して今日に及ぶが、その源は、散華された世代への熱き思い入れであり、同時に、その記録を誌して平和の礎とし、後世に伝えんとするにある。

小社の出版物は、戦記、伝記、文学、エッセイ、写真集、その他、すでに一、〇〇〇点を越え、加えて戦後五〇年になんなんとするを契機として、「光人社ＮＦ（ノンフィクション）文庫」を創刊して、読者諸賢の熱烈要望におこたえする次第である。人生のバイブルとして、心弱きときの活性の糧《かて》として、散華の世代からの感動の肉声に、あなたもぜひ、耳を傾けて下さい。

産経NF文庫
ノンフィクション

素人のための防衛論

市川文一

潮書房光人新社

文庫版のまえがき

本書を手に取られた方にまずお知らせしたいことが2点ありあます。
①本書を読むとロシアのウクライナ侵攻の理由の4分の3がわかります。
②本書を読むために国際情勢の知識も軍事知識も必要ありません。ゲーム感覚で読めます。

2022年2月24日、ロシアがウクライナに侵攻を開始し、ロシアとウクライナの戦争が始まりました。そして、この日、「なぜ、この時代にロシア、プーチンは侵略戦争を始めたのか」と世界中の多くの人が疑問を抱きました。これほど明確な侵略戦争が先進国によって今の時代に行なわれるとは、誰もが予想していなかったからです。

このまえがきを書いている時点でこの戦争は未だ継続中です。皆さんが本書を手に取られている今現在、戦争はどのような状態となっているのでしょうか。

戦争が終結していれば継戦中に比べ多くの情報が公開されます。しかしながら、この多くの人が抱いた疑問に対する答えは用意されていないはずです。なぜなら、世の中で話題になるのは戦争を開始するための2つの重要な要素のうちの1つだけだからです。

戦争を開始するための重要な要素とは「意思」と「力（戦力、軍事力）」です。戦争を開始しようと思っても軍事力がなければできません。負けるとわかっている戦争はしません。また、十分な軍事力があっても戦争をするという意思を持たなければ戦争は起きません。そして、世の中で専ら議論されるのは意思の分野です。軍事力に関する議論はほとんどありません。そのため、軍事力に関してあまり知識のない多くの人の疑問は解消されないこととなります。

この本では皆さんが抱いた疑問の答えの4分の3を用意しています。本書は軍事力に焦点を当てて、何故、戦争が起きるのか、どうしたら他国からの侵略を防げるのかを解説しています。軍事力だけなら「なぜ戦争を始めたのか」の答えの2分の1ですが、自国以外の軍事力が意思に影響を与えます。これが意思の2分の1を占め合計で4分の3となります。

わかりやすい例が軍事同盟です。日本の場合であればアメリカとの安全保障条約です。日本が他国からの侵略を受けた場合、この条約によってアメリカが参戦します。つまり、日本に侵略しようとする国は日本の軍事力だけでなくアメリカの軍事力も考えなければならないということです。

他国の軍事力も活用して「戦争を始めても負けるかもしれない。勝っても自国に大きな損害がでるかもしれない」と相手国に思わせることで侵略を回避できるのです。

さて、専ら世間で話題となる残りの意思の2分の1ですが、これが戦争を始める最終的な引き金となります。「戦争を始めても自国に大きな損害も出ることなく勝てる。相手国を侵略できる」と判断した後の極めて重要な意思決定です。

これについての分析や書籍は多く出されることでしょう。なかでも、ロシアが戦争によって何を得られるのかは最も重要な要素です。また、ロシアの歴史や文化、伝統、プーチンの生い立ちや思想等様々な分野から分析しなければなりません。決め手はプーチンの意思ということになるかもしれません。

日本の隣国であるロシア、中国、北朝鮮等の独裁色の強い国では、全てにおいてリーダーの意思が強く反映されます。特に戦争についてはリーダーの意思決定次第であるといえます。リーダーが政府や党（中国や北朝鮮の場合は共産党）の分析や意見を基にして、国内外の情勢を分析するとともに戦争開始後の情勢を予測し自分の信念や主義、思想に基づき意思決定をするわけです。

リーダーの信念や主義、思想が意思決定に影響を及ぼすため、本人の回顧録等が出ない限り真相はわかりません。各国の情報分析、民間機関や評論家、専門家の発表も予想や想像の域を出ないこととなります。

意思の2分の1は開戦を決定する最後の引き金であり決め手となりますが、非常にわかりにくい部分です。したがって、戦争終結後でさえ明確な答えが出るかどうかわからないものを戦争が始まる前に予測するのは非常に困難です。今回もロシアが戦争を始めると予測した分析機関、専門家、評論家は圧倒的少数です。

一方、本書で解説している軍事力は明確です。コンピューターで解析して数値化し、各国の軍事力を比較することもできます。リーダーの意思に左右されることはありません。この戦争を開始する要素の4分の3を抑えることで他国からの侵略を防ぐことができます。軍事力は国の安全を守る要となるものなのです。

最後に、本書でわかるのはロシアのウクライナ侵攻だけではありません。日本を他国の侵略から守るためにどうしたらよいか、なぜ、世界中で未だ戦争が行なわれているのかにお答えできるはずです。

はじめに

中国の海洋進出や北朝鮮の核兵器開発およびミサイル発射など、日本周辺でキナ臭い事態が多く発生していることから、日本の防衛や安全保障に関心を持つ方も増えていると思います。しかし、いざ勉強しようと思うと、聞いたことのない用語が飛び交い、拒絶反応を示す方も少なくないでしょう。確かに防衛問題や安全保障問題には聞き慣れない用語が多く、国際法や条約、日本国憲法をはじめとする各種法令がからんでくるため、本腰を入れて勉強しないと全容を理解することはできません。

特に日本では、多くの法律で自衛隊の活動が制限されているため、その法律のなかでいかにして国を守るか、どのように法律を改正するか、憲法解釈をどうするのかという、法律関連の議論に行き着いてしまうことが少なくありません。

さらに、防衛問題や安全保障問題の前提となる国際情勢が複雑怪奇で、この段階で思考がストップしてしまう場合も多いと思います。実は、人生の半分以上をこの世界で過ごしてきた自分でさえ、この防衛問題や安全保障問題を完全に理解しているかどうか怪しいものです。

「わかりやすい」「初心者」「入門」などを謳った防衛・安全保障関連の書籍も多く出版されていますが、やはりその多くは基礎知識があることを前提に書かれています。

そこで、防衛問題や安全保障問題に関する知識がほとんどない人でも、すーっと頭に入っていけるものが書けないかと思い、（本来必要な）国際情勢、軍事情報、条約や法律などを削ぎ落とし、単純、簡単、わかりやすさを追求した「防衛論」を考えてみました。

実は、複雑な防衛・安全保障問題も基本の部分、幹《みき》となる部分は難しい話ではありません。複雑にしているのは枝葉《えだは》の部分です。防衛・安全保障問題は、この枝葉の部分に議論が集中するため、理解を難しくしているような気がしてなりません。

ここで言う幹と枝葉の例は、枝葉は必要ない、重要でないという意味ではありません。まず幹の部分を理解しないと枝葉の議論は理解しにくいということです。もちろん幹と枝葉があってはじめて木として成立します。ただし、この枝葉の部分は複雑です。まずは、幹を理解することが防衛・安全保障問題を理解する最初の一歩です。加減乗除を知らないで、連立方程式や微分・積分が理解できないのと同じです。

日本では、防衛や安全保障に関する教育は、一部の大学教育でしか行なわれず、通常の生活の中でもこれらの知識に接することはありません。必然的に、最初に接するのは、マスコミ等で多く取り上げられる複雑な枝葉の部分になります。自分自身も防衛大学校に入学して初めて、これらの基礎的知識を学びました。

本書では、新聞やテレビ、雑誌等の身近なところで取り上げられる、防衛・安全保障問題を理解するために最低限必要な知識を得られるよう、基本となる幹となる部分にのみ焦点をあて、なるべく単純に簡単に説明していきます。

国際情勢の知識も軍事的知識も必要ありません。極端な言い方をすれば、登場するのは簡単な数字だけです。この数字も強いか弱いかを表わすもので、ある意味ゲーム感覚で読んでもらえばと思います。

素人のための防衛論——目次

素人のための防衛論

序章　防衛論の幹と枝葉

防衛に欠かせない戦力と意思

では、幹となる部分は何かということから説明を始めます。まず、「防衛」という言葉について考えてみます。たとえば、ボクシングのチャンピオンベルトを防衛したとか、将棋のタイトルを防衛したとか、「防衛」はいろいろなところで使われる一般用語です。したがって、国を守ることに特化して使うなら、「国防」とした方が適確だと思いますが、過去からの経緯で「防衛」という言葉が通常使われます。

さて、国を守ると言って、何から国を守るのでしょうか。現代では安全保障の定義が広がり、自然災害や環境汚染も脅威の対象になっています。さまざまな脅威から国の安全を確保するということで、「安全保障」という言葉が使用されています。防衛（国防）といった場合には、その脅威の対象は他国です。

戦後の日本では、他国との紛争や戦争がなかったため、自衛隊の活動は災害派遣が主体で、国を守る対象も自然災害であり、ピンとこないかもしれません。しかし、戦争を抑止する力として、他国の脅威から自衛隊が国を守ってきたのは紛れもない事実です。

近年では、北朝鮮が核実験を何度も行ない、これに伴う放射性物質の飛散が日本へ影響することが心配されています。発射したミサイルが日本の上空をたびたび通過し、ミサイル本体もしくは部品などの落下の可能性も報道されています。戦後はじめて、他国の保有する戦力が日本の脅威となることが、実感として感じられつつあります。

そして、国を守るのに最も大事なものが防衛力です。日本では防衛力と呼んでいますが、軍事力、戦力、武力と呼んでも変わりありません。日本は専守防衛、防衛にしか軍事力・戦力・武力を使わないということから防衛力と呼んでいるだけで、中身は変わりません。逆に、他国を攻めるのに必要となるのもこの軍事力・戦力・武力です。どんなに他国を攻めようと思っても、この軍事力・戦力・武力がなければできません。当然、攻めてくる国から自分の国を守るのにも、この軍事力・戦力・武力が必要です。

さらに、この軍事力・戦力・武力に加えて「自国を守ろうとする意思」が必要です。

防衛論を複雑にする「意思」の問題

防衛論や安全保障論を難しくしている大きな要因として、この「意思」の部分が、多くの要因に影響され、複雑であることが挙げられます。この部分が木で例えると、幹と枝葉のうちの枝葉の部分です。この意思には、思想、文化、経済、人種、宗教、歴史など、いろいろな要素が関わってきます。

思想が異なる国同士が対立し、戦争になることもあります。1980年代までは、ソ連を筆頭とする共産主義国とアメリカを筆頭とする自由（資本）主義国が対立する冷戦時代が続き、大規模な戦争につながる危機的状況が何度かありました。人種が違うことによる紛争や戦争も起こります。アフリカでは、人種を原因とする大規模な虐殺まで起こっています。アメリカでも南北戦争という内戦を経て今ある自由主義国があるわけですが、この南北戦争も奴隷制度を原因とするもので、人種問題が元となっているものです。

宗教が異なる国同士の戦争は、人類の歴史上何度も行なわれてきました。今でもイスラム教国とキリスト教国の対立、イスラム教国とユダヤ教国の対立は存在します。

また、自国の経済を豊かにするために、侵略戦争も行なわれてきました。

そして、ほとんどの国が、第一には自国が安全で豊かになり発展することを優先し、そのための施策を行なっていきます。それには、他国との関係はなくてはならないものです。貿易などを通じて国を豊かにする、文化交流により自国の文化レベルを上げる、同盟関係により自国の安全を強いものにする。そして、これらの要素を総括・総合したものが国の「意思」として表われます。

しかしながら、それはあくまでも人の意思です。国の意思といった場合も、その国の人々の意思の集まり、人々の意思を代表するもの、国民によって選ばれた国の代表者の意思です。人の意思ですから当然、短期間で変わることもありますし、頻繁に変わることもあります。

国の意思であれば一個人に比べると変わりにくいもののように思えますが、実際に日本政府の考え方について振り返ってみても、1年、数ヵ月、数日で変わることも何度もありました。政権が変われば、当然、国の舵とりの考え方が変わるため、国の意思として表われるものも変わってきます。

アメリカやフランス、韓国のように大統領制の国は大統領が強い権限を持つため、大統領が替わることで国の意思が大きく変わります。

また、国際関係でいうと国際法や条約、国内でいえば憲法や憲法解釈、法律も意思の部分に含まれます。人や国の意思が表われて形となったものが条約や法律です。日本の憲法に関しては戦後1度も改正されてないことから、これら形になったものであれば変わりにくいのではないかと思われるかもしれませんが、憲法が改正されていないのは日本くらいで、ほとんどの国で何度かの改正がなされています。

日本においても憲法改正こそないものの、憲法解釈という形で何度か変更がなされています。最近では「日本は国際法上、集団的自衛権の権利は有するが、憲法上、行使は認められない」という憲法解釈を、「一定の要件の下で行使も認められる」いう解釈に変更したのは記憶に新しいことです。過去には旧社会党が、「自衛隊は違憲である」という憲法解釈を政権についた時点で「合憲である」との解釈に変更しました。

このように、各国の意思や方針は過去にも何度か変わっており、今後も短期間で頻繁に変わる可能性があります。また、国と国で結ばれた条約が破棄されたことや、一度加入した条約から脱退した国もあります。したがって、ある国の方針が決められたとしても、それが1年後、数年後にどうなっているのか予測するのは非常に難しいことです。

自国の防衛や安全保障を考えるためには、今のことだけにとらわれるわけにはいきません。数年後、10年後、数十年後の将来にわたって国の安全が保たれるように、国の方針を決め、いろいろな施策を行なっていく必要があります。そのためには、各国の将来の状況を予測することは非常に重要なことで、将来予測のための情報収集や分析、研究に多くの努力が使われています。

そして、防衛・安全保障論では、この意思の部分で取り上げる分野が数多く存在し、また、さまざまな解釈や分析ができることから、必然的に議論が集中し、議論の焦点ともなります。それがまた、防衛や安全保障の問題を難しく、わかりにくくしているのが現実です。

防衛論を理解するために、見えやすく、わかりやすい「戦力」

意思に対し、戦力は短期間では変わることはなく、頻繁にも変わりません。(これまで「軍事力・戦力・武力・防衛力」と様々な用語を使用してきましたが、「使いやすい」という理由で「戦力」を主に使います。文章の流れから他の用語も使いますが意味は同じです)また、現代では各国がどの程度の戦力を持っているのか、かなり正確に明らかになっています。この変化することが少なく、見えやすい戦力の部分が木で例える幹と枝葉のうちの幹の部分です。

特に近年では、戦力の部分は見えやすくなっています。秘密裏に兵器を開発し製造するのは困難ですし、日本を除く多くの国が、兵器を輸出するためにその性能をある程度明らかにしなければなりません。また、軍事力は国の予算で維持するわけですから、民主主義国家では、国民にどれだけの予算を使いどれだけの軍事力を持っているのか明らかにする必要があります。そのため、各国の軍事力はほとんどが公開されています。さらには、衛星等による情報収集機能が進歩し、各国の保有する兵器の数や場所が特定されるようになってきています。

そして、戦力を作るには長い期間がかかります。日本の自衛隊の例では、国の防衛力をある形にするのに10年間を基準としています。しかも、今ある防衛力を基準として、装備品を開発し更新したり、部隊を入れ替えたり編成を変えたりして作っていくのが前提です。もしゼロからの出発であれば、10年で必要な防衛力を備えることはほとんど不可能です。

逆に、作った戦力はすぐにはなくなりません。年数の経過で故障して使えなくなったり、他国の兵器に比べ性能が著しく低くなり使い物にならなくなったりしますが、それも10年、20年単位の話です。自衛隊でも、40～50年前に開発された装備品が現役で使われています。

ただし、ある程度の戦力を整えたとしても、戦力を維持するためには、兵器を整備し、更新することが必要で、そのための予算が必要となります。兵器を使う人員（軍人、兵員、日本では自衛官）も必要で、人件費も掛かります。兵器の性能を最大限発揮させるための訓練、部隊として力を発揮するための訓練にも経費が掛かります。そのような毎年の努力は必要となりますが、数年で戦力が大きく変化することはありません。

また、戦力は力ですから、ある程度の数値化が可能です。しかも、最近はコンピューター技術の発達により、兵器の数だけでなく、兵器の性能やシステム化の度合い、情報収集や分析能力、後方支援能力等を総合化して数値化することも可能となっています。

戦力を数値化することで国と国との力関係が明らかになり、戦力に焦点を当てれば、国を守るためにいかにしたらよいのかが単純化できます。戦争は力と力のぶつかり合いです。外交、戦略、戦術等いろいろな要素が重要になりますが、戦力の大きい国が圧倒的に有利であることは確かです。

本防衛論では、「意思」と「戦力」のうち、数値化できるため比較が容易であり、変化も少なく考慮する要素も比較的少ない「戦力」の部分に焦点を当てて説明します。しかも、兵器の性能や陸海空の戦力を個別に扱うと、やはり話が難しくなってしまいますので、１つの国が保有する戦力を単純に１つの数値で表わします。兵器の性能やシステム化、情報収集・分析の能力の優劣、陸海空戦力の統合の程度、兵器を運用する人の能力、訓練練度、士気等の多くの要素を総合した力として表わします。

また、「意思」については、思想、文化、経済、人種、宗教、歴史等の要素を局限し、自国および相手国の戦力をどのように評価するか、相手国の脅威をどの程度に感じるのかに極力限定します。それも、数値化した戦力は、大きければ力があり、小さければ力がないと単純に評価します。当然、脅威に感じる度合いも数値が大きければ大きくなるということです。

したがって、数値の大きな国と小さな国が戦争をした場合は数値の大きな国が勝ち、数値の小さな国が大きな国に攻めることはないということを基本にします。現実世界では、宗教や人種の違い、歴史的な怨恨等により、戦力が小さくてもあえて戦争を仕掛けることや、力の小さな国が大きな国に勝つことは、多くの戦例があります。本防衛論の戦力は、それらの要素は加味しない単純な数値として扱います。

第1章　通常戦力で考える防衛論

第1節　国が1つの場合に戦力は必要か

通常戦力と警察力の違い

まずは、通常戦力で防衛論を考えます。ここでいう通常戦力とは通常兵器が持つ陸海空の戦力で、核兵器が持つ核戦力以外のものです。通常兵器と核兵器とでは特性が大きく異なるため、戦略や防衛論では別々のものとして扱われています。

また、本防衛論で使用する「戦力」とは、国を守るためのものです。（国を侵略するためにも使います）これに対し、犯罪等を取り締まり国の治安を維持する警察の機能が持つ力は「戦力」ではありません。国の防衛に必要な力が戦力で、国の治安を維持するための力は警察力です。日本では、戦力を持ち国の防衛を担当するのが自衛隊で、警察力を持ち治安の維持を担当するのが陸上では警察、海上では海上保安庁です。

警察の対象は国民であり国内に滞在する外国人です。日本では銃器・刀剣類の保有が非常に厳しく制限されているため、多くの国民はこれらの武器を保有していません。しかし、一部の犯罪者や暴力団、外国のマフィア、外国船舶等が違法に武器を保有している場合があります。これらに対応するために警察や海上保安庁は武器を保有しており、これが警察力です。警察力は犯罪を取り締まるために必要最低限のものであり、自衛隊が持つ防衛力とは全く性格が違います。

自衛隊の対象は他国であり、保有する防衛力は大きければ大きいほどその効果・効力は大きくなります。日本の憲法解釈で自衛権を説明するときに、「自衛のための必要最小限の実力を保持することは憲法上認められている」との表現が使われますが、これは他の国を攻めるほどの実力は持たないということです。自国を守るためだけに必要な実力であれば、その範囲内での最大限が望ましい訳です。それだけ他の国から攻められる心配は少なくなります。

以上、通常戦力と核戦力の違い、通常戦力と警察力の違いを再確認しましたが、以降、これを前提として話を進めます。

国が1つの場合に必要な力とは

1つの大陸に1つの大きな国、A国があります（図1）。国が1つであれば、他の国を攻める必要もなければ、他の国から自分の国を守る必要もないので、戦力は必要ありません。説明の必要がない当たり前のことです。当然戦争も起こりません。

ただし、戦争がないことが平和で安定した国かどうかは別問題です。戦争がなくても平和でない混乱した状態も起こりえます。例えば、国内で犯罪が多発し、暴力団やマフィアのような組織の抗争により、毎日のように多くの人命が失われているような国は、平和な国といえません。頻繁に自然災害に見舞われ、常に多くの国民が被害を受け復旧もおぼつかない国は平和とはいえません。経済的な混乱が起こり、略奪や暴動が常態化している国が平和とはいえません。

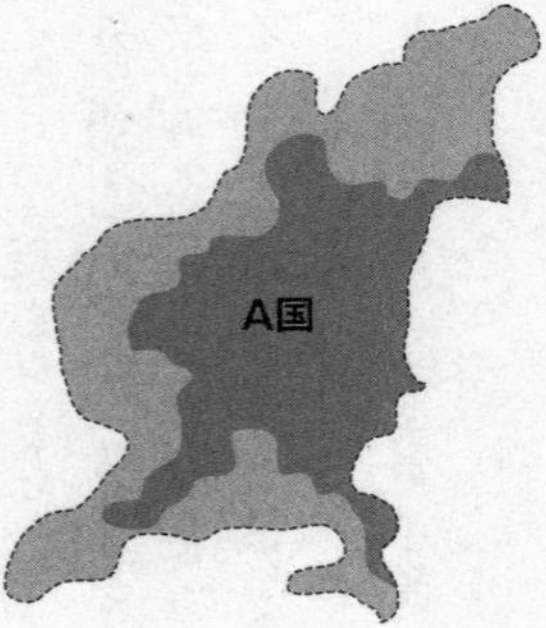

図1

国が1つであれば戦力は必要ありませんが、国の安全と平和を守るために警察力や災害に対処するための力が必要となります。日本では、戦後、紛争や戦争がなく、自衛隊が災害派遣活動や国際貢献活動でのみ評価されているため、自衛隊の役割を勘違いしている方もいます。これらの活動は、自衛隊の持つ高い能力を警察や消防の能力を補完するために使っているだけで、本来の戦力としての使い方ではありません。もし、日本が世界でただ1つの国であれば、自衛隊は必要ないわけです。

内戦をどのように解釈するか

ところで、国と国との紛争や戦争以外にも、1国の中で紛争や戦闘が行なわれる場合があります。現在でも、1つの国の中で戦力と戦力がぶつかる内戦といわれるものが行なわれています。この内戦で戦っている国の勢力は、犯罪者以上の戦力を持ち、国が対処に使っているのも警察ではなく軍隊です。まさに、1つの国の中で戦争が行なわれている状態です。

このような場合は、**図2**のように、A国の中に、その国に統一されていない別のa国があり、A国とa国とが戦争している状態であると考えると、頭が整理しやすいと思います。

日本でも江戸時代までは、藩がそれぞれ独立した国であり、国として統一されたのは明治以降です。戦国時代では、日本の中で国同士が戦う内戦状態にあり、日本が1つの国であったとは言いがたい状態です。

この状態では、A国は完全に1つの国ではありません。したがって、A国にもa国にも戦力が必要であり、**図1**の状態とは異なります。いくつかの国が統一されて1つの国になる途中段階の特殊な状態と考えられます。

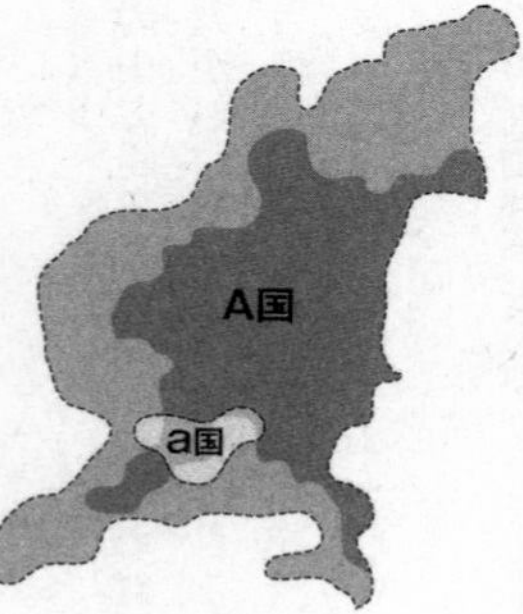

図2

さて、当然の結論ではありますが、国が1つであれば戦力は必要ないし戦争もありません。力として必要となるのは、国内の犯罪等を取り締まり国の治安を維持するための警察力です。現実の世界でそのような状態は存在しないし、有史以来、存在しなかった架空の世界で防衛論の理論上の世界ですが、防衛を考える上での出発点となります。

第2節
国が2つになると必要になる戦力と個別的自衛権の行使

国が2つになるとなぜ戦力が必要になるか

図3のように大陸の中にA国とB国の2つの国があります。（図の中のアルファベットは国名で数値は戦力です。戦力を表わす数値は5を最低の単位とします）最初はともに戦力が0であり、どちらの国も攻める力を持っていません。当然、守る力も必要ないし、2つの国の間で戦争が起こることはありません。もし、2つの国の間で何か問題が起こったときは話し合いで解決する、理想的な状態です。

これは国が幾つに増えようと同じです。全ての国が戦力を持っていなければ戦争は起きません。しかし、残念ながら現実の世界では、各国が戦力を保有しています。国の意思、つまりは思想、文化、経済、人種、宗教、歴史等が複雑に絡み合った中で、戦力が保有されてきました。

ここで、図4のように、A国が１００の戦力を目標に準備を始めました。兵器を作り、兵を集め、軍隊を作り始めました。元々は両国とも戦力がなく戦争が起きない状態です。本来であれば戦力など持つ必要はないはずです。それなのにA国は１００の戦力を目指して準備を始めました。

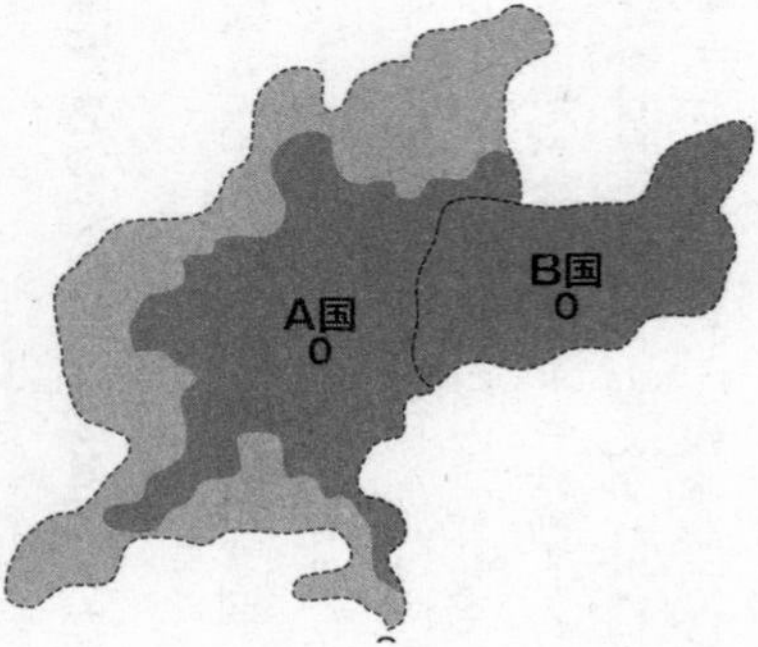

図3

なぜ、A国は戦力を持とうとしているのでしょうか。戦力を持つということは、お金が掛かりますし、国民を軍隊に入れなければなりませんから、国民の負担も大きくなります。何かA国にとってのメリットがなければ戦力を持つ必要はありません。この分野は、国の「意思」に関わる分野ですが、以降の説明のために避けては通れない部分ですので、少し詳しく説明します。

A国が戦力を持つのには、大きく2つの目的が考えられます。B国に侵攻するためか、B国に侵攻されないためかのどちらかです。相手国を恫喝、威嚇して、資源等を奪い取る、貿易交渉を有利に進める等の場合も、最終的には相手国に侵攻することも辞さないという意思が根底にありますから、1つ目の目的の派生型といえます。

次に、A国がB国に侵攻する理由は、いろいろありますが3例説明します。1つ目の例は、資源を奪うためです。A国に比べ、B国は石油、金属、農作物等の沢山の資源を持っているとします。両国が強い信頼関係に結ばれ、それぞれに得意な産業分野を持ち、貿易を通じて豊かになる場合は、問題ありません。

しかし、残念ながら、このようなうまい関係ばかりではありません。B国が自国の資源が豊富なのをいいことに、A国にとって不利益となる貿易交渉ばかり行なえば、両国間の貧富の差が拡大します。A国のB国に対する不信感が高じ我慢の限界を超えると、実力行使に訴えてでも現在の状態を変えたいと思います。

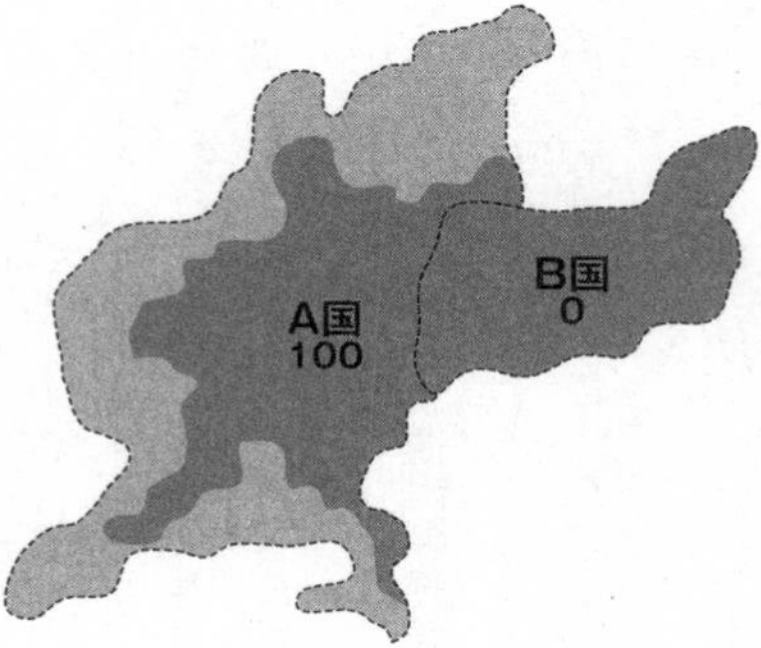

図4

実力行使のためには戦力が必要です。戦力を持つためには、お金が掛かりますし、国民の負担も大きくなります。しかし、実力行使でB国に侵攻し、石油や鉱物を産出する地域を自国のものにできれば、それらの資源を使い自国を豊かにすることができます。国の将来を考えれば、一時的な我慢も凌げます。このようなことが原因で過去にも戦争が起こっています。近年ではイラクがクウェートに侵攻したのも石油資源が原因となっています。

また、第2次世界大戦以前には常識的状態であった植民地支配も、他国の資源を奪うための侵攻です。この場合は、豊かな大国がより豊かになるために行なったものですが、資源を奪うという観点では同じ目的です。先の大戦で日本が南方に侵攻したのも、1つには石油資源が目的でした。

2つ目の例は宗教によるものです。A国とB国では信仰する宗教が異なり、それぞれの信仰する宗教以外を邪教、つまり許されざる宗教としてこれを滅ぼそうとする。ここではA国がB国の宗教を邪教として、これを滅ぼすために戦力を持つということです。また、自国が信仰する宗教を広めるために侵攻し、B国の国民をA国が信仰する宗教に改宗させようとする場合もあります。あるいは、それぞれの信仰する宗教の発祥の地がB国にあり、A国がこの地を奪いたいがために侵攻することもあります。

日本においては宗教に対する関心が薄いため、宗教が原因で他国に侵攻し戦争が起こるということは信じがたいことかもしれませんが、世界の歴史においては、宗教を原因とする戦争は数限りなく起こっています。

現在イスラエルにあるエルサレムは、ユダヤ教、キリスト教、イスラム教の3つの宗教の聖地とされ、この地を奪い合う戦争が何度も行なわれています。歴史的にも有名な十字軍は、キリスト教諸国がイスラム教諸国からエルサレムを奪い返す（奪い取る）ために組織されたものです。

比較的新しく起こったものでは、4度にわたる中東戦争があります。これは、ユダヤ教国のイスラエルとイスラム教国のエジプト、シリア、ヨルダン等アラブ諸国との宗教上の問題を根源とする戦争です。

また、同一宗教内でも、宗派の違いによる大規模な戦争が行なわれています。ヨーロッパで起こった30年戦争と呼ばれる戦争は、同じキリスト教国のカトリックとプロテスタントの宗派の違いによる戦争です。

現在では、宗教を原因とする戦争はないものの宗教間の対立は存在し、小規模な紛争やイスラム教原理主義者によるテロ行為が各国で行なわれ多数の犠牲者も出ています。いつ、これらの宗教を根源とする戦争が起こるかわかりません。アメリカによるアフガニスタンへの制裁やイラク戦争も、イスラム原理主義者のテロ行為による、9・11が原因となっているのは記憶に新しいことです。

3つ目の例は、思想の違いによるものです。第2次世界大戦以降、アメリカを中心とする資本主義国とソ連を中心とする共産主義国が対立し、これらの思想の違いによる戦争も何度か起こりました。日本の近隣では朝鮮戦争が1950年に勃発しました。これは、ソ連を後ろ盾とする北朝鮮が韓国に侵攻したことにより起こった戦争です。1953年には休戦となっていますが終戦となっていないため、現在でも戦争が続いている状態ともいえます。

ベトナム戦争も、ソ連をはじめとする共産主義国が支援する北ベトナムとアメリカをはじめとする資本主義国が支援する南ベトナムとの戦争です。1960年頃に勃発し、1975年の戦争終結まで長期間にわたる戦争となりました。

また、資本主義国の宗主国であるアメリカと共産主義国の宗主国であるソ連との間には、直接の戦争ではないため、冷たい戦争、冷戦と呼ばれる形で激しい主導権争いが行なわれてきました。特に、米ソ間の軍備拡張という形で表われ、過激な核開発競争も行なわれました。当時米ソ両国が保有する核兵器の数は7万発近くにも達するといわれ、その威力は地球を何十回と破壊できるほどであったということです。この冷戦はソ連が崩壊する1991年まで続きました。現在でも中国をはじめとする共産主義国とアメリカをはじめとする資本主義国の間には、冷戦時代ほどではないものの、思想の違いによる対立があるのは間違いありません。

以上、代表的な例を3つ紹介しましたが、このほかにも人種の違いによる対立、歴史問題に端を発する対立や領土問題、近年では環境問題も紛争や戦争の原因となり得ます。実際に、これらの原因により世界各地で多くの紛争が起きています。今後、これらの紛争が大規模な戦争に繋がらないとは言い切れません。

次に2つ目の目的、A国がB国に攻められないためですが、根底となる理由は同じです。B国が近い将来に戦力を持ちA国に攻めて来ると予測し、その前に自分の国を守る備えをするためです。つまり、B国が侵攻する理由は前述のものと同じで、それをA国が疑う立場になったということです。

この場合は1つ目とは立場が逆になり、A国が沢山の資源を持ちB国が奪いに来るのではないかと疑念を抱く場合や、宗教上や思想上の対立により、B国が近い将来A国に侵攻してくるのではないかと疑念を抱く場合となります。

どちらの目的を持つに至った場合も、A国とB国間の信頼関係が崩れ、国の関係が良好ではない状態が出発点です。もし、両国が信頼し合い、全てを話し合いで解決しようとしたならば、戦力を持つ必要はありません。

現代では、国際連合を初めとする各国間の話し合いの場が増えたことや、各国の経済的な結びつきが強くなり、他国間の紛争であっても自国の経済に大きな影響を及ぼすなど、紛争や戦争が起こりにくい環境にあることは確かです。また、核戦力が戦争を抑止する大きな存在ともなっています。

しかしながら、資源や領土を巡る問題、宗教や人種の違いによる確執、思想や政治体制の違いによる対立は現在でも残っており、これが、今後の紛争や戦争の引き金になることは十分にあり得ることです。そして何よりも、その紛争や戦争を引き起こすための戦力を、世界の多くの国が保有しているのです。

侵攻する国から自国を守るために何が必要か

A国が戦力を持つ理由は様々ですが、このような状況でB国は何をすべきでしょうか。B国にとっては、両国とも戦力がない状態が望ましい状態です。何事も話し合いで解決するならば、これに越したことはありません。もとの状態に戻そうと、まずは外交努力や文化交流、国の代表による直接の話し合いを模索するでしょう。両国間で条約を結び、A国に戦力を持たないことを約束させるよう交渉します。

B国が沢山の資源を持ち経済力のある国であれば、A国に対する経済協力や、資源の融通といった条件を出す場合もあります。また、B国は戦力を持つ意思がないことを粘り強く説明します。このような状況での交渉は戦力を持つ国が有利で、交渉は要請と譲歩が主体となります。

B国の外交努力等が功を奏して、元の状態に戻れば問題ありません。しかし、B国が粘り強く交渉し元の状態を取り戻そうとしても、A国が交渉に応じないで着々と戦力を増強したら、次にB国はどうすべきでしょうか。

A国の戦力はあくまでも自分の国を守るための戦力だと信じて、B国は戦力を持たないのか。A国が持つ戦力の脅威に脅えつつもあくまで話し合いで解決しようとするのか。それとも、A国が侵攻してくる可能性があることを考えて戦力を持つのか。さて、B国は、どのような選択をしたらよいのでしょう。

他国に侵攻するのは、戦力があり、攻める意思がある場合です。戦力は、1度持てば当分の間消えることはありません。意思については、真実を掴むことは困難であり、ある決心がされたとしても短期間で変わることもあります。1度結んだ条約であっても破棄されることもあります。いくらB国が平和を望み、戦争を避け、全てを話し合いで解決したいと努力しても、実際に戦力を持つA国がB国に侵攻する意思を持ったら、これを止めることはできません。

したがって、B国が確実に国を守るためには、戦力を持つしか他に方策はありません。戦力を持つA国がB国に侵攻してきたならば、戦力をもってしかこれを防衛することはできません。B国にとっては戦力がない状態が望ましいし、B国にA国を攻める気持ちはありません。全てを話し合いで解決したいと思っていますし、戦力は本来不必要です。しかし、国を守るためには戦力を持たざるを得ないのです。

国を防衛するために必要となる戦力と抑止力

やむを得ずB国は、自分の国を守るために戦力を持つことを決意しました。A国は100の戦力を持とうと準備していますが、B国はどの程度の戦力を持ったらよいのでしょうか。

まず普通に考えると、A国と同じ100の戦力を持てば、A国がB国に侵攻するのはかなり難しい状態になります。より確実に守ろうとすれば、100以上の戦力が望ましいでしょう。

しかし、もともとB国は戦力を持ちたくないと考えており、国を守るためにやむを得ず戦力を持つわけです。したがって、なるべく戦力のために使う経費を少なくしたいと考えます。

そこで、本防衛論の重要なポイントが出てきます。それは、攻めよりも守りが有利であり、守る側は攻める側よりも少ない戦力で国を守れるということです。当然状況により変わりますが、1つの目安として、攻める側は守る側の3倍以上の戦力が必要といわれています。つまり、守る側は、3分の1の戦力でなんとか国を守れるということです。

なぜなら、守る側は、熟知している自分の国でしっかりと準備をすることができます。陸上であれば、土や木材、コンクリートを使って陣地を作れます。侵攻した敵が簡単に通れないよう溝を掘ったり、鉄条網を張ったりできます。対人地雷は条約により禁止されていますが、車両用の地雷により戦車や装甲車の通過を妨害できます。海上であれば、機雷を海に敷設して艦艇が通るのを妨害することができます。航空でも自国にある地上のレーダーを最大限活用でき、航空基地が近いことから給油や弾薬補給の観点で有利に戦えます。

守る側は、熟知しているというだけで有利ですが、その利点を最大限高めて3倍の戦力にするには、しっかりとした準備が必要です。地理的条件も、陸続きなのと日本のように島国とでは大きく違いますし、川や山があると侵攻が難しくなります。準備時間の長短によっても変わります。

いろいろな条件によって守る側が戦力を何倍にできるのかが変わりますが、本書では、1つのルールとして、攻める側が守る側の3倍の戦力で同等の戦力となることとして以下説明していきます。3倍という数値は、過去の戦例等の経験値から導かれた平均値だと考えてください。

ここで、アルファベットの国名と戦力の数値に加え、記号を追加します。**記号1**は戦力を使って攻める状態、**記号2**は守る状態です。それぞれの記号の中の数値が戦力で、記号1の数

記号2（守り）

記号1（攻め）

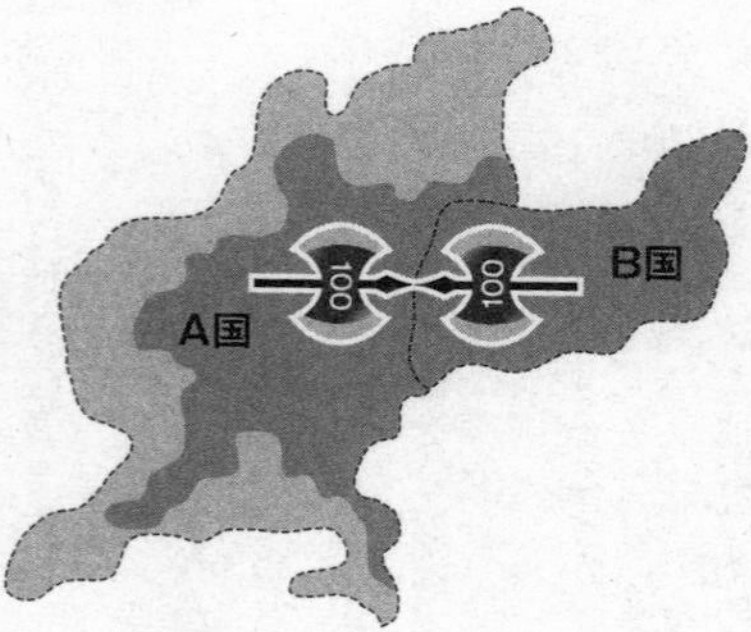

図5

値と記号2の数値の3倍が同等の戦力となります。

図5のように、A国の侵攻を防ぐためにB国も攻めの態勢をとる場合は、A国と同様の100の戦力が必要となります。このような状態は、両国ともに相手国に侵攻しようとした場合か、両国が戦争で雌雄を決しようとした場合に起きます。現代戦ではなかなか起こりえませんが、歴史上は何度か起こっています。日本で有名な戦いでいうと関ヶ原の合戦です。東軍と西軍が攻めの態勢で戦われ、勝敗も短期間で決しています。このような戦いでは、戦力の大きい方が有利ですし、比較的短期間で勝敗が決するのが特徴です。

図6のように、A国の侵攻に対しB国が守りの態勢をとる場合は35の戦力があれば（35×3＝105でB国がやや有利となる）、国を守ることができます。

ただし、この場合は侵攻するA国が諦めるまで戦争は続きます。A国が侵攻を諦めた場合は、

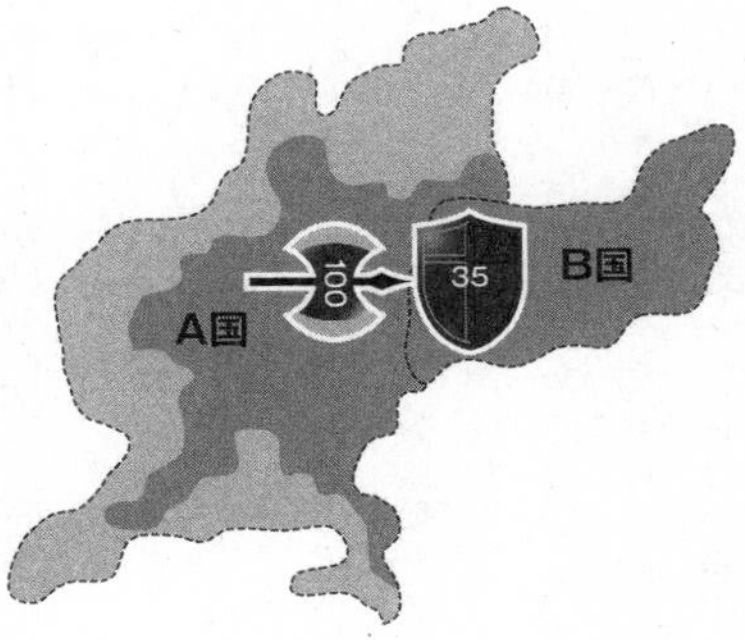

図6

B国が勝ったといえますが完全に雌雄を決した訳ではありません。しかも、B国の戦力ではA国を攻めることはできませんから、この場合はB国が戦争に完全勝利することはありません。B国は自国を守るためだけの最小限の戦力を持つということになります。

ここで、図6の状態で、A国がB国へ侵攻した場合を想定してみましょう。A国とB国は戦争となり、攻める側も守る側も双方に損害がでます。A国が戦争に勝利し大きな利益を得ることができれば、A国にとって、B国に侵攻することに意味がありま す。侵攻に失敗した場合や、成功したとしても得られる利益よりも損害が大きい場合は、B国に侵攻することに意味はありません。本書のルールでは、A国の侵攻は成功しません。したがって、通常であればA国はB国に侵攻することをためらいます。

A国の戦力100に対し、B国が35の戦力を持ち、A国が侵攻してきたときの準備をしっかりとすることにより、A国はB国に侵攻することを諦めます。これを抑止といい、B国が持つ意思と戦力を抑止力と言います。そして、後ほど説明します核戦力による抑止と区別して通常戦力による抑止と呼びます。

B国が持つ35の戦力は、自国の防衛はできますが、A国には侵攻できません。日本においては、防衛費を増加して防衛力を増強するという政策に対し、それを直接、他国への侵攻に結びつける議論がありますが、他国に侵攻するためにはより多くの戦力が必要になります。

Ｂ国が戦力を持つのは戦争をするためではありません。第１は、戦争を抑止するためです。Ｂ国の戦力が少なすぎると、Ａ国に「今攻めたら、勝てるかもしれない」というおかしな考えを持たせてしまいます。戦争を防ぐためには、全ての国が戦力を放棄するか、各国が周辺国に対しバランスのとれた戦力を持ち抑止力を働かせる必要があります。

戦争が起こる、ある国が他の国に侵攻するには、意思と戦力が必要で、戦争を起こさないためには、当然、意思の部分に働きかけることは非常に重要です。各国間の友好関係を作るための経済協力や文化交流、問題が起きた時の外交交渉、条約等の枠組み作り、ＰＫＯによる紛争の拡大防止等、その活動は広範多岐にわたります。現在、世界各地で平和が維持されているのもそれらの活動によるところは大きいものがあります。しかし、それと同等以上に戦力のバランスなくして戦争を防止できないことは、以上の例でも明らかといえるのではないでしょうか。

戦争が禁止されている中で、認められる自衛権とは

「国は自衛権を持つ、そして自衛権には個別的自衛権と集団的自衛権がある」といわれます。最近では集団的自衛権の憲法解釈で大きな議論となり、テレビや新聞でも頻繁に報道されました。しかし、その解説は、憲法や法令、条約や国連憲章などの国際法等の解釈が多く、理解するのが容易ではなかったと思います。

また、今回議論となった日本がアメリカのために行使する集団的自衛権は、非常に特殊な状況下で行なわれるものであるため、余計に難しいものでした。しかし、自衛権そのものが意味するものは決して難しいものではありません。

本節で説明したB国のようにA国が戦力を持ったときにB国も戦力を持ち、もし、A国がB国に侵攻したならばB国は自分の戦力を使って国を守ることができる、その権利があるというのが自衛権です。そして、自分の国を自分で守るのが個別的自衛権で、いくつかの国が協力して国を守るのが集団的自衛権です。

現実の国際社会においては、国際法で戦争は禁止されていますし、他国に対する武力の行使も禁止されています。これだけの規定では、A国から侵攻されたB国も戦力

を使って自国を守ることができません。そこで、自衛権という権利が規定され、自衛の場合には戦力の使用は認められます。

さらには、侵攻にも2つの目的があります。他国の占領や虐殺等の侵略行為と自衛や国際社会の安全や秩序の維持です。前者は国際的に禁止されており後者は認められています。個別的自衛権を行使する場合も、自国内だけでの戦力使用では国を防衛できない場合は、他国への侵攻は認められます。本書での侵攻は自衛権の行使以外は、ほとんど侵略目的で行なわれています。

この権利は国を個人に例えるならば正当防衛と同じです。ただし、正当防衛の場合は、防衛の必要性や防衛の程度等が厳しく規定されており、現実の事件でも、正当防衛が認められるかどうか、過剰防衛ではなかったかどうか等が裁判の争点になります。

これに対し、国が持つ自衛権については、基準となるものが少なく、かなり曖昧です。先制的自衛権といって、「他国からの侵攻が開始される前に、これを予防するために先制攻撃を行なうのも自衛権として認められる」という解釈もあります。個人の正当防衛では、通常これは認められません。国と個人、国内法と国際法の違いがあるため、権利の目的は一緒でも解釈が異なることを前提として比較する必要があります。

さて、現代の国際社会では建前上、他国を侵略するために戦力を保有、増強し、使用する国はありません。A国が100の戦力を持つ理由も、本心がB国に侵略するためであっても、「B国は近い将来戦力を持ち、A国に侵攻することが予測されるため、これを防ぐために戦力を持つ」ということになります。

A国がB国に侵攻する場合も、「B国がA国に侵攻する前に、自衛のため先制的に戦力を使用する」ということになるでしょう。現代の戦力使用は建前上、自衛か国際社会の安全確保が目的になっています。本当の目的が何であるかはよく考察することが大切です。

第3節　国が3つになると必要になる同盟関係と集団的自衛権の行使

国が3つになると複雑になる戦力バランス

国が3つになると、国の意思に関わる要素も多くなり複雑化してきます。同時に、戦力の持ち方も複雑になってきます。

図7のように、大陸の中に3つの国があります。A国、B国、C国で、それぞれの国が隣接しており、戦力は0です。国が2つの時と同様、他の国を攻めることはできませんし、当然、自国を攻める国がないので国を守る必要もありません。戦争がない理想的な状態で、これは国が幾つに増えようと同じです。

さて、**図8**のように、A国が100の戦力を目標に準備を始めました。A国の目的については、B国やC国に侵攻するためか、逆にB国やC国に侵攻されないためです。

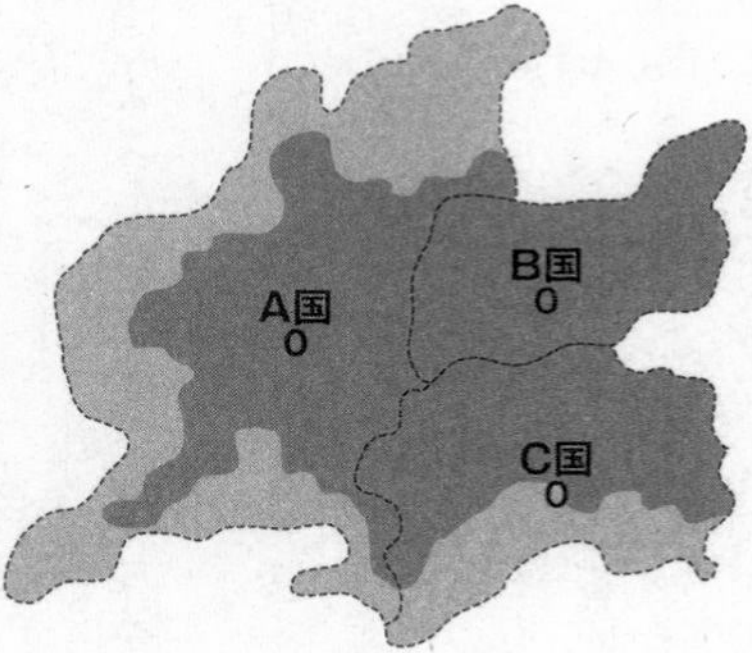

図7

他の国に侵攻する理由についても以前に説明したとおり様々なことが考えられます。

この場合、まずB国とC国のとる行動は外交交渉で、A国の戦力の保有を阻止しようとします。この際、2国間で協力、協調することが重要です。両国がバラバラな交渉をすれば効果は激減します。例えば経済制裁をするにしても、B国が石油の輸出を禁止して農産物は輸出をする。C国は農産物の輸出を禁止して石油を輸出したならば、経済制裁にはなりません。

経済援助するにしても、両国間で強調して行なわないとA国に天秤に掛けられていいとこ取りをされてしまいます。非難、交渉、制裁、援助、いずれの場合でも両国間で協力して歩調を合わせることが大切です。

しかし、A国は戦力の増強を止めません。さて、B国、C国はどうしたらよいでしょうか。前節の2ヵ国の例でも説明したとおり、B国、C国ともにA国の脅威を払拡し、自国を防衛するためには、戦力を持たざるを得ません。１国でも戦力を保有すれば、その隣国は自国を防衛するために戦力を持たざるを得なくなり、その連鎖は続きます。

海に囲まれた島国で、隣国の脅威が低い等の地理的有利性を持つ国や、大国との同盟により保護されている国で、戦力を必要としない場合もあります。現在の国際社会で、軍事力を保有しない20ヵ国程度の国もこれらの理由によるものです。しかし、例外的な国を除くほとんどの国が戦力を保有しており、自国を守るために戦力は不可欠であることを、現実が物語っています。

では、この場合、Ｂ国、Ｃ国はどの程度の戦力が必要となるでしょうか。実際は、Ｂ国とＣ国の準備は同時並行的に行なわれますが、ここでは順を追って見ていくことにします。

まずは、Ｂ国がＡ国の侵攻に対し国を防衛で

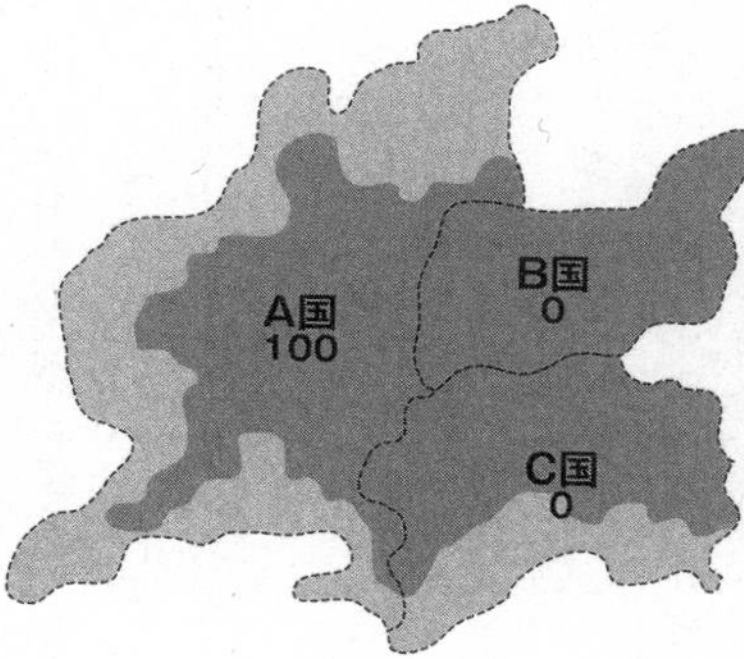

図8

きるよう、必要最小限の35の戦力を準備します。（図9）

次に、C国がB国と同様にA国に対応するため、35の戦力を準備することを考えます。しかしながら、C国はA国の100の戦力に対応するのと同時に、B国の35の戦力にも対応しなければなりません。このため、図10のようにA国の侵攻に対処するための戦力を35、B国の侵攻に対処するための戦力を15、合わせて50の戦力を準備することとなります。

C国が50の戦力を持つと、今度はB国がA国、C国の両国からの侵攻に対処しなければなりません。A国の100の戦力に対応するために35の戦力と、C国の50の戦力に対応するために20の戦力の、合わせて55の戦力が必要になります。（図11）

このようにして戦力の増強が行なわれ、B国、C国ともに55の戦力を持った時点で各国の戦力のバランスがとれます。（図12）

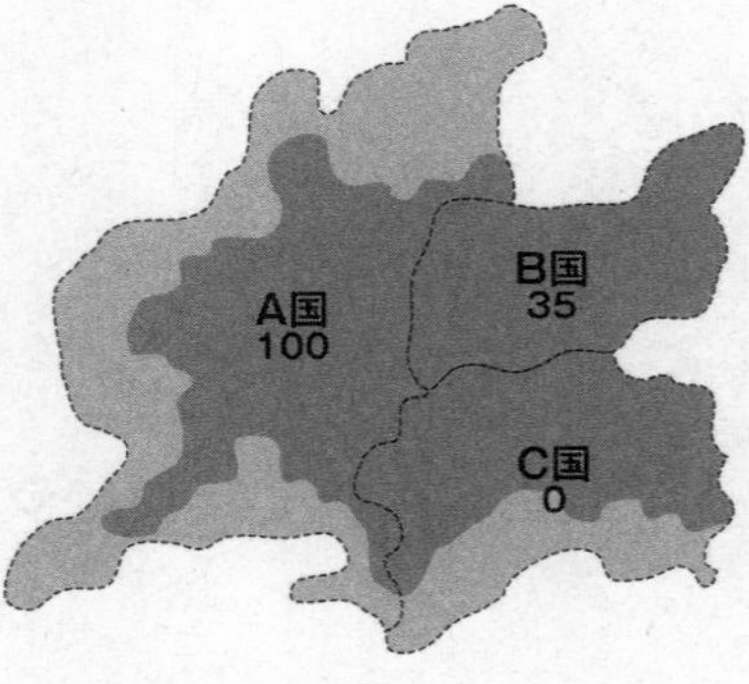

図9

3国間で、協力や協調、同盟関係がない場合には、A国が100の戦力を持つことで、B国はA国とC国からの、C国はA国とB国からの同時侵攻に対処するために、それぞれ55の戦力を持たなければならなくなります。

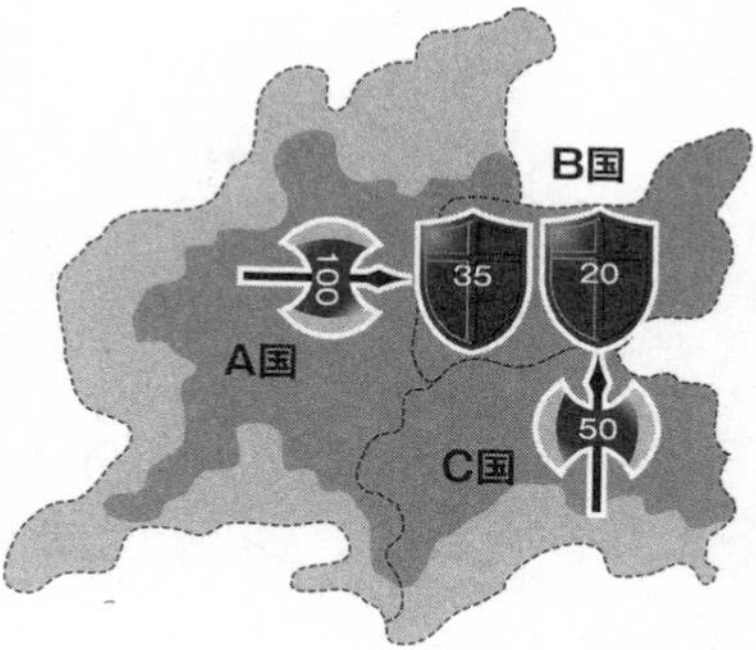

図11

B国、C国は、55の戦力を持つことにより、A国の100の戦力による侵攻に対し35の戦力で対応し、もう1国の55の戦力による侵攻に対し20の戦力で対応することにより、自国を2ヵ国の侵攻から守ることができます。

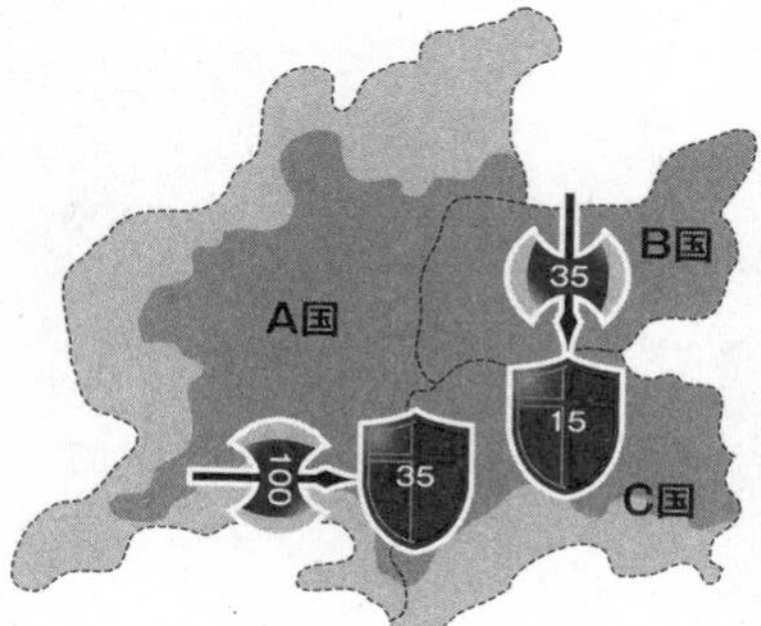

図10

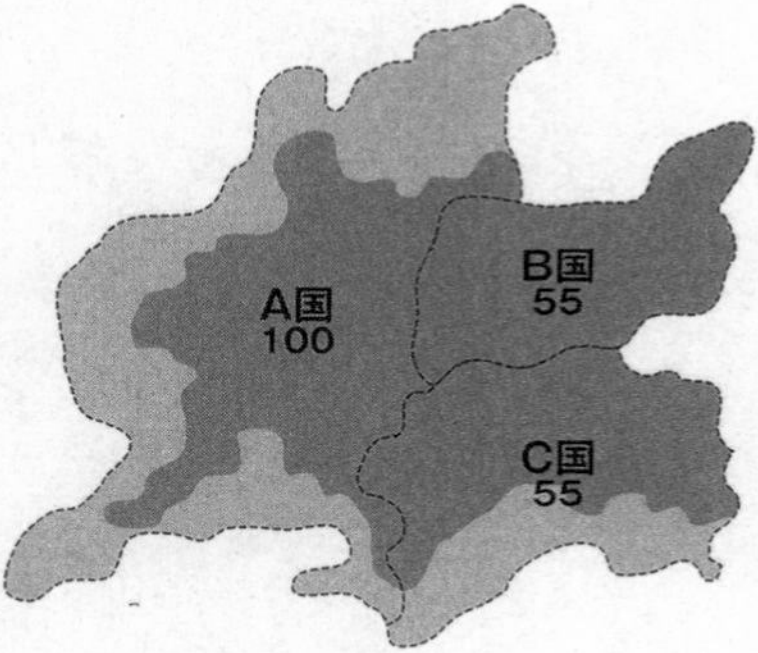

図12

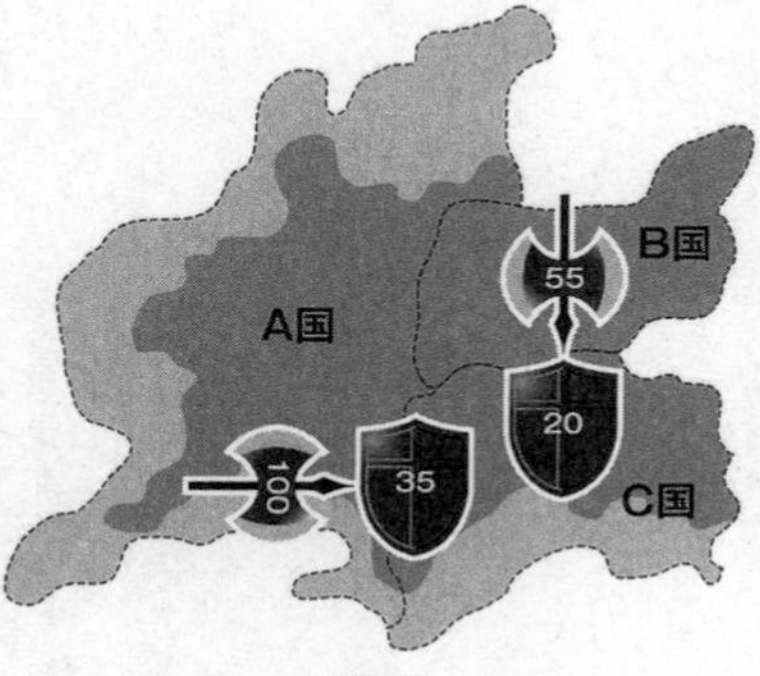

図13

この3ヵ国間の戦力バランスでは、どの2ヵ国が手を結び他の1国に同時侵攻しても、侵攻が成功することはないため、それぞれに抑止力が働きます。戦力バランスだけ考えるならば、この状態で戦争が起こることはありません。（図13）

小国同士が協力することで、より少ない戦力で国が守れる

さて、ここまでの例では、自国の防衛は自国だけで行なう場合を説明してきました。個別的自衛権で国を防衛する場合です。しかし、A国は人口が多く強い経済力と豊富な資源を持つ大国のため、余裕で１００の戦力を持てるのに対し、B国、C国は人口も資源も少なく経済力も弱い小国で、55という十分な戦力を持てない場合はどうしたらよいでしょうか。

戦力を持つためには、人と兵器が必要で、そのための経済力が必要です。兵器を自国で生産するならば、さらに工業力もなくてはなりません。人口も資源も少なく経済力も弱い小国であれば、大きな戦力を持つことは物理的に不可能です。

北朝鮮のように、人口の４％を兵員とし、国の予算の多くを軍事費として使い、国の規模に比して大きな戦力を保持している国もありますが、このような国策は国民にとって非常に大きな負担となります。国を守るためにはやむを得ざる場合も出てくるでしょうが、ここでの３ヵ国の関係ではもっとよい方策が考えられます。

この３ヵ国の関係で、B国、C国にとって自分の国に侵攻する恐れがあるのはA国

であり、B国にとってはC国ではなく、C国にとってはB国ではありません。したがって、B国、C国は敵対する必要はなく、それぞれに対処するための戦力を持つ必要はありません。B国、C国が信頼関係で結ばれ協力することにより、より少ない戦力でA国の侵攻に対処することができます。

まずは、B国、C国が同盟し、お互いを攻めないという信頼関係を作れば、それぞれがA国の100の戦力に対応するためだけの35の戦力を持つだけで国の防衛ができます。同盟により、55の戦力を35の戦力に減らすことができます。

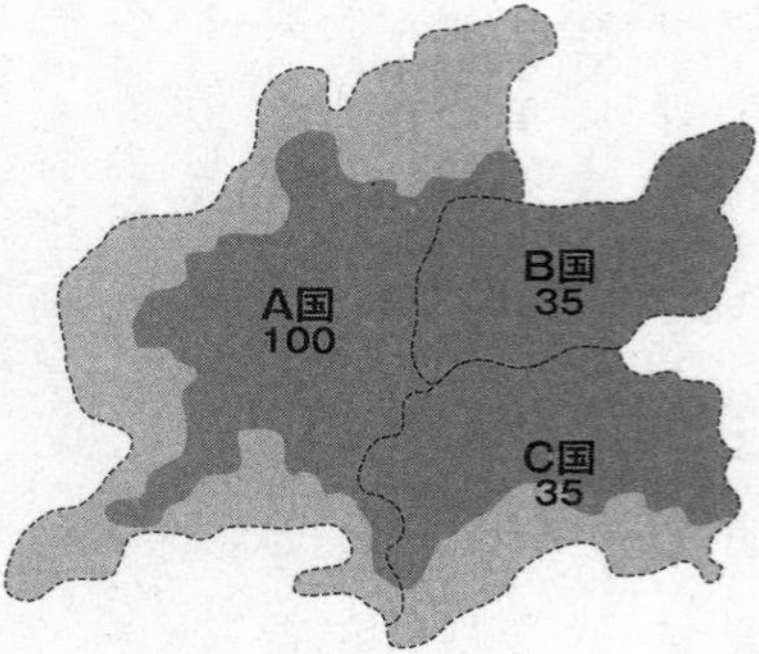

図14

（図14）

協力態勢を強化すると、さらに少ない戦力で国を防衛することができます。B国、C国は30の戦力を持ちます。守る側の有利性を活かしても、A国の戦力100に対しB国、C国の戦力ではA国の侵攻から自国を守ることはできません。しかし、図15のように、A国がC国に侵攻したならB国がA国に侵攻するという取り決めをしたらどうなるでしょうか。

A国はC国への侵攻のためにほとんどの戦力を使っていますから、B国はやすやすとA国に侵攻することができます。A国はB国の侵攻が心配でC国に侵攻することはできません。これはA国がB国に侵攻する場合も同様です。相互に同じ取り決めをします。

A国がB国の脅威に対処してC国に侵攻するためには、B国の侵攻を10の戦力で守る準備をすることとなります。このような処置をするとC国の侵攻に割ける戦力は90となり、C国への侵攻はかなり難しくなります。（図16）

また、A国は、B国とC国の２つの正面での戦争指導をしなければなりません。兵員の補充や兵站物資の準備も２つの正面で行なう必要があります。これは、明らかに１つの正面での戦争に比べて国の負担が、大きくなり、それぞれ

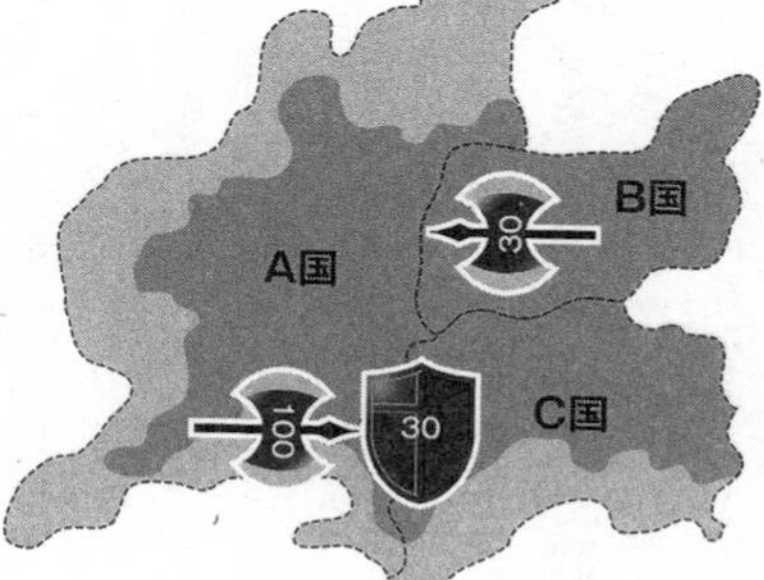

図15

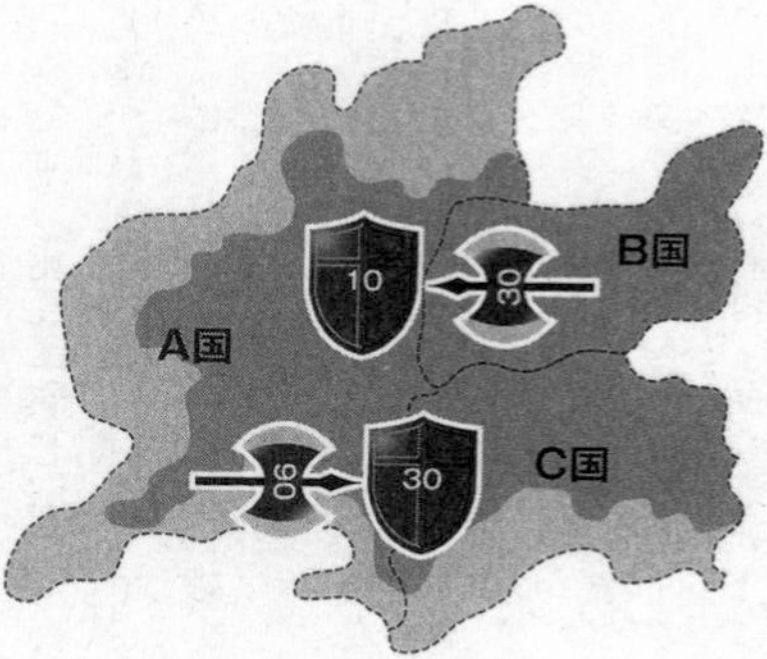

図16

の正面での作戦は難しくなります。これを数値化することはできませんが、戦いの正面が増えるほど、この傾向が強まります。

ここでもう1歩踏み込み、協力態勢を高めて同盟国に戦力を増援できれば、さらに戦力を削減できます。A国がC国に侵攻する際に、B国が10の戦力をC国に増援して、合計35の戦力でA国の侵攻を防ぐ態勢をとることができれば、25の戦力で国を守ることができます。（図17）

この方法は、前の方法よりも少ない戦力で国を防衛できますが、戦力の運用としては格段に難しくなります。増援を受ける国は、他国の戦力を平素から自国に入れ、ある程度自由な行動を許さなければなりません。増援する側は、慣れない地においても戦力を発揮できるよう、同盟国内で頻繁に訓練する必要があるからです。

独立国が他国の軍隊を受け入れて、自由に行動させるのは非常に抵抗があります。

いくら強い信頼関係にある同盟国とはいえ、裏切られないという確率はゼロではないからです。

また、侵攻するA国も、欺騙とか欺瞞と呼ばれる、「B国を攻めると見せかけて、実際はC国を攻める」という相手の国の意表を突く作戦をとることがしばしばあります。このような作戦にも対応できるように、C国は残りの15の戦力で準備をするわけですが、A国がC国正面に50以上の戦力を向けていたら守りが破られてしまいます。

このような場合は、B国に増援した戦力を戻すとともに、さらにB国の増援を受けることが必要となる場合もあります。一度配置した戦力を動かすのは簡単ではありませんし、時間も掛かります。特に陸上戦力については、相当な期間が必要であることを考慮しなければなりません。

より少ない戦力で国を防衛するには、いろい

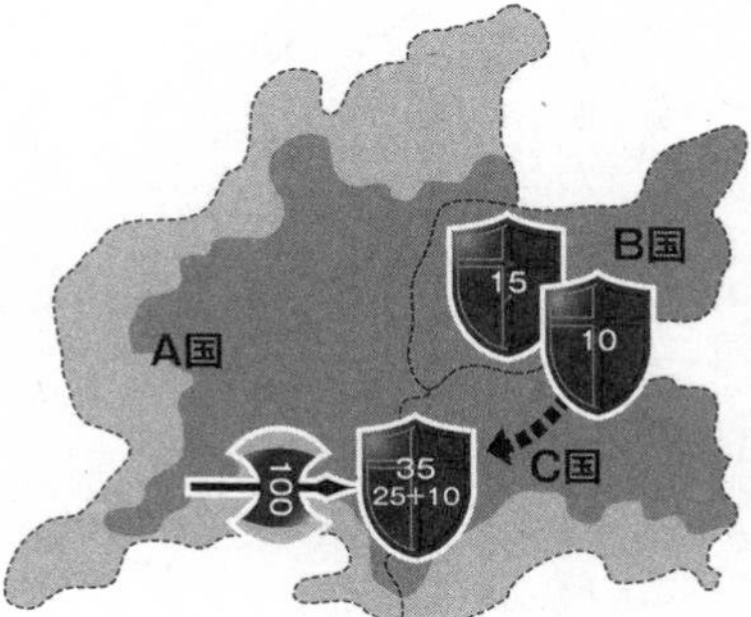

図17

ろな工夫が必要ですし、深い信頼に基づく強い同盟関係が求められます。特に3番目の方法の場合は、確実な情報を早期に入手することが勝敗を決する大きな要因となります。

効率的・効果的な防衛が可能となる集団的自衛権

自分の国の戦力で自分の国を守ることができる権利が個別的自衛権で、複数の国が同盟して他の国を助けるためにも自分の国の戦力を使用できる権利が集団的自衛権です。個別的自衛権だけでは、A国がC国に侵攻したとき、侵攻されていないB国は戦力を使えません。集団的自衛権が認められていれば、B国がA国に侵攻することも、B国がC国に増援を送ることも可能となります。これにより、小国が同盟することで、効果的・効率的に大国の脅威から国の安全を確保できます。

これも個人の関係で例えるならば、正当防衛と同じです。友達が殴られているのを助けるために、自分が殴られていなくても、相手を殴るのが認められています。日本の刑法には「急迫不正の侵害に対して、自己又は他人の権利を防衛するため、やむを得ずにした行為は罰しない」と「自己又は他人」という言葉が明記されています。日本でも、個人の関係では、昔から集団的自衛権が認められていたというわけです。

日本が集団的自衛権を行使できるかどうかについて、憲法解釈を巡って大きな議論となりました。日本の同盟国は軍事大国のアメリカであり、また、地理的にも国と国とが太平洋を隔てた遠方にあり、本節で説明したB国、C国の関係とは全く異なり、特殊な状況です。

集団的自衛権の必要性とその行使のあり方については、本節の説明が基本となります。この集団的自衛権の形態が非常に分かり易く表われていたのは、ソ連崩壊前、冷戦時代のヨーロッパでの西側諸国と東側諸国での対立です。年代により加盟国が変わりますが、アメリカを中心とするイギリス、フランス、オランダ、西ドイツ等10数ヵ国が軍事同盟を結んだNATO（北大西洋条約機構）と、ソ連を中心とするアルバニア、ブルガリア、ルーマニア、東ドイツ等10ヵ国弱の国が軍事同盟を結んだWTO（ワルシャワ条約機構）が相対し、戦力バランスを維持していました。

この基本の関係をもって、アメリカに対する日本の集団的自衛権の行使を説明するとおかしなことになります。例えば、「アメリカが他国に侵攻されたら自衛隊を派遣するのか」とか、「アメリカ軍が中東で作戦をしているときに攻撃されたらこれを助けるのか」等の議論になってしまいます。日本の集団的自衛権の行使は、非常に特殊な場合であることを、よく認識しておかなければなりません。これについては第４章で詳しく説明します。

第４節
複数国で必要な戦力バランスと集団安全保障

国の数が多くなると、より重要になる「意思」の分野

国の数が増えると、国を防衛するためにどの程度の戦力を持ち、どの国と同盟関係を結ぶか、非常に複雑になってきます。ただ、「国を防衛するために必要な戦力と自国を守るという強い意思を持ち、個別的自衛権、集団的自衛権を有効に使い、戦争を抑止する」という基本的な考えに変わりはありません。

これも例を用いて説明します。**図18**のように、大陸に10の国があります。A国からJ国で、国の大きさも国力も保有する戦力も様々です。国民性、文化、習慣、経済力、資源、人種、思想が異なり、各国間で歴史問題、領土問題を抱えます。国が多くなると、国の防衛を考える際に必要な戦力と意思のうち、意思の部分の比率が高まります。

現実の国際社会と同じです。安全保障や防衛の議論が複雑でわかりにくいのは、国によって大きく異なるこれらの要素が国の意思となり、それが紛争や戦争に繋がることがあるからです。友好国はどこか、敵対国はどこか、宗教的に思想的に対立する国はどこか、経済的な関係はどうか、いろいろな要素が安全保障や防衛に影響します。

戦力主体の本防衛論ではこれらの要素は加味しませんが、現実の国際社会の分析には必要不可欠です。これから説明する10ヵ国の戦力関係に、「意思」に関係する要素を入れ込みながら、現実の国際社会と対比してみるのも面白いと思います。

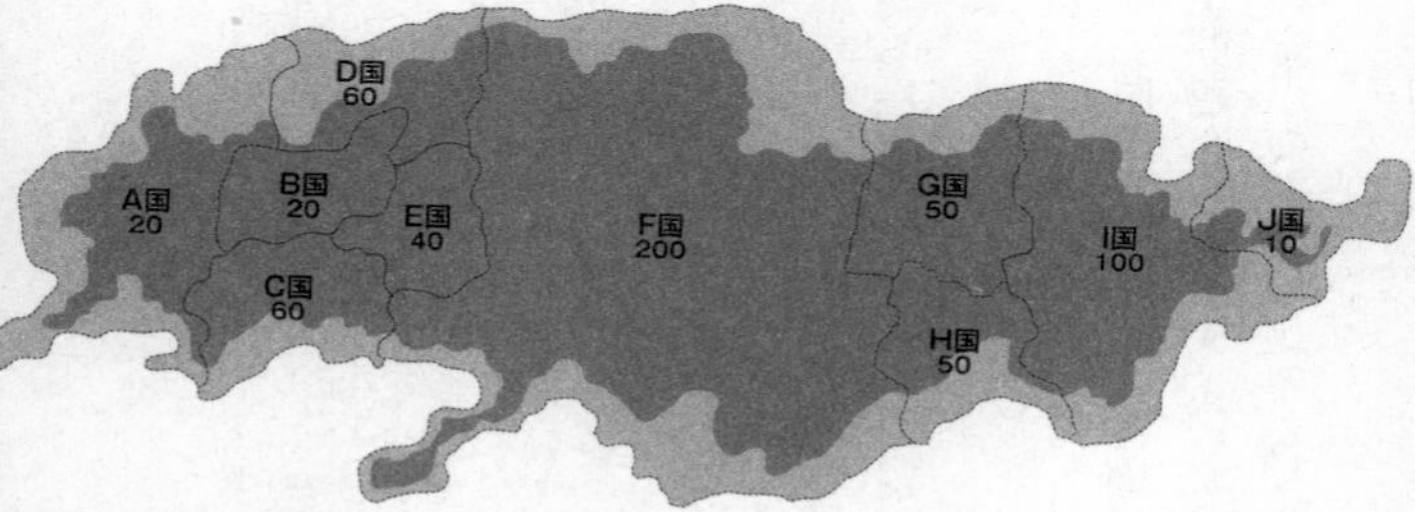

図18

複数国では複雑な戦力バランスにより戦争を抑止

この大陸でポイントとなる国はF国です。領土も1番広く、戦力200を保有する大国です。戦力だけなら、最も脅威となる国です。F国が、この大陸全土の支配を企図していたならば、好機を逃さずそれを実行に移すでしょう。

これに対し、F国の周辺国C国、D国、E国、G国、H国は、自国だけではF国からの侵攻を阻止することはできません。もし、各国が自国の防衛だけを考え、個別的自衛権の行使のみで対処したら、F国は1国ずつ侵略していくことが可能です。

他国に侵略することにより、その国の戦力や資源、経済力、工業力等を自国に取り込むことができます。これにより、F国の戦力は益々高まり、数ヵ国を占領した後は一気に大陸全土を支配することになるでしょう。このような事態は、この大陸に所在する他の9ヵ国にとって非常に憂慮するところです。特に、周辺国の5ヵ国は最初に侵攻の対象となる国ですから、F国は非常に脅威です。

周辺5ヵ国は、同盟を結び、集団的自衛権を行使して国を防衛することとなります。まずは隣国であるC国、D国、E国が同盟を結び、同じく隣国であるG国、H国が同

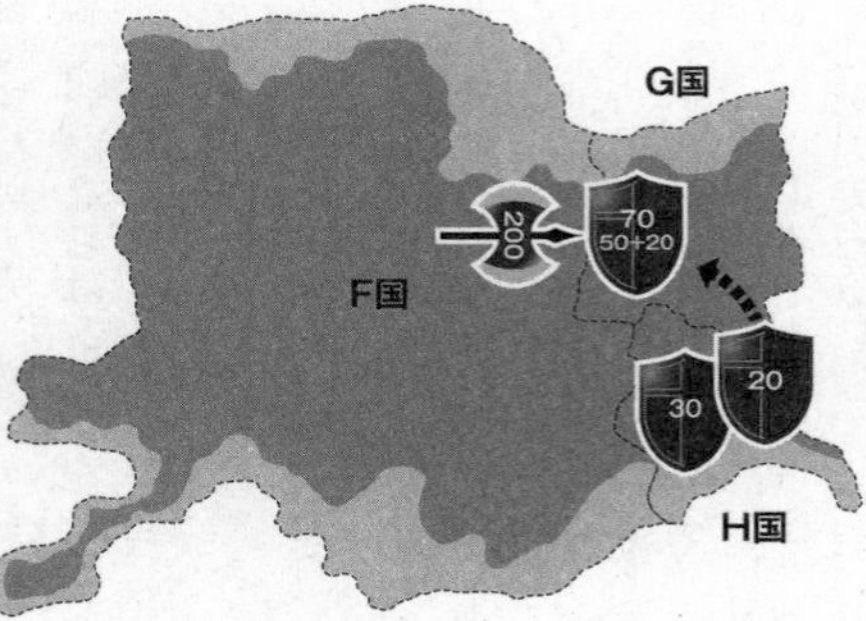

図19

盟を結んで国を防衛することを考えます。

　Ｇ国、Ｈ国が集団的自衛権を行使する場合は、図19で示すように戦力を相手国に増援して国を守る、前節で説明した難しい方法となります。Ｈ国がＧ国に20の戦力を増援し、Ｇ国は70の戦力でＦ国からの侵攻を防ぐという方法です。

　このように、隣国だけの協力では戦力の運用に限界があり、効果的とはいえません。離れあった５ヵ国間が協力して集団的自衛権を行使すれば、効率的で確実な防衛ができるようになります。Ｆ国が５ヵ国のうちのいずれかの国に侵攻したならば、他の同盟国がＦ国に攻め込むことを取り決めておくのです。

　Ｆ国と周辺国の１国では、それぞれに3倍以上の戦力差がありますが、５ヵ国の戦力を総合すれば、Ｆ国の２００の戦力に対し、５ヵ国の総合戦力は２６０でＦ国の戦力を上回ります。Ｆ国が周辺国のうちの１国に侵攻しようとしても、何時、他の同盟国が侵攻してくるかわかりません。F国は他の同盟国の動向が心配で行動を起こすことができません。もし、確実に1国に侵攻しようとするならば、他の4ヵ国に対しては必要な戦力を使い、守りの態勢をとらなければなりません。

図20のように、F国がE国に侵攻しようとした場合は、C国、D国、G国、H国に対して、それぞれ20の戦力で守りの態勢をとらなければなりません。E国に侵攻するための戦力は120しか割けないため、侵攻はかなり難しいものになります。

また、F国は同時に5ヵ国と戦争することとなるため、非常に困難な作戦になります。前節では2正面の作戦でしたが、今回は5正面の作戦です。いくら大国とはいえ、ほとんど不可能に近い作戦です。このように、大国に対して小国が国を守る場合には、多数の国が協力し、集

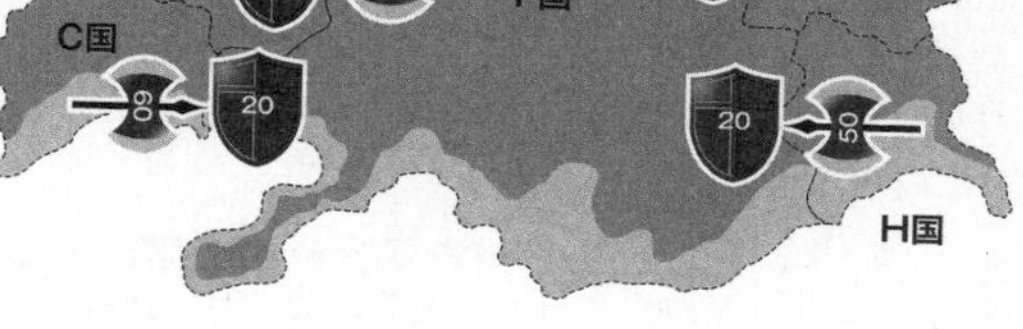

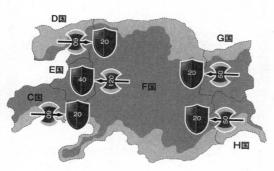

図20

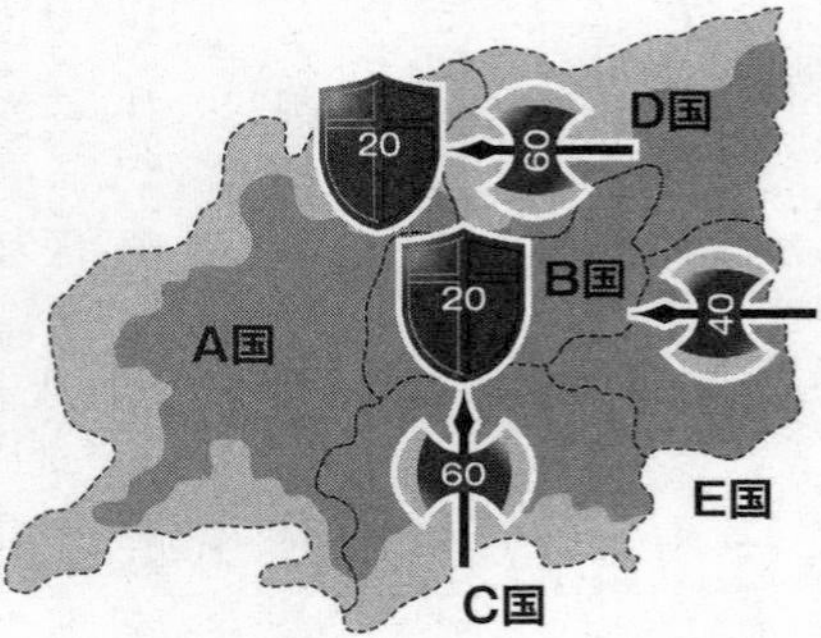

図21

団的自衛権の効果を最大限に発揮する必要があります。

次に小国のA国、B国の防衛です。両国とも戦力20の小国ですが、周辺国が40～60の中規模の戦力の国であり、1国対1国の防衛に関しては問題ありませんが、数ヵ国に同時侵攻された場合には対応できません。

A国とB国は同盟を結んで国を守ることとなりますが、C国、D国、E国が同盟を結び、A国、B国に同時侵攻した場合には、3ヵ国の侵攻を防ぐことはできません。例えば**図21**のように、C国とE国がB国に同時に侵攻し、D国がA国に侵攻した場合は、B国は対応できません。

しかし、これで話は終わりません。C国、D国、E国の右隣には、図21では省略したF国の存在があります。C国、D国、E国がA国、B国に侵攻している状態は、F国がC国、D国、E国に侵攻する好機といえます。つまり、C国、D国、E国は、背後にF国の脅威があるため、安易にA国、B国には侵攻できないということです。当然、A国、B国がF国と同盟を結べれば、この態勢は強固となり、A国、B国の安全は格段に高まります。

このように、この大陸においては、各国の位置関係と戦力のバランスから、A国からH国の間の戦争は起きにくい状態になっています。当然、集団的自衛権を使い各国が効果的に国を防衛できるよう、それぞれの国の間で同盟関係を結ぶことが前提となります。

集団的自衛権が機能しないケースで必要となる集団安全保障

この大陸において1番問題となるのが右端のJ国です。戦力は10の最小国で、隣には、戦力100のI国が存在しています。また、隣国には同盟を結ぶ国がありませんし、大国F国との関係は、G国、H国の2つの国が間に入り、A国、B国のようにこの力を直接利用することができません。国の防衛にはG国、H国との同盟しかありません。

しかし、**図22**のようにJ国がG国、H国と同盟を結んで集団的自衛権を行使したと

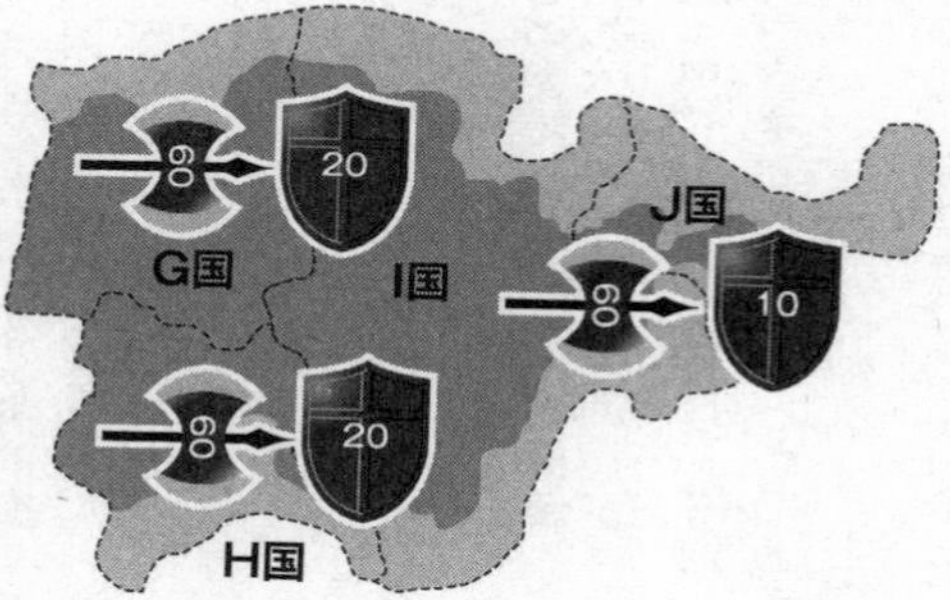

図22

しても、I国は、G国、H国の侵攻に備え、それぞれ20の戦力で守りの態勢をとり、J国を60の戦力で攻めることができます。G国、H国がJ国に増援する場合は、間にI国があるため、空路、海路を使うことになります。I国の妨害を回避しながらの増援は常に厳しいものとなります。J国が自衛権の行使だけで国を守ることは非常に難しい状況です。

　そこで、登場するのが集団安全保障です。集団安全保障については、過去に機能したことがあるのか、現在、実際に機能しているのか、機能するための努力が行なわれているのか、日本に対する侵略行為があったときに機能するのか等、いろいろと疑問があるのは確かです。しかし、集団安全保障は世界が理想とする機能であり、将来きちんと働くようになれば、世界の安全は格段に向上することは間違いありません。

集団安全保障とは、日本国内で例えるならば警察に似た機能です。個人と個人の関係では、他人からの暴力に対しては、正当防衛により、自分の力や友人の力を借りて自らを守ります。しかし、さらに頼りになるのが警察です。

警察が犯罪を取り締まり、治安を維持します。また、警察の存在が犯罪の発生を防止します。これと同様に、この大陸に、他国に侵略しようとする国を取り締まる何かの機能があれば、Ｊ国の安全は保障されることになります。

この大陸において、Ｉ国とＪ国の状態は好ましいものではありません。ある地域での戦争が、大陸全体の貿易や経済等に影響を与え自国にも損害をもたらすことは、現在の国際情勢でも多々あります。特に、Ｊ国が小国ながら石油等の重要な資源を多く保有し、各国に輸出しているような場合は、これをＩ国に押さえられることは各国にとっての死活問題となります。

このような状況において各国は、大陸での秩序を維持するための何らかのシステム作りを模索します。特に、Ｆ国にとって、Ｉ国に大陸全体の主導権を取られるのは好ましくないため、Ｆ国が主導してシステム作りをすることになります。現在の国際連合のような組織です。国と国との間で問題が起きた時には、この組織で話し合いをして解決するというものです。

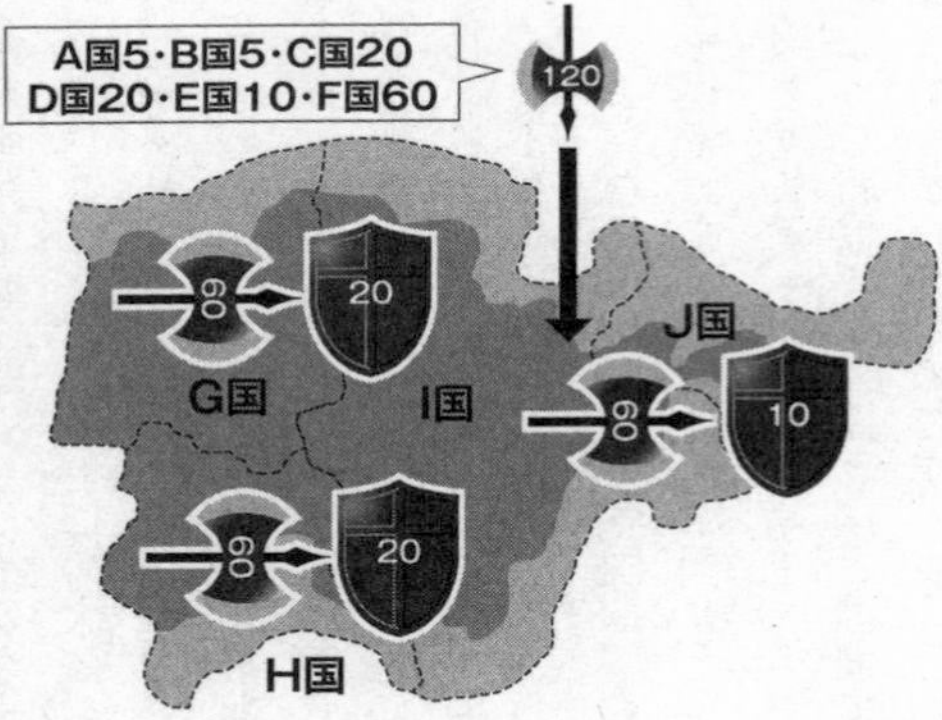

図23

しかし、全てが話し合いで解決するということはありません。そこで、10ヵ国それぞれが少しずつ戦力を出し合い、組織全体のために使う戦力を持ちます。これが、ある程度大きな戦力となり、他国に侵略しようとする国を押さえることができれば、まさに日本国内における警察のように、大陸全体の秩序を維持する機能となります。

また常時、戦力を出し合うことがなくても、何か問題が起きた時だけでも戦力を出すことが可能であれば、それが抑止力として働き、大陸全体の秩序は大幅に高まります。I国がJ国に侵攻しようとした場合にも、集団安全保障が機能すれば、これに対応することができます

図23のように、I国の侵攻に対してG国、H国は集団的自衛権を行使し、それぞれの60の戦力でI国に侵攻します。合わせて、A国からF国が集団安全保障の機能とし

て3割程度の戦力、A国が5、B国が5、C国が20、D国が20、E国が10、F国が60の戦力を出し合い、合計120の戦力をI国に投入すれば、I国の侵攻は成功しません。

このように、全ての国が協調し、集団安全保障の機能が常に働けば、これが抑止力となり、この大陸内で戦争が起こることはまずありません。これは、現在の世界における国際連合による国連軍の機能ということになります。

しかし、残念ながら現実の世界においては、各国の思惑がそれぞれに異なり、集団安全保障が有効に機能しているとはいえません。国際連合ができて、70年以上有効に機能しなかったものが、近い将来機能するとも思えません。国の防衛ために当面暫くの間は、個別的自衛権と集団的自衛権を効果的に使うことが必要不可欠であるといえます。

本章では、通常戦力をもって、いかにして国を守るかを説明してきました。現代世界では国同士の取り決めで、他国に侵攻すること、戦争をすることは禁止されています。確かに大国同士の大規模な戦争は起きていません。しかし、小規模の紛争は各地で起きています。また、この戦争を禁止する取り決めをされた後に、第2次世界大戦が起こっていることから、必ずしもこのような国際的な取り決めが有効に働くとは限りません。

何度も繰り返すことになりますが、他国を攻めようとするのにも、自国を守ろうとするのにも、戦力と意思が必要です。意思が短期間のうちに変わるのに対し、戦力を持つには長い年月が必要です。

日本においては、10年間を目途に必要な防衛力を整備するよう計画していますが、現在の予算環境では厳しい状況です。将来の国際情勢がどのようになるか予測できない中、また、集団安全保障が有効に機能しない中、必要な戦力を整備し、個別的自衛権と集団的自衛権を効果的に行使することは、国を守るために極めて重要なことです。

日本では、「必要な戦力を整備する＝他国に侵攻する、戦争をする」という図式で捉える意見がありますが、決してそうではありません。必要な戦力とは、周辺国の戦力に対し日本の国を守るための戦力です。守るための戦力は攻めるための戦力よりも少なくて済みますし、その少ない戦力で他の国を侵攻することはできません。そして、何より大事なのが、この必要な戦力と強い意志により、他国が日本に侵攻しようとする意思を砕くこと、「侵攻を、戦争を抑止するために戦力を持つ」ということです。

第2章　核戦力で考える防衛論

第1節　核戦力の特徴

防衛や安全保障を考える上で不可欠な核戦力

日本は核兵器の被害を受けた世界でも唯一の国であり、日本において核戦力を語るとなると、それを否定すること、そして現在の核戦力を廃絶することに尽きてしまいます。しかしながら、世界には核戦力を保有する国が存在し、隣国の北朝鮮では世界的な非難の中、着々と核兵器の開発に邁進しています。

核兵器を肯定し、核兵器の保有を推進することと、核兵器に関する正しい知識を持ち、核戦力が世界の安全保障や日本の防衛にどのような影響を与えているのかを議論することでは、全く話が異なります。

核戦力は、世界各国の安全保障に非常に大きな影響力を持ちます。核戦力が、第2

次世界大戦までに起こったような大規模な戦争を抑止してきた機能の1つであることは確かです。また、日本がアメリカの核の傘の提供を受けているのも事実です。核兵器は凄まじい破壊力を持ち、その存在自体が人類の脅威といえるもので、人類が確実に管理しなければならないものです。

このような認識のもと、日本においても核戦力を理性的、客観的に評価し、冷静に議論しなければなりません。そして、最も重要なことは、通常戦力と核戦力では、特徴も運用も全く異なる別物であることを理解することです。

人類は狩りや、戦闘のための武器として、最初は槍、刀、弓矢を作り、火薬を発明し、鉄砲、大砲とその威力を増強してきました。それが、核兵器の開発に至って、飛躍的にその威力は増加しました。同種のものとして扱うことができないほどの格差があります。そして、その特徴をきちんと理解しておくことが、核戦力についての防衛論を理解するための第1歩です。

核兵器の特徴、その凄まじい威力

核兵器の第1の特徴は、その強力な破壊力です。広島に使用された開発当初の原子爆弾の威力でさえ、TNT換算で15kt（キロトン）といわれています。（kは1000の単位で15×1000t、tは1000キログラムで乗用車1台分の重量）TNTは火砲の弾薬や爆弾に使われる爆薬ですが、これが1万5000トン爆発したのと同じ威力ということです。各国で保有している、火砲の弾薬に使われている火薬の量は10kg程度ですから、これに換算すると150万発分ということになります。この核爆弾1発で、1つの都市を壊滅させるだけの威力を持ちます。

広島や長崎で使用された後も核兵器の開発は継続され、現在では、ミサイルに搭載された小型の核弾頭でも100kt程度の威力、原子爆弾の威力をさらに高めた水素爆弾になるとM（メガ）の単位（kの1000倍で、1MtはTNT換算で100万トン）が使われるほどの威力を持ちます。現在の原子爆弾は、広島型原子爆弾の10倍の威力、水爆では、100倍の威力があるということです。現在も世界に、これら核爆弾が1万発以上存在するといわれています。

第2の特徴は、核爆発時に出る多量の放射線です。通常の弾薬、爆弾であれば、爆発時の熱と爆風、爆薬を包む金属の破片による1次的被害が主なものです。範囲も限定され短期的です。しかし、核爆弾の場合は1次的被害に加え、放射線による2次的な被害が広範囲、長期間にわたって発生します。広島や長崎への核攻撃や核開発のための核実験で、放射線の後遺症により多くの人が苦しめられています。

　核爆弾が爆発した地域では、多量の放射性物質が残留し放射線を出し続けるため、当該地域に立ち入ることもできなくなります。ソ連のチェルノブイリ原発事故でも、放射線による被害が広範囲にわたるとともに、原発周辺の半径30㎞地域は未だに立ち入りが制限されています。

　そして、第3の特徴が核爆弾を高高度（高度100㎞以上で、定義上は宇宙と呼ばれる）で爆発させるときに発生する電磁パルス（ＥＭＰ）の影響です。これは、人体への直接的被害が比較的少ないことから、核兵器開発当初はあまり注目されないものでしたが、現代では様相が大きく異なります。ＥＭＰは多くの周波数を含む強力な電磁波で、様々な電子器材に影響を与えます。

　現代は電気の時代です。家庭には多くの電化製品があり、大都市の交通網は電車や道路の信号等、全て電気でコントロールされています。金融取引を始めとする多くのシステムがコンピューターで管理され、ほぼ全ての通信手段、情報伝達手段が電子化されています。これらの機能がＥＭＰにより、一瞬で破壊されます。大地震が起きた時と同程度以上の被害がもたらされる訳です。

　以上、3つの大きな特徴を説明しましたが、要は、凄まじい威力を持つということにつきます。そのため、日本で使用されて以来使われたことはなく、また、新たな開発や保有の禁止、削減が強く叫ばれてきました。

確かに、米ソ間（現在の米ロ）では核兵器の削減が行なわれ、冷戦期の1980年代に両国が保有していた核兵器に比べると、5分の1以下になったとはいえ、未だに、世界にある核弾頭数は1万発以上ともいわれています。また、核兵器を一度保有した国で、これを破棄した国はありません。

国を防衛するために何らかの形で核戦力を利用しているというのも（核戦力を保有しない国は核の傘を借りるという方法で）、直視しなければならない、やむを得ない現実なのです。

核兵器が凄まじい威力を持つ原理

通常兵器と核兵器では、なぜ、次元が違うほどの威力の差があるのかについて、簡単に触れておきたいと思います。説明の都合で、科学の理論も出てきますが無視しても問題ありません。

まず、通常兵器で使われる爆弾の破壊力の源は火薬です。花火に使われている火薬と原理的には変わりません。初期の鉄砲は花火に使われている火薬と同じものが使われていました。

この火薬の破壊力を強くしたものが爆薬と呼ばれ、馴染みなものとしてはダイナマイトがあります。ダム建設等の大規模な工事に使われます。この爆薬をさらに高性能にして使いやすくしたのが軍用爆薬といわれるもので、代表的なのがTNTです。現在でも軍用として幅広く使用されています。核爆弾の威力を表わすときにTNT換算で何ktとして使われているものです。

火薬が燃焼し、爆発するのは紙が燃えるのと原理的には一緒で、化学反応によるものです。この燃える速さを極端に高めると、それが爆発になります。ガスコンロの火で料理をするときには火はゆっくり燃えますが、このガスが一気に高速で燃えたのがガス爆発です。ただし、紙やガスが燃えるときには空気（酸素）が必要ですが、火薬が燃えるときには空気は必要ありません。

これに対して、核兵器で使われる原子爆弾の破壊力の源は、ウラン、プルトニウム等の放射性物質です。これが多量のエネルギーを出す原理は、火薬とは全く異なります。原子物理学の理論に核分裂というのがあります。ウランやプルトニウムの原子核が2つの原子核に分裂するときに、大きなエネルギーを放出します。この核分裂が続けて起きるのを核分裂反応といいますが、この反応速度が速いと核爆発を起こします。核分裂の反応速度を緩やかにコントロールして、そのエネルギーを熱として取り出し、発電に使っているのが原子力発電です。核分裂反応を制御して平和利用したのが原子力発電で、核分裂反応を速めて軍事利用したのが原子爆弾です。

このように、核爆弾が通常の爆弾と違って破壊力が桁違いなのは、元々の爆発の原理が異なるためです。爆薬の化学反応に比べ、核分裂で放出されるエネルギーが極めて大きく、核爆発が起こるときの核分裂反応速度が極めて速いのが特徴です。

同じく、原子物理学の理論で、より大きなエネルギーを放出するのが核融合と呼ばれるものです。核分裂とは反対に、２つの原子核をぶつけて１つの原子核を作るときに大きなエネルギーが放出されます。これが連続して起こるのを核融合反応といい、その速度を高めたのが水素爆弾です。水素の原子核をぶつけて新たな原子核を作ることから、水素爆弾と呼ばれています。

この核融合反応を緩やかにコントロールして、発電に応用したものが核融合発電ですが、その開発は未だに実現されておらず、将来的にも実用化は困難であろうといわれています。現在では軍事利用だけされています。

このように、核戦力は通常戦力とは大きく異なる特徴を持ちますから、以後、核戦力を表わすために**記号3**を使います。数値はKを使用します。10Kであれば10000ということです。今まで、50とか100とかで表わされていた通常戦力と比較すると、まさに桁違いに大きな戦力です。

記号3

通常戦力と異なる核戦力の運用要領

大陸にA国とB国の2つの国があります。A国が通常戦力100、核戦力100K、B国が通常戦力20、核戦力20Kと、両方の戦力ともにA国が優位です。もし、両国ともに通常戦力しか有しない場合は、A国が3倍以上戦力をもってB国に侵攻することができます。B国が国を守るためには、通常戦力を35以上に増強する必要があります。ところが、B国は20Kの核戦力を有しています。A国の通常戦力に対抗するため、核戦力を通常戦力と同様の要領で国の守りに使いたいところですが、核戦力の特性上、このような使い方はできません。**（図24）**

通常戦力を防衛のために使う場合は、自国の領域内に戦力を配備して準備をし、侵攻する国が自国の領域内に入ろうとしたならば、これに戦力を使用するというのが通

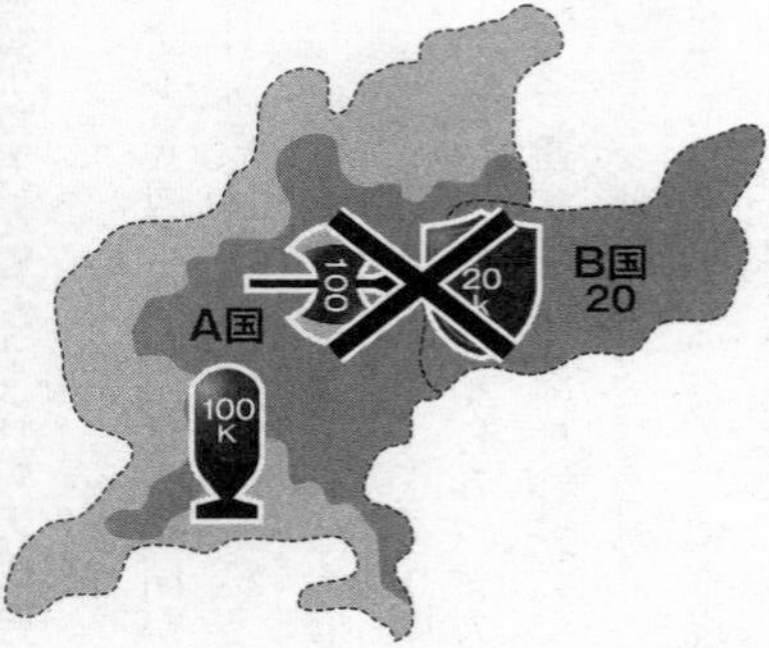

図24

常です。主たる戦いは国境付近か自国の領域内ということになります。

もしこれを、核戦力に置き換えたならば、国境付近か自国領域内で核戦力を使用することとなります。通常戦力であれば、威力が限定されその効果も狭い範囲に留まりますが、核戦力は威力が大きいために、自国内の広範囲に被害が及びます。核戦力を通常戦力に準じて使用すると、侵攻する国から自国を守る効果よりも、自国にダメージを与える被害の方が大きくなってしまいます。

核戦力は、相手国に攻撃的に使うことしかできません。B国がA国の侵攻を阻止するために核戦力を使う場合は、ミサイル等の運搬手段を用いてA国の中枢部を狙います。B国が持つ核戦力の半数10Kの核戦力でも、十分な効果が得られます。（図25）

しかし、ここで戦争は終わりません。A国も核戦力を保有しているため、報復としてＢ国に対して核戦力を使用します。Ａ国が核戦力上も優位にあるため、Ｂ国が核の先制攻撃でＡ国の核兵器を全て破壊することは困難です。当然、これに対してＢ国も残りの10Ｋの核戦力で報復します。こうして核戦争が生起し、両国ともに甚大なダメージを受けます。通常戦争が核戦争へとエスカレートするわけです。

核戦力保有国同士で、１国が相手国に核兵器を使用すれば、その報復の核攻撃の連鎖が起こり、大規模な核戦争へと繋がります。その結果、米ロのように多量の核兵器を保有していたならば、国そのものが消滅する事態にもなります。

したがって、核戦力は実際に使用せず、威嚇や恫喝による侵攻の抑止を通常とします。つまり、Ｂ国は、「Ａ国が侵攻したならば、核戦力を使ってでも侵攻を阻止する」という強い意思を持ち、Ａ国を威嚇することで、相手の侵攻を思い留まらせるのです。

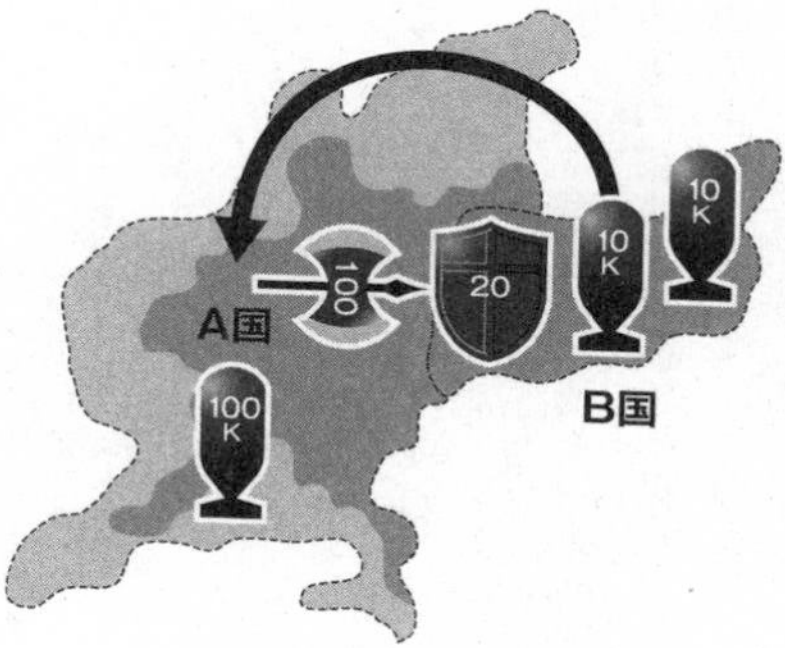

図25

第2節　核戦力による戦争の抑止

戦争を抑止する効果の高い核戦力、使わないことを前提とした戦力

戦力を用いた戦争の抑止には、通常戦力と核戦力、通常戦争と核戦争の組み合わせにより、①通常戦力による通常戦争の抑止、②通常戦力による核戦争の抑止、③核戦力による通常戦争の抑止、④核戦力による核戦争の抑止があります。このうちの①については、これまで説明してきました。これから、③と④について説明します。②については、かなり特殊な場合になりますので本防衛論では省略します。

他国に侵攻する場合には戦力と意思が必要となりますが、意思に働きかけて侵攻を止めるのが抑止です。核戦力については、その破壊力が凄まじいために意思に働きかける力が極めて大きく、戦争を抑止する効果は遙かに大きいといえます。したがって、

通常戦力と違い、戦力の大きさで抑止効果が決まりません。

通常戦力の場合は、侵攻する側の戦力が大きければ、通常、侵攻をためらうことはありません。戦力的に自国が不利で侵攻することが困難であるか、侵攻して得られる効果よりも戦いによる被害が大きければ、侵攻を断念し抑止が働くことになります。

これに対し、核戦力の場合は様相が全く異なります。核戦力の大きい国と小さい国では、当然、大きい国が有利であり、他国に与える脅威も大きいといえます。しかし、小さな核戦力でもその破壊力は凄まじく、1発の核爆弾が都市を壊滅させます。しかも、通常戦力での戦争の影響は、主としてその国境付近を中心に逐次拡大するのに対し、核戦力の場合はいきなり内陸の都市部に影響を与えます。

大きな核戦力を保有する大国と小さな核戦力しか保有しない小国との間に核戦争が起きそうになった場合でも、大国の核の先制攻撃により小国の持つ核兵器を全て破壊できる100％の確信がなければ、大国も核戦争に踏み切れません。小国の核兵器が1発でも大国の都市に落ちれば、甚大な被害を受けることになるからです。つまり、大きな核戦力を持つ国と小さな核戦力を持つ国の間にも核抑止が働くということです。

通常戦力と核戦力の違いを端的に表わすならば、「威力とその範囲が限定された戦力」と「凄まじい威力を持ち被害が広範囲に及ぶ戦力」、「使うことを前提とした戦力」と「使わないことを前提とした抑止のための戦力」といえるでしょう。

核戦力を侵略に使用すれば、対象国が壊滅的ダメージを受けるとともに、残留放射線により立ち入りが制限され侵略目的が果たせません。防衛のために国境付近で使用すれば、自国にも多大な被害をもたらします。小規模な核戦力の使用により、報復が報復を呼び大規模な核戦争へと繋がり世界が滅亡します。非常に使いづらい戦力です。ところで、「使わない戦力」であれば、戦力がないのと同じで抑止効果はありません。大切なのは「前提としている」ことです。「いざという時は使うかもしれない」というところで抑止が働きます。

核戦力を使うか使わないかは、為政者にとっての究極の判断、決断です。そして、通常戦力の使用に当たっても、核戦争へ拡大しないことを常に考慮して判断します。日本の安全保障政策でも、核戦力を使わせないことを最優先にすべきなのは当然のことです。北朝鮮の核・ミサイル対応で、核を使用された事態に備えての政策や訓練が小規模に行なわれていますが、再考しなければならないと思われます。もし、核使用の最悪に備えるのならば、徹底した対策が必要です。絶対に使わせない政策か、徹底した対策かのどちらかです。核の脅威に中間はありません。

また、核戦力の特徴で「使わないことを前提とした戦力」であるがゆえに、逆に抑止力が働かないというジレンマも生じます。侵攻する側が「通常戦力同士の紛争や戦争に核戦力を使うはずはない」という判断をしたならば、抑止は働きません。抑止力とは、意思に働きかけるものだけに、いろいろな事態が想定されることになります。

核戦力による核戦争の抑止

大陸に、通常戦力１００と核戦力１００Ｋを持つＡ国、通常戦力50と核戦力10Ｋを持つＢ国があります。Ａ国がＢ国を侵攻しようとした場合、通常戦力だけでは困難です。核戦力を使い、Ｂ国の通常戦力と核戦力を壊滅できれば可能となります。

また、Ａ国は思想、宗教、人種の違いによる対立や歴史上の怨恨で、Ｂ国にダメージを与える、報復をする目的で核戦力を使用することも考えられます。

Ａ国にとってもＢ国が保有する核戦力は脅威です。10Ｋの核戦力を全て壊滅し、Ｂ国が持つ核戦力の脅威を取り除く必要があります。一部でも残れば、Ａ国は甚大な損害を被ります。（図26）

Ｂ国の核戦力を壊滅するには、通常戦力による場合と核戦力による場合があります。いずれの場合も、同時瞬間的でなければなりません。Ａ国とＢ国の通常戦力差から考

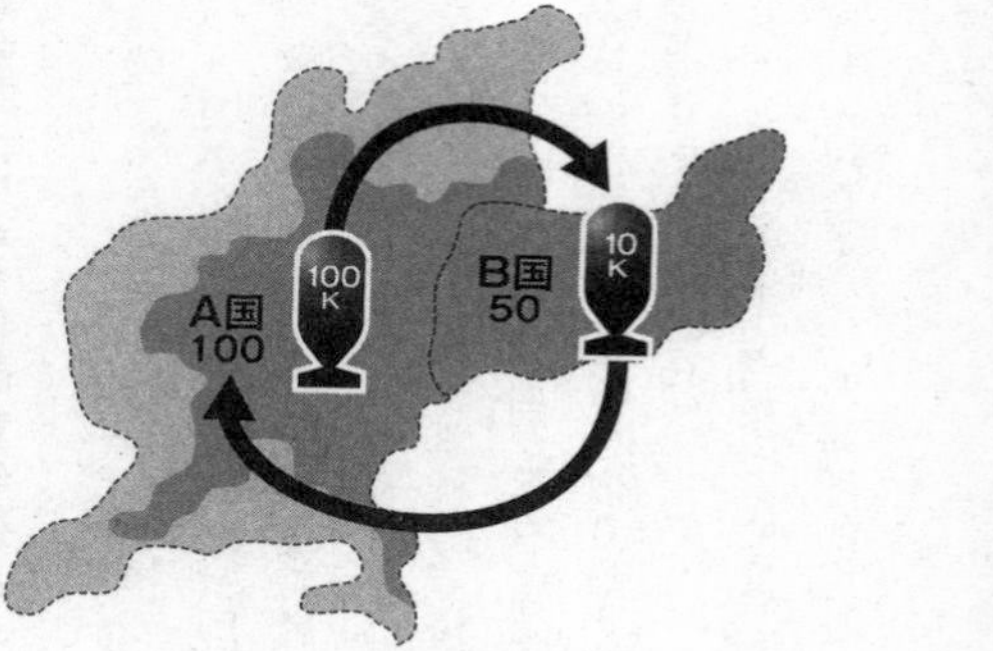

図26

えると、通常戦力でこれを行なうのは極めて困難です。このような場合に、A国が核戦力の使用を企図します。

しかし、B国の核戦力を同時瞬間的に叩けるかどうかは、極めて大きな問題です。B国の核兵器がどこに幾つ存在するのか、常に把握しておかなければなりません。現在では移動型のミサイルがあり、常に位置を変えることができます。潜水艦搭載型のミサイルを保有していれば、その位置を特定するのは極めて困難です。

ミサイルを発射してから着弾するまでには、短時間ながら時間がかかります。A国が核ミサイルを発射した情報を捉えて、即、B国が核ミサイルを発射することは可能です。これらの不安要素を全てクリアして、B国による核の報復がないという１００％の確信が得られない限り、A国は核戦力を使用することはできません。

また、B国の占領を目的とした場合は、残留放射性物質の放射線による被害が自国軍にも及ぶことになります。つまり、侵略しようとした国に核戦力を使うことにより、侵略できなくなってしまうという矛盾も起こります。

このように、核戦力を保有した国同士では、相手国の核戦力を１００％破壊できるという確信が持てなければ、核戦力を使用することはできません。これが核戦力による核戦争の抑止です。

核兵器の数が多くなればなるほど、その数と場所を特定するのが困難となり、抑止効果は高まります。固定式の核ミサイルよりも移動式の核ミサイルのほうが場所の特定が難しく、事前に燃料を注入する必要のある液体式ロケットよりも直ぐに発射できる固体式ロケットの方が有利です。さらに、潜水艦に搭載できる核ミサイルを持てば、その場所を常時特定することは不可能であり、一層抑止効果は高まります。

逆に、核兵器の数が多くなれば、相手国の核兵器を同時瞬間的に壊滅できる確率も高まります。相手国にとっては抑止効果が低くなるという事です。こうして核兵器の開発競争が始まり、人類は必要以上の核兵器を持つことになりました。

核戦力による通常戦争の抑止

大陸に2つの国があります。A国は通常戦力100、核戦力100Kを、B国は通常戦力20、核戦力10Kを保有しています。A国、B国ともに核戦力を保有していますから、核戦争は抑止されます。

問題は、通常戦力です。A国は5倍の戦力を保有していますから、B国への侵攻は可能です。B国が国を守るには通常戦力を35以上に増強しなければなりません。

しかし、A国は、B国の通常戦力の増強に対し、常にそれを上回る増強をしてきました。B国はA国の侵攻に対処できる通常戦力を持つことができません。A国は虎視耽々とB国への侵略を狙ってきたわけです。

そこでB国が考えるのは、10Kの核戦力の使用です。通常戦争を核戦争へと段階を引き上げて、戦争を抑止するのです。つまり、A国がB国に侵攻したならば、核戦力を使用してでも国を防衛すると宣言するのです。そして、常に準備を整え、意志表示をします。(図27)

A国も、核戦争は避けたいと思っています。B国に侵攻することで通常戦争が核戦争へと拡大するのであれば、Ａ国はＢ国に侵攻することをためらいます。これが核戦力による通常戦争の抑止です。

ただし、Ｂ国が核戦力を使えばＡ国も核戦力で報復し、両国ともに致命的なダメージを受けることになります。Ｂ国も、万が一の核戦争を避けるために、通常戦力に対しては通常戦力で対抗することを第１に考えることは必要不可欠です。通常戦力を整備する努力を常に続け、通常戦力での抑止力を高めなければなりません。

この例では、通常戦力が劣勢なのを意図的に核戦力で補い、戦争を抑止する場合を説明しましたが、通常、核戦力保有国同士では通常戦争が核戦争に拡大するリスクがあるため、通常戦争は抑止されます。

核戦力の凄まじい威力が、核戦争だけは絶対に起こしてはならないと、「意思」に働きかけ、核戦争を、さらには通常戦争までも抑止します。

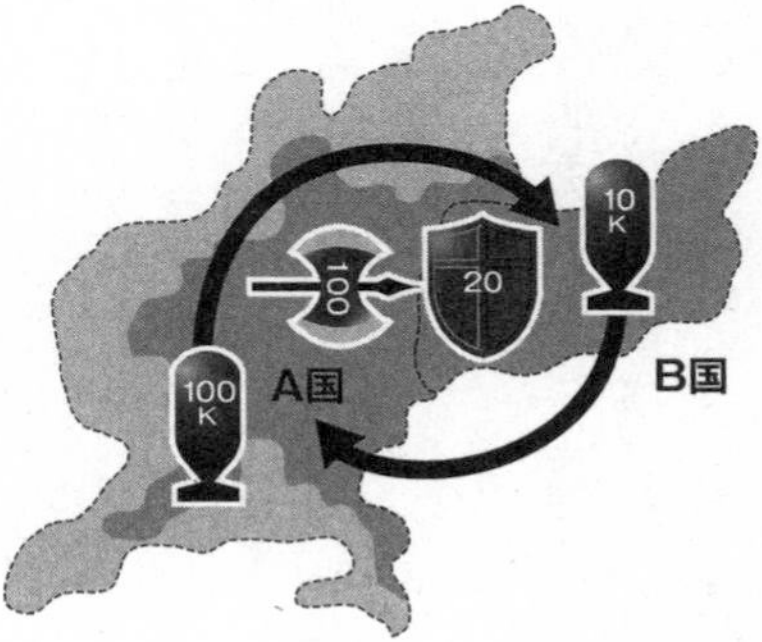

図27

第2次世界大戦以降、大規模な戦争がなかった要因に、この核戦力による抑止があったのは疑いのない事実です。

現在でも、地球上には全世界を崩壊させるだけの核兵器が存在します。核兵器の開発を継続している国や核戦力を増強しようとする国もあります。核戦力が持つ強い抑止力が、核兵器を持ちたい、増強したいという誘因になっていると思われます。

自衛権行使のために、通常戦力を持つことが認められているように、核兵器についても一部の国の保有が認められています。NPT（核拡散防止条約）は、核兵器の保有を全面的に禁止する条約ではなく、アメリカ、ロシア、イギリス、フランス、中国については核兵器の保有が認められています。現在、世界に核兵器を全廃する条約はありません。（『核兵器禁止条約』は、国連総会裁決時、核兵器保有国が全て反対した実効性のない条約です。安保理の常任理事国が加盟していないのみならず、日本を含む数十ヵ国が加盟していません）

さらに、NPTに加盟していないインドとパキスタンが核兵器を保有していますし、NPTから2003年に脱退した北朝鮮も核兵器保有を宣言し現在も開発を続けています。NPTに加盟しておらず、核兵器の保有も公式に宣言していないイスラエルも国際社会からは核兵器保有国とみられています。

通常戦力にしても、核戦力についても、ある国が戦力を持てば、他の国にも、これに対抗するための戦力が必要となります。そして、戦力の保有、増強の連鎖が続き、全体の戦力バランスがとれると戦争が抑止されます。核戦力は保有する国と保有しない国がありバランスがとれません。そこで登場するのが核の傘です。

第3節　核戦力を持たない国に提供される核の傘

日本もアメリカから借用している核の傘

核兵器は、本来、全廃しなければならないものですが、戦争を抑止してきたという現実や、全ての核保有国が同時に全廃しそれを確証することの難しさ等から、ＮＰＴでは、一部の国の核兵器保有が容認されています。一方、ＮＰＴで核兵器保有を認められている５ヵ国と、ＮＰＴに加盟せず、または脱退し核兵器を保有する４ヵ国の計９ヵ国以外の国が核戦力を保有していません。

そのため、核戦力を保有しない国は、常に核戦力を保有する国からの脅威にさらされることになります。この脅威に対抗するため、核戦力を保有しない国が保有する国と同盟を結び、同盟国の核戦力の力を借りるというのが核の傘です。つまり、核戦力を保有する国は、同盟国に対する核攻撃を自国に対する核攻撃と同様と見なし、核の報復を行なうことを同盟国に対し確約するのです。

日本の場合は、世界で唯一の被爆国であり、国策として核兵器に対する厳しい姿勢をとっていますが、他国の核戦力の脅威に対抗するために、同盟国であるアメリカの核の傘の力を借りています。これも、国を守るためにはやむを得ない現実です。

核戦力に対抗するための核の傘

大陸に３つの国があります。A国とC国は通常戦力１００、核戦力１００Kを持ち、A国とC国に挟まれて、通常戦力70、核戦力は持たないB国があります。通常戦力だけであれば、B国はA国にもC国にも対抗できます。しかしながら、圧倒的な威力を持つ核戦力にはどうすることもできません。

B国が、A国、C国の両国とも険悪な関係であれば、両国の核戦力の脅威に対抗するため核兵器の開発に着手せざるを得ません。この場合は、ＮＰＴのような条約にも参加しませんし、参加していたとしても脱退することとなります。国を防衛するにはやむを得ない選択です。

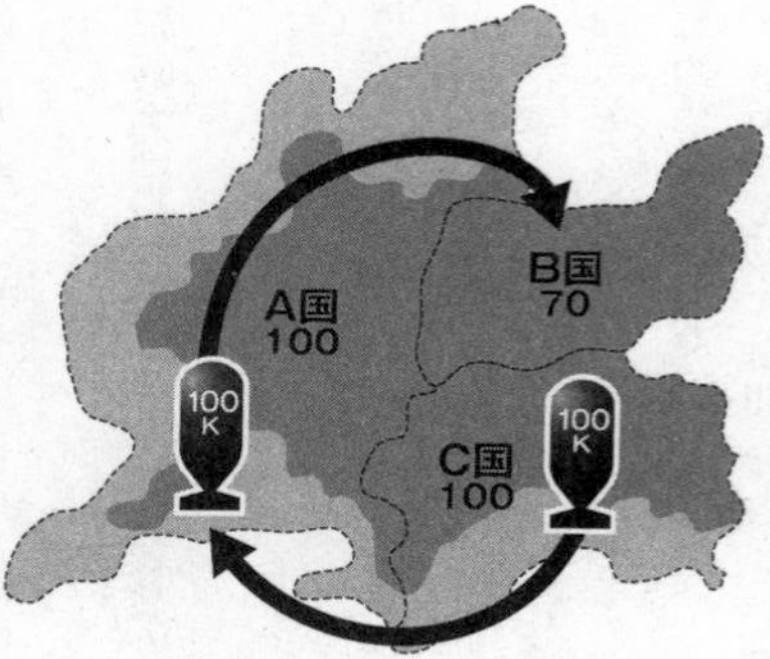

図28

Ａ国とは険悪でＣ国と友好的な関係であった場合には、自国で核開発することなくＣ国と同盟を結び核の傘を借りるという選択肢が出てきます。さらに、Ａ国とＣ国の関係がよくなければ、Ｃ国もＢ国との同盟に積極的になります。

Ｂ国がＣ国と同盟を結び、核の傘を借りる場合を想定します。Ａ国が、侵略目的や、思想、宗教、人種、歴史問題等の報復目的でＢ国に対し核戦力を使用した場合、Ｃ国への核戦力の使用と同じとみなされるのが核の傘です。Ｃ国はＡ国からの核攻撃を受けていなくても、Ｃ国に核の報復攻撃をします。（図28）

Ａ国にとってＢ国だけが相手であれば、核戦力を使用することに対する罪悪感はあるものの、Ｂ国からの報復がないため、核戦力使用の閾値《しきい》は低くなります。この閾値を高くするのがＣ国による核の傘です。

Ａ国からＢ国への核戦力の使用が、核の傘によりＡ国とＢ国の関係を、直ちにＡ国とC国の関係に変化させます。A国とC国はともに核戦力を保有する国同士、しかも、同レベルの100Kの核戦力を保有していることから、両国間の核戦争は抑止されます。その関係が、そのままA国とB国の関係となります。

ただし、万が一抑止が破れ、A国がB国に対し核戦力を使用し、C国がA国に核報復したならば、A国はさらにC国に核報復することとなります。この場合は、3国ともに核戦力による甚大な損害を被ることとなります。

このように、核の傘を提供する国は、他国を助けるために自国が核戦力による報復を受け、損害を被るというリスクを抱えることにもなります。したがって、核の傘を提供する国とされる国には確固たる信頼関係が必要です。

また、NPTにより核兵器の保有が制限されている現在の国際社会においては、核兵器を保有する国が保有しない国に核の傘を提供するのは、義務的行為であるといえるでしょう。核の傘がなければ、NPTの実効性もなくなり、核戦力の脅威から自国を守るために核兵器を開発する国が続出し、核が拡散していくことになります。

通常戦争も抑止する核の傘

大陸の中にA国、B国、C国の3ヵ国があります。A国は通常戦力200、核戦力100Kを保有する大国です。これに対しB国は通常戦力20のみの小国、C国は通常戦力は30と小国ながら、50Kの核戦力を保有します。B国とC国が同盟を結び、集団的自衛権を行使してもA国の侵攻は阻止できません。通常戦力だけ考えると、A国は、B国に次いでC国と侵攻し大陸全体を支配できます。B国、C国にとってA国は大いなる脅威です。（図29）

A国がB国へ侵略する場合を想定します。B国とC国は同盟を結び、平素からA国の侵攻に備えます。各国ともに核戦争の生起は望みませんから、通常戦力での準備を優先させます。A

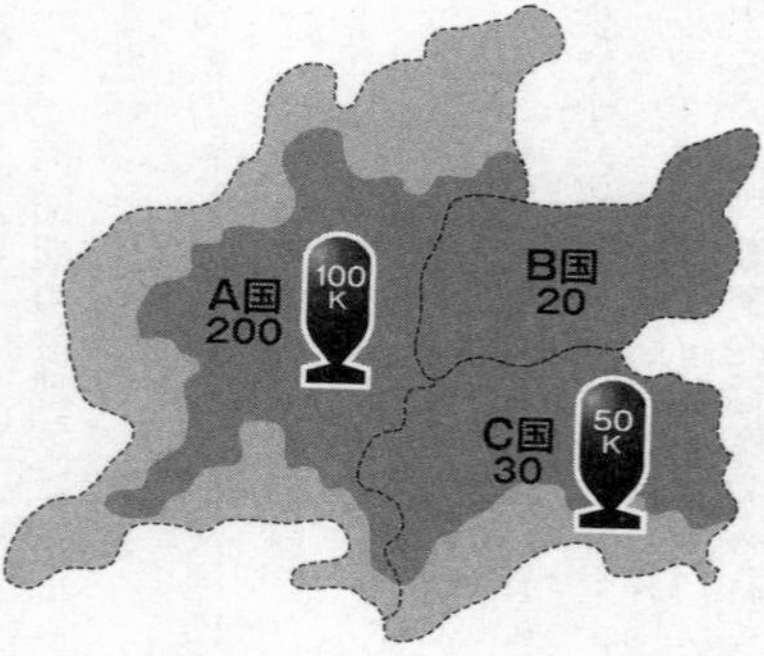

図29

国に対抗するため、B国、C国ともに通常戦力を増強します。しかしながら、資源、人口、経済力、工業力等の国力が全く違い、継続的に戦力増強を行なっているA国には追いつくことができません。

A国は大きな通常戦力を持っていることから、侵略にあたって核戦力の使用は想定しません。A国がB国への侵攻の準備を開始しました。B国、C国はA国の侵攻に備え、万全の態勢を整えます。

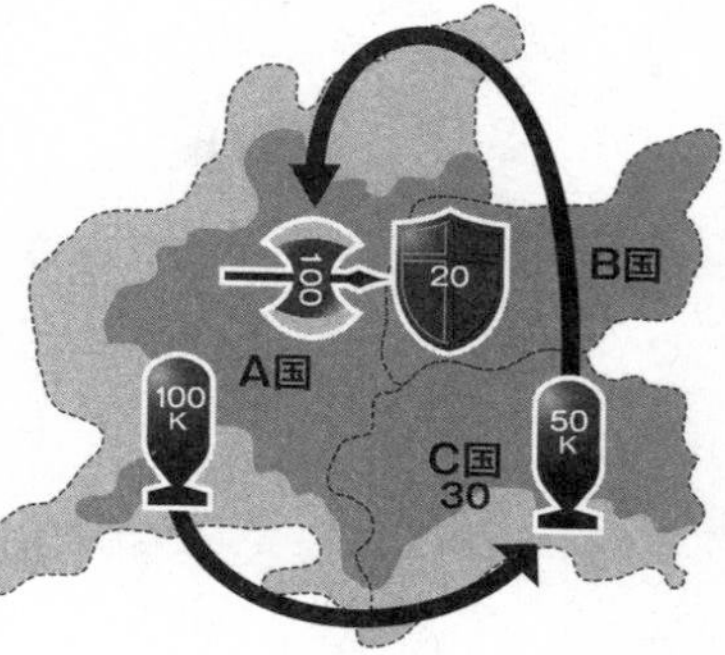

図30

この状況でA国が、侵攻の成功に不安を持ち、諦めれば戦争は抑止できます。しかし、戦力的に勝るA国は侵攻を開始します。C国が核戦力を保有していなければ、A国はB国、続いてC国に侵攻して、この大陸はA国が占領、支配することとなります。

有史以来、第2次世界大戦以前は、このように戦力の大きな国が次々と小国へ侵攻して勢力を拡大し、大帝国を築き上げたことは何度もありました。戦力の大小は歴史が示すがごとく防衛や安全保障を考える上で、非常に大きな要素となるものです。

さて、この状況では、C国は核戦力を保有しています。B国とC国は同盟を結び、C国はB国に核の傘を提供しています。C国にとっても、B国がA国に侵略されることは好ましいことではありません。

C国は、核戦力を使用してでもA国の侵攻を阻止するとの強い意思を示します。これが実行されれば、その報復にA国がC国に核戦力を使用し、A国とC国間の核戦争に拡大します。(図30)

A国は、B国への侵攻が核戦争に拡大するリスクを考え、侵攻を断念します。C国がB国に提供している核の傘がA国のB国に対する通常戦力の侵攻も抑止するわけです。

核戦力による威嚇、恫喝に対抗するための核の傘

核戦力は日本に使用された後、核実験以外には1度も使用されたことはありません。第2次大戦後にも、朝鮮戦争を始め、ベトナム戦争や中東戦争、湾岸戦争、イラク戦

争といった比較的大規模な戦争のほか、１００件以上もの戦争、紛争、内戦、騒乱等があったにもかかわらず、核兵器使用には至っていません。核戦力の特徴を「使わないことを前提とした抑止のための戦力」と説明しましたが、結果的にも裏付けられています。

しかし、例外的に抑止力以外に使われる場合があります。北朝鮮が得意とする威嚇や恫喝です。ロシアや中国も、領土問題や民族問題等に絡んだ発言で、核兵器の配備や使用の可能性をちらつかせています。また、外交交渉等において、核戦力を持ち出すことで、自国に有利な条件で交渉を進めることができます。これは、核戦力が持つ凄まじい威力の心理的に与える影響が大きいためで、核保有国しかできません。

日本も北朝鮮から何度か核の恫喝を受けています。最近では、北朝鮮制裁決議に対し名指しで、「日本列島４島を核爆弾で海に沈めなければならない」と恫喝されました。

これらの威嚇や恫喝は、心理的効果を狙ったもので現実の脅威とはいえないかもしれません。日本の対応も、ミサイル発射に関しては大きな問題として取り上げていますが、恫喝についてはほとんど反応がありません。しかし、これらの対応もアメリカとの同盟があり、核の傘がある安心感から生じるものではないでしょうか。核の傘がない状態で、核の恫喝を受けたならどのような混乱が生じるのか予測できません。

日本の政府が北朝鮮の恫喝にもかかわらず制裁決議に賛成し、国内でも大きな混乱が起きないのも、核の傘が機能しているからです。核の傘は日本の安全のために機能しているだけでなく、国民の安心のためにも機能しているということです。

第４節　核抑止が働かない場合

核兵器の破壊力が核抑止を働かせなくするジレンマ

核兵器の凄まじい破壊力が「意思」に働きかけ、「核戦力は使用できない」と認識させることで、抑止力が働かないというジレンマが生じます。戦力を使うか使わないかは意思によります。意思は多くの要素に影響され、人間の複雑な心理状況も反映させます。そのために通常働く抑止が働かなくなる場合があるということです。

核兵器は、１発で都市を壊滅させ、世界に存在する核兵器は何度も世界を破滅させてしまうほど凄まじいものです。過去には核兵器を開発するための実験が核保有国で何度も行なわれ、地上や海上で行なわれた核実験は、いろいろな被害を及ぼしています。

承知のとおり、広島と長崎に対しては核攻撃として実際に使用されました。それぞれの都市を一瞬にして壊滅させ、数十万人の死傷者と、何万人もの放射線による2次的、3次的被害者を出しています。また、その時の被害状況は、アメリカによって詳しく調査されています。

1963年以降は、地球上の生物に影響を及ぼす地上や宇宙、海中での核実験は禁止され、地下での核実験のみ認められていましたが、その安全性も疑問視され、核実験を禁止する機運が世界中で高まりました。この流れの中で、1996年には核実験禁止条約が国連総会において採択され、1998年のインドとパキスタンの核実験をもって爆発を伴う核実験は、ほぼ行なわれなくなりました。

ただし、爆発を伴わない臨界前核実験は継続的に行なわれているとともに、その後も、この条約に署名していない北朝鮮は、世界の非難を無視して、爆発を伴う核実験を何度も繰り返しています。

核兵器は兵器としては2度しか使用されていないものの、核爆発を伴う核実験は1000回以上も行なわれています。核保有国はこれらのデータを蓄積しており、核保有国が最も核兵器の怖さを認識しているわけです。この認識が人間の心理に影響し、逆に核戦力の抑止効果を下げることになります。

核戦力保有国同士で核抑止が働かない場合

大陸に２つの国があります。Ａ国は通常戦力が５００、核戦力が５００Ｋ、Ｂ国は通常戦力が２００、核戦力が２００Ｋと、両国ともに大きな戦力を持つ大国です。通常、このような大国同士で核戦争になれば両国が消滅してしまうため、両国とも核戦争に繋がるような紛争は避けようとします。つまり、核抑止が働きます。（図31）

ちなみに、アメリカ、ロシアのような核大国間で核戦争が起これば、その被害は両国間に留まりません。核爆発により発生した雲が地球上を覆い、世界規模の異常気象が起こります。また、核爆発により生成された放射性物質は、偏西風や貿易風に乗り世界中に飛び散ります。こ

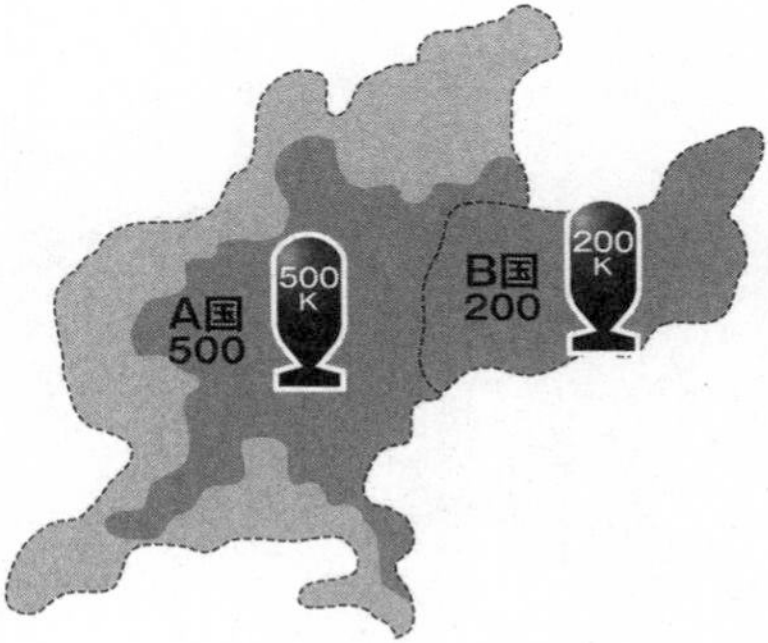

図31

の時に飛散した高濃度の放射性物質は短期間で人命を奪います。これらの被害は、人類が想定できないほどのものになるといわれます。

核保有国同士では、先制攻撃により相手の核戦力を全滅できるという確信が得られない場合、核抑止が働きます。通常戦争についても、核戦争へと繋がる可能性が常にあるため、通常、抑止されます。

ただし、A国、B国どちらに帰属するのか曖昧な領土問題を抱える場合、一部の通常戦力による小競り合いが生じる可能性はあります。この場合の小競り合いには、核抑止が働かないことになります。（図32）

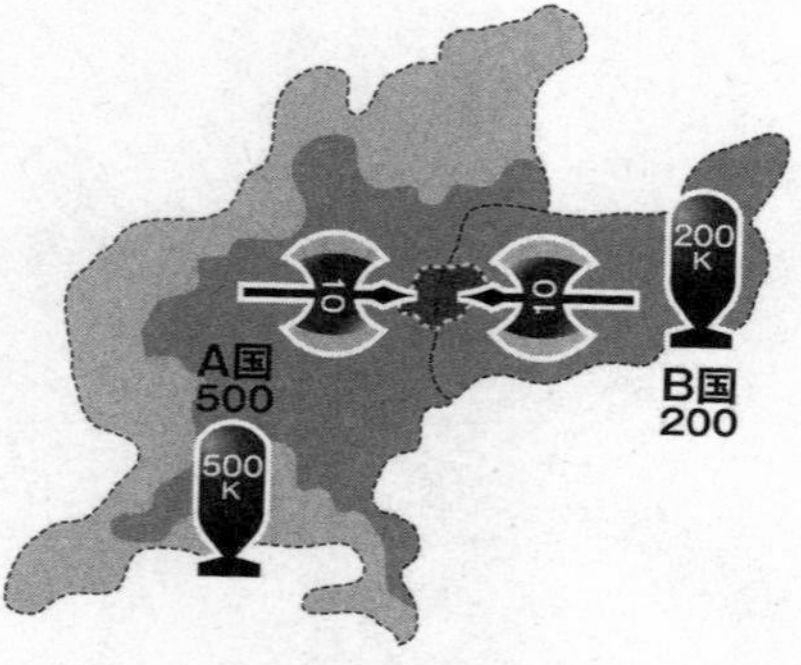

図32

しかし、小競り合いが偶発的に拡大し、大規模な戦争へ、そして核戦争へと拡大してしまう危険は常にあります。このような状況では、両国ともに戦闘が拡大しないよう、非常に神経を使います。偶発的に拡大しそうになったときは、核戦争に繋がらないよう、最大限の努力をします。

帰属不明な領土を巡っての小規模な紛争については、核抑止が働かない場合がありますが、小競り合いの拡大を防ぐという強い抑止力が働きます。過去に起こった中国とソ連の間の国境紛争や中国とインドの間の国境紛争でも、核戦争に拡大しそうな緊張状態はあったものの、結果的には国境付近だけに限定された紛争で終結しています。

核戦力を保有する国同士では、何らかの形で核抑止が機能します。これは、大きな核戦力を持つ大国同士だけではなく、小国同士や大国と小国の間でも同様のことがいえます。1発の核兵器が大都市を消滅させてしまうという恐怖感が、戦争の拡大に繋がるような事態を抑止するのです。

核戦力を保有しない国に核抑止（核の傘）が働かない場合

核戦力を保有しない国は、核の傘により核抑止の効果を期待します。逆に、核の傘を提供する国は、他国を助けるために自国が核戦力による報復を受け、甚大な損害を被るというリスクを抱えます。他国のために自分の国を犠牲にできるかどうかという事です。

通常戦力70で核戦力を持たないB国が、通常戦力200、核戦力500Kを持つA国と、通常戦力150、核戦力500Kを持つC国に隣接しており、B国とC国は同盟を結び、C国はB国に核の傘を提供しているとします。A国がB国の侵略を企図しても、B国との通常戦力差と、C国の集団的自衛権の行使を考えると、侵攻が成功する可能性はありません。通常戦力だけ考えると、戦争は抑止されます。

しかし、A国とB国の関係が非常に険悪で、A国は一部の核戦力を使ってでもB国に侵攻することを決意した場合や、思想、宗教、人種、歴史問題等から、B国に報復しようと決めた場合、C国はどのように考えるでしょうか。（図33）

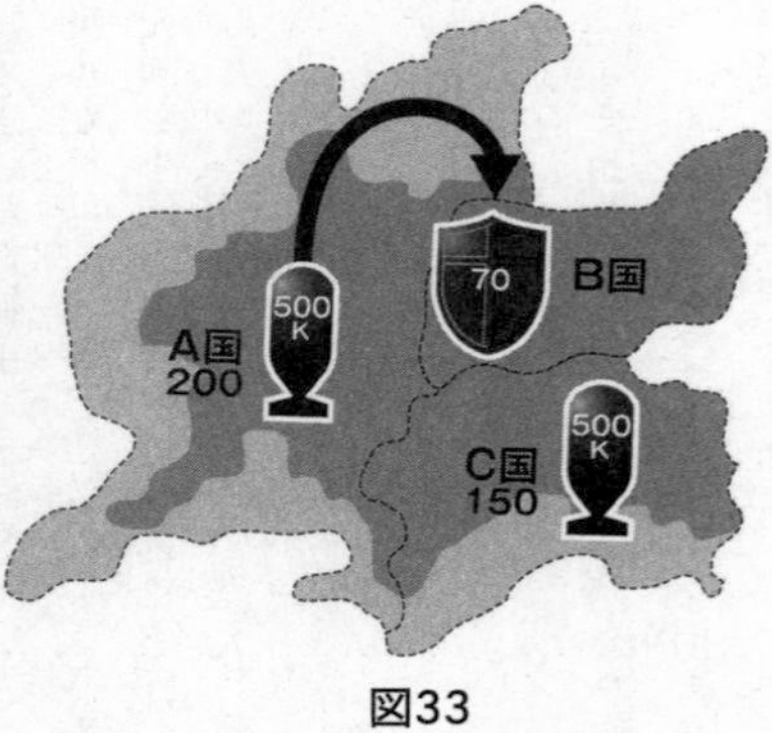

図33

B国への核戦力の使用はC国への核戦力の使用と見なし、A国に報復を行なうというのが核の傘です。しかし同時に、A国とB国間の紛争がA国とC国間の核戦争につながり、C国も壊滅的なダメージを受けるリスクを負うことになります。

B国とC国が条約上は同盟関係にあったとしても、経済問題や歴史問題等で常に対立している場合や、強い経済的な結びつきがあったとしても、B国がしっかりとした防衛努力を行なうことがなければ、両国の信頼関係は他国から疑問視されることになります。これが、核の傘の信頼度までも低下させてしまいます。

C国が、「同盟国なので建前的には核の傘を提供しているが、核戦争のリスクを負う必要があるのだろうか」と考えても仕方がないことです。それだけ、核戦争のリスクは大きいものです。このC国がB国に抱く不信感が、「B国に核兵器を使用しても、C国は核報復しないだろう」というA国の確信に繋がれば、抑止は破れることとなります。

核の傘にしても、集団的自衛権にしても、その基礎となるのは同盟国間の信頼関係であり、さらにその信頼関係の基本となるのは自分の国は自分で守るという防衛努力です。周辺国の戦力の状況に応じて自国の戦力をしっかりと整備し、各種法令を整え、国を守る意思を表すことが非常に重要となります。

核戦力を保有しない国の領土問題を複雑にする核の傘

大陸に3つの国、通常戦力200と核戦力500Kを持つA国、通常戦力150と核戦力500Kを持つC国、通常戦力60で核戦力を持たないB国があります。B国とC国は同盟関係にあります。

ここで、B国の一部の領土の帰属を巡ってA国とB国間で問題になっています。B国は、歴史的にも明らかに自国の領土だと認識していましたが、A国が突然、自国の領土だと主張し始めました。現実の世界にもよくある話です。このように、核戦力を保有する国と保有しない国が、一部の領土の帰属を巡っての対立から紛争が生起してしまった場合を考えてみます。

A国とB国が紛争になった場合、B国とC国は同盟関係にあるわけですから、C国は集団的自衛権を行使します。C国がこの紛争に介入することとなれば、A国の通常戦力200に対して、B国とC国の通常戦力の合計は210とA国は不利となります。通常戦力だけで考えるならば、この領土問題を巡る紛争は抑止されます。（図34）

しかし、A国とC国は核戦力を保有しているため、状況は複雑になります。核の傘が機能する場合と機能しない場合がでてきます。

まず機能する場合です。Ａ国とＢ国が紛争になれば、Ｃ国は集団的自衛権を行使して紛争に介入し、Ａ国とＣ国は紛争状態となります。Ａ国がＢ国の一部の領土に侵攻するには、Ｃ国との戦争、さらには核戦争へと拡大するリスクを覚悟しなければなりません。そこまでのリスクは負えないと判断し、Ａ国が侵攻を諦めた場合は、核の傘が有効に機能し、紛争を抑止することになります。

次に機能しない場合です。Ａ国とＢ国が紛争になり、Ｃ国が集団的自衛権を行使して紛争に介入する場合、Ａ国との紛争が通常戦争へ、さらには核戦争へと拡大するリスクを覚悟しなければなりません。ここで、Ａ国が核戦力の影響を考えて、Ｃ国の意思を分析します。「Ｃ国は核戦争のリスクを冒してまでも紛争には介入しないだろう」と結論を出せば抑止は破れます。

例えＢ国とＣ国が強い同盟関係にあったとし

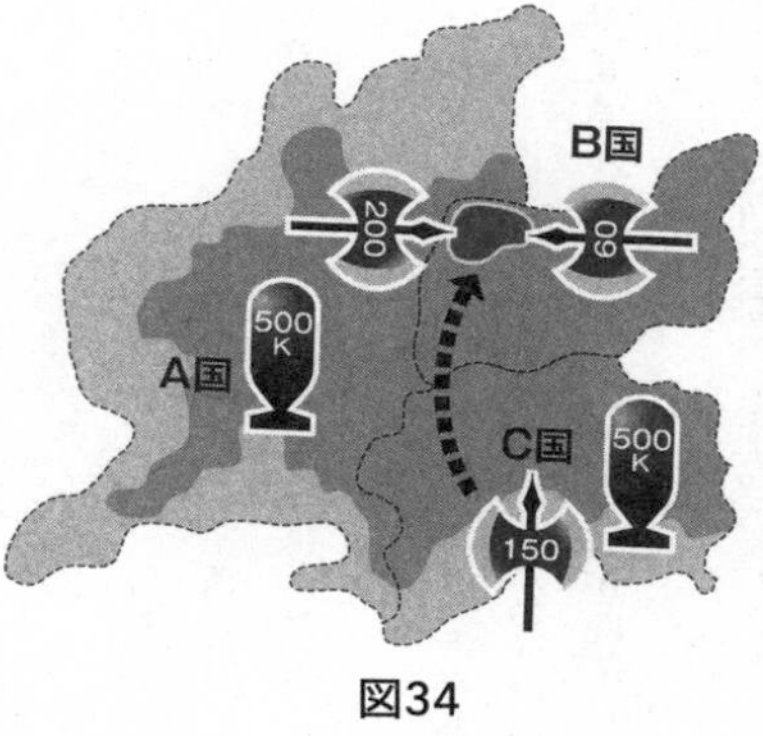

図34

ても、「一部の領土問題に対し、核戦争のリスクを冒してまでも紛争に介入するだろうか」という疑問は誰しも感じるところです。核戦争のリスクを考えるならば、C国が、「あくまでも2国間の領土問題であり、同盟国といえども介入すべきではない」という判断をしたとしても不思議ではありません。例えC国が紛争に介入すると判断していたとしても、A国が諸情勢を分析してC国の意思を取り違えたならば、核抑止が働かないことになります。

小規模な紛争に核保有国が介入するかどうかは、極めて微妙な判断となります。B国のような国は小規模紛争に備え、これに独力で対処するための十分な戦力を保持し、自国の領土を守るという強い意思持たなければなりません。それが、核の傘が機能しない場合でも、小規模紛争を抑止することとなります。

核戦力の持つ凄まじい威力は、本来、戦争を抑止する方向に働きます。しかし、その心理的効果が高すぎるため、逆の効果を生じさせる可能性があります。核の傘を提供される国は、この核戦力の持つ特殊性を理解して、自国の防衛努力を怠らず通常戦力をしっかりと整備しなければなりません。それがまた、核の傘の信頼性を高めることになります。

核戦力の理解と議論は国の防衛にとって必要不可欠

核戦力は、国際社会における防衛問題や安全保障問題に大きな影響を与えます。国力からすると小国である北朝鮮が、これだけ世界で注目され非難されているのはまさに核戦力が原因です。北朝鮮が通常戦力での兵器開発に多くの国力を使い、多数の最新兵器を輸入したとしても、ここまで世界的関心が高まることはないでしょう。

核兵器の削減、廃絶については常時議論されていますが、北朝鮮以外の核戦力についてはさほど議論として取り上げられません。これは、現在のいわゆるＮＰＴ態勢（限定された国が核兵器を保有し、他の国の保有は禁止するという態勢）が、大規模な戦争を抑止して、世界の安全保障に貢献していることを完全に否定できないからです。

北朝鮮の核・ミサイル開発はこのバランスを崩すとともに、これに触発された他の国が核・ミサイル開発をするという連鎖に繋がることにもなります。北朝鮮の核開発が世界や日本の安全保障に与える影響と、これにいかに対処するかを考えるときに核戦力の議論はなくてはならないものです。

ところが、日本においては、核戦力について議論することさえもタブー視されている感があります。日本が核戦力を持つという議論は別としても、世界には核兵器が存在し、日本がアメリカから核の傘を提供されている現実は直視しなければなりません。そして、核戦力による戦争の抑止が実際に機能しています。

通常戦力だけではなく、日本周辺国の核戦力が国の防衛に与える影響や北朝鮮が核開発する目的、アメリカの核の傘が果たしている抑止力等、核戦力に関する考察、理解がなければ、真に国を防衛するための国策はできません。

第3章

日本周辺国の戦力関係から分析した日本の安全保障環境

第1節　戦力の数値化

現実の防衛問題や安全保障問題にも対応できる、戦力主体の防衛論

　ここまでは、数値化した戦力を主体とした防衛論を展開してきました。その目的は、防衛論の要素を幹である戦力だけにし、いかに、単純、簡単、わかりやすくするかです。

　さて、これだけでの知識では、現実世界には対応できないだろうと思われるかもしれません。しかし、これまでの説明を理解すれば、日本の置かれた安全保障環境の概観を分析することができ、また、各種の防衛問題や安全保障問題についても、ある程度の考察ができます。

　当然、枝葉の部分である、憲法を初めとする法令や国内事情、国際情勢等様々な要

素を加味して分析しないと、細部の状況まで把握、理解することはできません。また、幹である戦力だけでは、考察できない場合があるのも確かです。

しかし、幹だけを見たほうが、幹を見ずに枝葉の一部だけを見た分析や議論よりも、遥かに的を射る場合が多いのも事実です。枝葉の一部だけを切り取った分析や議論がいかに的外れであるかは、いろいろな場面でみられます。

例えば、北朝鮮のミサイルが日本上空を通過したことに過剰反応し、あたかもミサイルやその一部が高い確率で日本に落下するとも受け取られる報道や対応がなされていました。しかし、幹の部分をしっかり押さえれば、日本への落下の可能性がかなり低いことが分析できます。

これから、今までの説明を元に日本周辺の安全保障環境を概観し、最近の防衛問題がどのように考察できるのかを確認していきます。これまでと比較すると、意思の部分に関する説明がやや多くなりますが、本防衛論の趣旨である戦力主体であることに変わりありません。

国の戦力を数値化し、比較、分析することの意味

これまでは、防衛論を説明するために戦力を数値化しましたが、これからは、現実の防衛や安全保障を分析するための戦力の数値化です。

「現実の国際社会は、国際連合という大きな枠組みの中、多国間や2国間での同盟関係、協定、条約等により、国際的な協調態勢が築かれており、紛争や戦争は極めて起こりにくい状況にある。また、各国の経済的な結びつきが強くなり、一部の国の紛争が世界的な経済ダメージに繋がるため、紛争は抑止される」という考えに基づくと、戦力の重要性は低下していると捉えられます。さらには、国際情勢や安全保障に与える影響は意思の分野が非常に大きいため、戦力の比較は意味がないという考え方もあります。

確かに、第2次大戦以前や冷戦期に比べると、意思と戦力のうち意思の比重が高くなっているのは間違いありません。しかし、それが戦力を無視できる程度なのか、もう一度基本に戻って考えてみましょう。

「なぜ、世界のほとんどの国が戦力を保有しているのでしょう?」「全ての国の戦力

が防衛目的であれば、戦力は放棄できるのでは？」「戦力を増強している国の目的は？」「戦争や他国に侵攻することを禁止する国際法があるのに、通常戦力や核戦力さえ保有を禁止する条約がないのはなぜ？」さて、これらの疑問になんと答えたら良いでしょうか。

答えは、現在の国際社会においても戦力は大きな影響を持つからで、しかも、侵攻に戦力を使う国があるからです。今の国際社会で他国に侵略する目的で戦力を使う国はありません。目的は、あくまでも自衛のためか、国際社会の秩序・安全の維持です。アメリカは、自国の防衛のために必要とする戦力以上のものを保有しています。これは他国に侵攻するためです。湾岸戦争でのイラク侵攻、9・11後のアフガン侵攻、イラク戦争でのイラク侵攻、全て、他国に侵攻しています。これらは、自衛やクウェートの解放や国際秩序の維持のための侵攻で、侵略目的ではないとされています。しかし、イラクの立場でイラク戦争を捉えれば、アメリカ等の多国籍軍による侵略戦争でしょう。

国の立場は、思想や宗教、人種、国内態勢により変わります。将来、日本に対しても、自衛や国際秩序の維持の名目で、侵略行為としての戦力使用がされないという保障はありません。戦力を保有するには経費も人員も必要です。目的なしに戦力を保有することはなく、各国の戦力を分析することは現在でも十分な意味を持つわけです。

戦力をいかに数値化するか

前にも触れたとおり、戦力を数値化するのも容易ではありません。これからは現実世界の問題を分析しますから、各国が保有する戦力を実際に数値化する必要がありま す。しかし、様々な要素を評価し、過去の戦例等も加味しながら国の戦力を数値化するのは個人作業では不可能ですし、本防衛論の趣旨でもありません。そこで、誰でもがインターネット等で検索できるデータを基本として戦力を数値化します。

実際の作業としてはしませんが、まずは、国の戦力を数値化する手順について一例を紹介します。最初に通常戦力の数値化についてです。

兵員や兵器の数はほとんどが公開されているため、戦力を量として数値化するのは簡単なことです。しかしこれは、戦力として正確な数値を表わしてはいません。

第1に兵器の質が評価されていません。通常戦力を量で表わす場合、陸上戦力を人員数、戦車数、火砲数で、海上戦力を艦艇数で、航空戦力を作戦機数等で表わしますが、実際の戦力とは程遠いこともあります。量が力を表わすのは間違いありませんが、質が量を凌駕する場合もあります。

数十年前の戦闘機と最新の戦闘機では格段の性能差がありますから、新しい戦闘機1機が古い戦闘機10機分の戦力を持つ場合もあります。これは、戦車や艦艇についても同様です。ミサイルや火砲の射程や精度は、兵器の性能に致命的な影響を与えます。レーダーの性能の優劣が戦闘の勝敗に繋がります。最近では、ステルス機能によりレーダーで捉われずに相手に接近することもできます。

このような質の違いを戦力として加味する場合、兵器の質を係数として量に掛け、これを合計することにより全体の戦力が出ます。例えば、日本が保有する戦闘機Ｆ４、Ｆ２、Ｆ15で考えたとき、それぞれが10機で性能が同じであれば合計の戦力は30ですが、Ｆ４の係数を１とした場合にＦ２の係数が1.5でＦ15の係数が２であれば、合計の戦力は45となります。これは、陸上戦力の戦車や火砲、海上戦力の艦船についても同様です。

質の係数を正しく算定するのも簡単ではありませんが、様々な手法を用いて係数化されます。戦闘に使用されたものは、戦闘結果のデータを積み上げることで係数を算定できます。最近では兵器の性能をデータ化して、コンピューターでシミュレーションすることで算定することもできます。最新の兵器は、重要な性能は秘匿されていますから、その他のデータから想定します。

これらの計算により陸海空の戦力を出した後は、それぞれの戦力を合計します。陸海空の戦力をどのように重み付けするのか、陸海空の統合化（陸海空の戦力をまとめる機能）の度合いをいかに係数化するか等かなり難しい判断が必要となります。

現代戦においては、陸海空戦力の統合化は極めて重要です。陸海空の戦闘がそれぞれ独自に別々の空間で行なわれていた時代から、全てが同時並行的に行なわれる時代へと変わってきています。日本の自衛隊も、統合幕僚監部ができ陸海空の統合化が進んだ現在とそれ以前と比較すると、総合的戦力は間違いなく向上しています。実戦こそないものの、災害派遣活動や国際貢献活動を通じて、統合化による能力向上が認められています。

さて、ここまでの数値化ができれば、かなり精度の高い戦力の比較ができますが、さらに、それらの兵器を操作する人の能力や部隊全体としての士気や団結も影響します。現代戦では、情報能力や各兵器のシステム化の度合いによっても戦力は変わってきますし、戦争が長期化すれば後方支援能力の優劣が致命的な影響を及ぼします。

これら全ての要素を評価して一国の戦力を数値化することは容易ではありません。

しかし、各種調査機関の情報収集能力の向上やコンピューター技術の進歩により、過去に比較するとかなり精度の高い数値化が可能になってきています。

各国の軍隊、日本の自衛隊においても、各兵器の性能や情報能力、気象や地形をデータ化して、コンピューターのウォーゲームで演習を行なっている時代です。それらのデータやプログラムを元に計算すれば、かなり、真実に近い数値が得られるでしょう。実際にアメリカの軍事力評価機関の「Global Firepower」は軍事力を指数化して各国の軍事力ランキングを毎年発表しています。

また、防衛や安全保障に欠かすことのできない意思と戦力のうち、意思の分野に係る分析に比較すれば遥かに精度の高いものといえます。繰り返しになりますが、意思は複雑で多くの要因に影響され、短期間に頻繁に変わる可能性があるものだからです。

次に核戦力の数値化ですが、核戦力の場合は通常戦力のように複雑な要素が少ないため数値化は容易といえます。核弾頭の破壊力については、TNT換算で数値化されています。また、核兵器の数についても、各国の調査機関の分析によりかなり精度の高い数字が発表されています。

どの程度の威力を持つ核兵器を、何発保有しているかまでは明らかにされていませんが、広島や長崎に投下されたもの以上の威力があります。それだけの威力があれば、1発で大都市を壊滅できるため核戦力の持つ抑止力は保障されます。

したがって、核戦力に関しては、核兵器の数だけで比較できると考えてよいでしょう。ある程度の核兵器を保有しただけで、その国は核抑止力をもつことになります。つまり、防衛問題や安全保障問題を考える上で、核保有国かどうかだけでも大きな要因になります。

以上、戦力を数値化する手順を説明しましたが、これから実際に使用するのは、3種類のデータです。防衛白書に記載されている日本周辺国の兵員や兵器の数、「Global Firepower」が世界の軍事力ランキングを作るために算出した軍事力指数、そして、国防費・軍事費です。

戦力を整備していくためには国の予算としての国防費や軍事費が必要です。国防費が直接、戦力を表わしているわけではありませんが、大きな戦力を持つためには多くの国防費が必要なのは明らかであり、戦力を比較するための重要な数値となります。

最も単純な兵器や兵員の数だけでも、日本の置かれている安全保障環境を概観することは可能ですし、さらに「Global Firepower」のような軍事力評価機関が算定した数値や国防費を加味すると、より深い分析ができることをこれから見ていきます。

第２節
戦力量（兵器や兵員の数）で分析する日本周辺の安全保障環境

兵器や兵員の数で日本周辺の安全保障環境を概観する

平成28年版防衛白書のP6の日本周辺の兵力状況の数値を引用し、図35に表しました。陸は人員数で万人、海は艦艇のトン数、空は作戦機の機数です。全て量を示すもので、質、つまり作戦機や艦艇の性能は加味されていません。陸については人員数のみで、戦闘に欠かせない戦車や火砲、誘導武器などは表わされていません。本来の戦力を数字化したものとは隔たりがありますが、日本周辺の安全保障環境を概観するには非常に参考となります。

まず、戦力の量だけで比較して気付くのは、日本周辺国は全ての国が日本と同等以上で、中でも中国は突出していることです。ロシアについても極東ロシア軍しか表わされていませんが、ロシア全体の兵力は10倍近い数値になります。いくつかの調査機関が公表している軍事力ランキングで上位3位の、アメリカ、ロシア、中国の3ヵ国のうちの2ヵ国が隣国にあります。

また、他の3ヵ国についても日本と同等以上の戦力量を持っており、日本は多くの戦力を保有した国に囲まれていることになります。防衛白書にも「大規模な軍事力が集中する特異な地域」との記載があります。「Global Firepower」は世界127ヵ国を対象として軍事力ランキングを出していますが、この地域の6ヵ国で最低の北朝鮮でも23位です。質を加味した戦力でも、この地域に世界上位の国が集中していることになります。世界で核戦力を保有する国は

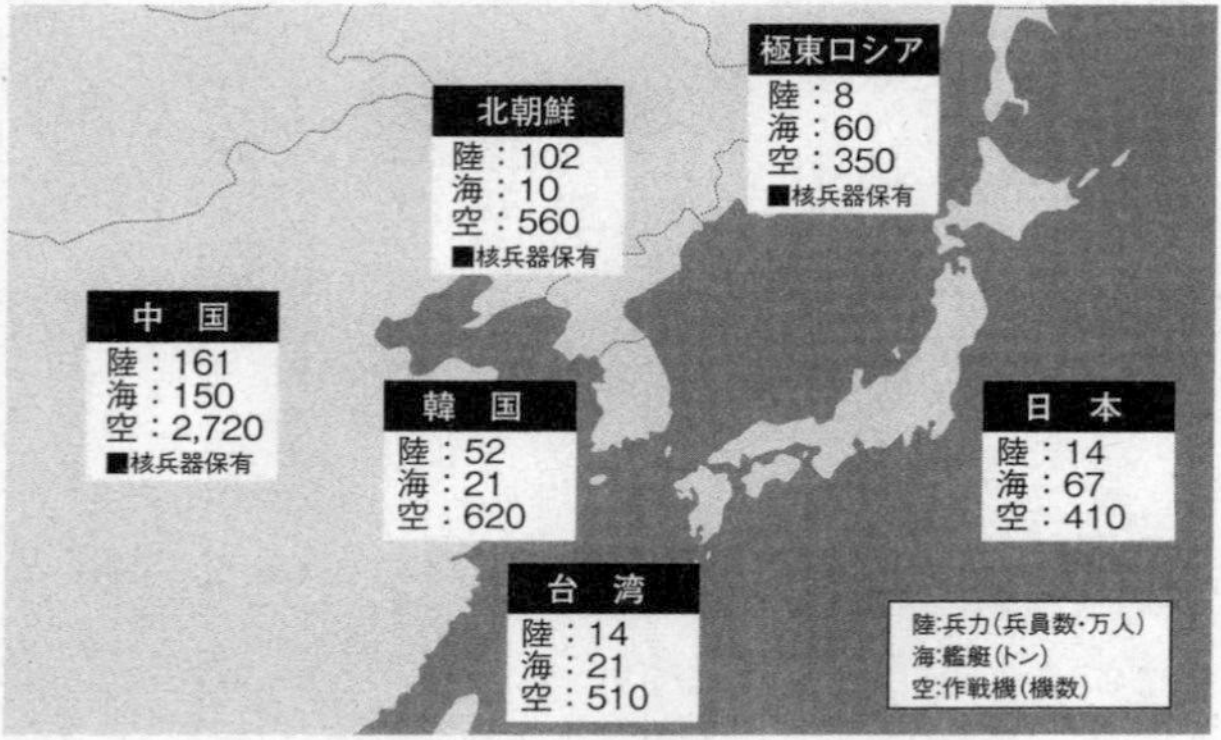

図35

9ヵ国といわれていますが、日本周辺にはそのうち、ロシア、中国、北朝鮮の3ヵ国が存在します。日本を入れた6ヵ国のうち、半数の国が核戦力を保有していることとなります。

冷戦時代は、旧共産主義圏のロシア（ソ連）、中国、北朝鮮と旧資本主義圏の日本、韓国、台湾は対立構造にありました。現在では、ソ連が崩壊しロシアも資本主義圏に入っているとはいえ、北朝鮮の核・ミサイル開発の対応をはじめとした各国の国策を考慮すると、冷戦時代の対立構造は緩やかながら継続していると考えてよいでしょう。

この緩やかな対立構造にある2つのグループのうち、旧共産主義国の全てが核戦力を保有しているのに対し、旧資本主義国の全てが核戦力を保有していません。核戦力だけ考えても、旧資本主義圏の3ヵ国は大きな脅威にさらされているわけです。

この核戦力の脅威に対抗するのは遠く太平洋を越えた、旧資本主義国の同盟国であるアメリカの核の傘だけです。しかも、日本は非核3原則により、建前的には日本周辺にアメリカの核戦力はありません。

また、中国と台湾の関係や、日本とロシアとの北方領土、中国との尖閣諸島、韓国との竹島の領土を巡っての対立も、日本の安全保障に影響を与えています。

以上の概観だけでも、日本周辺の安全保障環境が極めて厳しいものであることがわかりますが、日本国内の安全保障に関する関心は必ずしも高いとはいえないのが現実です。日本の周辺国が国防費を増加させている中、日本の防衛費は長い間低迷を続けています。

日本の防衛予算は世界ランキング8位、防衛力も「Global Firepower」のランキングで7位と世界各国の中でも上位を占めています。アメリカとの同盟関係や在日米軍の存在も考慮すれば、日本は既に十分な防衛力があり、防衛費を増やす必要性などないとの意見も一部にはあります。

しかしながら、日本は世界的にも戦力が集中する特殊な環境に置かれ、量的な戦力だけみれば、今の防衛力では甚だ心もとないものであると言わざるを得ません。（また、防衛予算や「Global Firepower」のランキングが日本の正しい戦力を表わしているとも思えません）

このような厳しい安全保障環境の中にあって、日本の安全が今の防衛力で保たれてきたのは、海に囲まれた島国であること、世界一の軍事大国であるアメリカとの同盟関係があったこと、そして、ロシア、中国、インドの間の牽制があったからです。もし日本が、これらの国々と陸続きで、アメリカとの同盟関係がなかったら、今の数倍～十数倍の防衛費と防衛力が必要だったでしょう。

海に囲まれた日本の地理的環境が防衛に及ぼす影響

海に囲まれている島国であるという地理的環境は、日本の防衛にとって非常に有利に働いています。陸続きであれば、車両や列車を使って、あるいは徒歩で戦力を運ぶことができます。全周を海に囲まれている日本に侵攻するには、海か空を渡って戦力を運ばなければなりません。陸続きの場合に比べると、多くの艦船と航空機が必要になるわけです。そして、戦闘に使用する作戦機や艦艇のほかに、戦力を運ぶ艦船や航空機を護衛する戦闘機や艦艇が必要となります。

多くの艦船や航空機で海を越えてくるとなると、大がかりな準備が必要ですし時間も掛かります。これを秘密裏に行なうことは不可能です。いずれかの国が日本に侵攻しようとしたならば、準備の早い段階で情報を得ることができ、日本も防衛のための準備ができます。（現実には 法的問題でかなり限定されたものとなりますが、話が法律問題になってしまうためここでは省略します）

島国というだけで、侵攻するために多くの戦力が必要となるわけです。攻める側に比べ守る側が有利で、攻める側は一般的に3倍以上の戦力が必要という説明をしました。

島国を攻める場合はさらに多くの戦力が必要となり、5〜10倍の戦力が必要といわれています。先の大戦でも、アメリカが投入した戦力量は、沖縄戦では、兵員で約5倍、艦艇では約20倍、航空機で約10倍といわれ、硫黄島戦でも火力換算すると10倍以上の戦力が投入されたことになります。

島国の日本に陸上戦力は不要か

ところで、海に囲まれた島国の特性から、日本の防衛力は海上・航空戦力主体であるべきだとの意見が日本国内には多くあります。日本に侵攻する国は、戦力を運ぶのに海路か空路を使う必要があります。これを全て排除すれば、日本に陸上戦力は必要なく日本の防衛に支障はないというものです。この意見は極めて妥当なように聞こえますが、いろいろと問題を抱えています。

その第1は効率性の問題です。他国に侵攻し、これを占領するのには陸上戦力がなくてはなりません。そして、この陸上戦力を海路、空路から陸上に運ぶときに大きなリスクを伴います。海路、空路で運ばれている陸上戦力はその力を発揮できない、または、制限されるからです。かたや、日本に配置する陸上戦力は終始戦力発揮が可能で、侵攻する国のリスクを最大限捉えることができます。

日本の持つ海上・航空戦力でそれを行なえばいいとの意見もありますが、侵攻する国も当然、日本の海空戦力を潰すために、海空戦力を投入します。侵攻国が投入する海空戦力を全て排除し、その上、海路、空路で運ばれる陸上戦力を全て排除するとなると、かなり大きな戦力を持たなければなりません。

しかも、守りの有利性は陸上戦力に比べ海上・航空戦力はそれほど大きくありません。陸上戦力のようにコンクリートや木材を使った陣地等を作れないからです。また、陸上には、川や池、山や崖、森や林といったように戦力を進めるために障害となるものが沢山ありますが、海上や航空には存在しません。したがって、海上・航空戦力は守る側としても、それなりの大きな戦力を持つ必要があります。

第2は海上・航空戦力といえどもその基盤は陸上にあるということです。侵攻する国もあらゆる手段を使って戦力を上陸させますし、作戦・戦闘は日本の至る所で起こります。これを海上・航空戦力をもって完全に排除することは不可能です。侵攻する陸上戦力の一部でも上陸し、基盤となる海上・航空基地が潰されれば、その後海上・航空戦力は機能しなくなります。

第3は海上・航空戦力同士の戦いは、戦力の変動が極めて大きいことです。海上・航空戦力同士の戦いは、陸上戦力に比べると短期決戦傾向にあります。十分な戦力を持ち不断の訓練を重ねたとしても戦場では何が起こるかわかりません。不測の事態が起きいったん戦力が落ちてしまうと、加速度的に戦力が低下するのが海上・航空戦力の特性です。そのような場合には、集団的自衛権の発動による米軍の来援を待ついとまも、なくなってしまいます。

以上、代表的な理由を紹介しましたが、海に囲まれた島国だからといって陸上戦力は不要なものではなく、逆に国の防衛にとって必要不可欠なものです。日本における一部の海上・航空戦力重視論は日本の安全保障にとって有害となるものです。

陸上、海上、航空のそれぞれの戦力には、利点・欠点、得意分野・不得意分野があります。利点や得意分野を活かし、欠点や不得意分野を補うことで、最も効果的、効率的に戦力が発揮できます。それが、世界各国で統合運用の重要性が叫ばれている理由でもあります。大切なのは戦力のバランスであり、陸上、海上、航空戦力がそれぞれ重要であることを、再認識しなければなりません。

日本の防衛に不可欠なアメリカとの同盟関係と在日米軍

現在日本が置かれた安全保障環境の中、今の防衛力で日本の安全を確保するためには、アメリカとの同盟関係と、在日米軍の存在は不可欠です。日本への侵攻を成功させるためには、アメリカが集団的自衛権を行使することも計算しなければなりません。日本への侵攻がアメリカとの戦争に拡大するため、アメリカの存在そのものが抑止力となります。

ただし、日本とアメリカは距離的には離れており、日本に他国からの侵攻があった場合、集団的自衛権を行使して援軍を送ろうとしてもかなりの時間を必要とします。陸海空戦力のいずれにしても、実際に戦闘を行なう部隊だけでは数日間しか戦うことはできません。弾薬、燃料、糧食、整備用部品等多くの物資が必要です。これらを準備するには数ヵ月〜半年程度の期間が必要で、湾岸戦争やイラク戦争においても、アメリカは準備のための期間として5ヵ月程度を必要としています。

在日米軍の存在がなく、米軍が集団的自衛権を行使して増援する前に日本に侵攻可能であれば、アメリカとの同盟関係による抑止効果はかなり低下します。また、アメリカが他国の侵攻に備えて日本で準備しようとしても、自衛隊の駐屯地や基地だけでは、もともと米軍を支援する基盤がないだけにかなり厳しい状況となります。

しかし、実際には在日米軍が存在します。他国が日本に侵攻しアメリカが集団的自衛権を行使した場合、在日米軍が増援します。また、在日米軍基地があるため本国からの増援も容易です。侵攻する国と在日米軍との戦闘が生起すれば、日本への侵攻が必然的にアメリカとの紛争、戦争へと拡大するわけです。日本に侵攻する場合は、アメリカとの戦争のリスクを負わざるを得ません。

だからといって、日本が在日米軍を頼りにしてわずかな防衛力で国を守れるわけではありません。核戦力が、逆に抑止の効果を減殺してしまうということはよく認識すべきです。日本に核戦力を保有する国が侵攻した場合、アメリカが集団的自衛権を行使することは、同時に、通常戦争が核戦争に拡大するリスクを負うことになります。核戦争が生起するリスクを冒してでも、集団的自衛権を行使して同盟国を助けるかどうかは、まさにアメリカの国としての意思です。

自分の国は自分で守るという防衛努力、国を守るために必要な戦力を整え、法律や制度を整備し、そして何よりも強い意思を持たなければなりません。それらがなければ、集団的自衛権により他国を助けようとする意思は同盟国といえども生まれません。

特に、戦力については短期間で整備できません。十年後、数十年後の将来を見据えながら着実に整備していくことが極めて重要です。

日本の防衛に間接的な役割を果たしている大国同士での牽制

ロシア、中国、インドという大国同士の牽制も日本の防衛に影響を与えてきました。過去には中国とロシア（ソ連）、中国とインドの間で国境問題を抱え、それが紛争にも発展しており、現在でも中国とロシア、中国とインドの関係は必ずしも良好とはいえません。

侵攻するために戦力を使用すると、国境を接する他国からの侵攻を許す隙を作ることになります。特に国境に領土問題を抱えている場合は、その隙に領土を奪われる心配があります。これらの隙を封じるために、他国と隣接する国境を全て固めての作戦は容易ではありません。

現在では、中国とロシア、中国とインドの国境問題は一応の解決は得られているものの、再燃する可能性は否定できませんし、隣国が持つ大きな軍事力の存在は脅威です。日本へ侵攻する場合は、これらの心配や脅威を抱えながら行なわなくてはなりません。

直接的な力ではありませんが、軍事大国同士の牽制が日本の安全保障にプラスに働いています。ただし、その効果はあくまでも間接的なものです。しかも、この3国の関係をうまくコントロールして日本の防衛につなげるには、極めて高い外交手腕が求められます。

日本としては、防衛の2本柱である島国という地理的特性を活かした防衛努力とアメリカとの同盟関係を基本に、安全保障政策を考えていくのが妥当でしょう。この際、アメリカの軍事力を加味しつつ周辺国との戦力バランスを維持することと、陸海空防衛力のバランスが特に重要となります。

日本の周辺地域でも特殊な軍事状況にある朝鮮半島

この地域で、国力に比べて戦力（特に陸上戦力）が突出している地域があります。一目瞭然だと思いますが、朝鮮半島です。北朝鮮の陸上戦力が兵員で102万人、韓国の陸上戦力が兵員で52万人ですから、それぞれ人口比にすると北朝鮮で4％、韓国で1％の国民が陸軍の兵員となっています。日本の陸上自衛隊の実員は人口比で0.1％

ですから、いかに両国の戦力が大きいかがわかります。

北朝鮮は軍事国家であり、陸上戦力は当然のこと、作戦機についても性能は別として日本以上保有しています。核・ミサイル開発を強力に推進しており、核戦力を考えると日本以上の戦力といえます。韓国も、徴兵制により、日本の３倍以上の陸軍を保有しています。これは、60年以上前に行なわれた朝鮮戦争が未だ休戦状態であり、韓国と北朝鮮の国境付近には多くの軍隊が対峙していることが要因です。

朝鮮戦争後も、国境を巡る小さな軍事衝突は何度か起こっており、偶発的な軍事衝突が何時、大きな紛争、戦争へ拡大するか現在でも予断を許しません。また、朝鮮戦争は、北朝鮮が朝鮮半島を統一するために南進したことから勃発したものですが、現在に至る間も、朝鮮半島統一は北朝鮮の悲願だといわれています。１９７０年代には南進のためのトンネルが発見されており、今もその兆候があるようです。韓国が防衛の手を緩めれば、北朝鮮の南進は本格化するでしょう。

朝鮮半島に紛争や戦争が起これば、必ず日本に飛び火します。韓国の同盟国であるアメリカが集団的自衛権を行使して参戦しますから、在日米軍は北朝鮮の攻撃目標となります。戦争によって生まれる難民、武装難民が日本に大勢来ることも予想されます。朝鮮半島にも、日本の安全保障環境に影響を及ぼす要因が存在します。

また、日本が島国であることの有利性が朝鮮半島の戦力状況からも、見て取れます。陸続きであるという地理的条件により、韓国は北朝鮮に対抗するための多くの戦力を保有せざるを得ません。これは、韓国の政権がどのように変わろうと維持されています。

1998年から2008年の間、金大中、盧武鉉大統領の下で「太陽政策」と謳《うた》った北朝鮮との融和政策が推進されましたが、韓国の保有する戦力を大幅に削減することはありませんでした。このことはまた、国の防衛政策や安全保障政策を考える際に、戦力が絶対的な意味を持つものであるという証にもなります。

なぜ中国の一部とされる台湾が大きな戦力を持つのか

台湾と中国の関係は、非常に複雑です。台湾を独立国と見るか、中国の一部と見るかは、各国の立場、独立国の要件の捉え方、歴史的解釈により変わります。

国際社会では、中国の一部であるという見方が大勢を占めています。中国は国際連合加盟国であり、台湾は加盟していません。中国とは国交があり、台湾とは国交のない国が大半です。台湾と国交のある国は20ヵ国のみです。日本も台湾との国交はなく、中国の一部とする立場にあります。

しかし、台湾は、中国と独立した行政機構と予算を持ち、中国と別の通貨を使い、他国との貿易も独立して行なっています。国だけを客観的に見ると独立国家です。バチカン市国等の小国に比べれば、遥かに独立国家の要件を備えています。そして、何よりも独自の軍隊を持ち、日本に近い戦力を保有しています。

中国の一部であるならば、台湾独自の戦力は何のためのものでしょうか。台湾も日本と同じ島国であり、国を防衛するには有利な地理的環境にあります。それでも日本に近い戦力を保有しなければならないのは、周辺国に脅威となる国があるからです。台湾の周辺国といえば、中国、韓国、日本、ベトナム、フィリピンですが、消去法で残るのは中国しかありません。

台湾の中でも、今の状態を維持するのか、中国から独立するのかの議論があり、中国の中でも、今の状態を維持するのか、武力統一するのかの議論があります。現在では、両国とも今の状態が望ましいということで落ち着いていますが、これがいつまで続くのかは予測できません。

中国が武力統一に踏み切れないのは、台湾が持つ戦力と台湾が実質的に結んでいるアメリカとの軍事同盟が抑止力となっているからです。台湾にとっても、中国の戦力が脅威なのはもちろんのこと、経済的な関係からも紛争は避けたいのが現状です。

しかし、将来、台湾の中で中国からの独立の気運が高まり、中国が武力統一を図ろうとしたならば中台紛争が生起します。本音では、両国ともに今の状態が好ましいとは思っていないでしょう。中国にとっては、完全に自国の行政機構に組み入れ、一つの省又は自治区とするのが好ましく、台湾にとっては、独立国として国際連合に加盟し、世界各国とも国交を結ぶのが好ましい状態です。

中台紛争の生起も朝鮮半島での紛争と同様に日本に大きな影響を及ぼします。中国が台湾に侵攻するには、沖縄以西、与那国島までの先島諸島が障害となります。台湾への侵攻を進捗させるために、一部の島を占領し利用することは十分考えられます。アメリカが参戦すれば、在日米軍が所在する地域も中国の攻撃対象となります。ここにもまた、日本の安全保障に悪影響を与える要因が潜んでいるということです。

第３節　「Global Firepower」の指数を国防費で補正して分析する日本周辺の安全保障環境

「Global Firepower」の指数に基づく日本周辺諸国の戦力の数値化

「Global Firepower」の軍事力ランキングは、世界127ヵ国を対象国として、兵器の種類や数、質のみならず、後方支援能力、国防予算、地政学的考察、石油資源、産業、潜在的兵士の数（人口）、核兵器、軍事同盟など50項目以上が総合的に評価され算出されています。

２０１７年の軍事力ランキング上位10ヵ国は、１位アメリカ、２位ロシア、３位中国、４位インド、５位フランス、６位イギリス、７位日本、８位トルコ、９位ドイツ、

10位イタリアです。韓国は12位、北朝鮮は23位、台湾は18位です。日本が7位と上位に位置しているのは意外ですが、2016年の国防予算ランキングも8位ですし、人口や産業、地政学的考察も加味されているのでこのような数字になるのでしょう。

このランキングは算出された指数で並べられていますが、数値が小さいほどランキングが高くなっており比較するためには非常に見にくいものです。どのような計算で指数が算出されたのか、指数とは数学で定義されるものなのか一般用語なのか、説明されたものを見つけることができませんでした。したがって、とりあえず比較しやすいように、1を指数で割り数値が大きいほど戦力を高くしました。（図36の上段の数

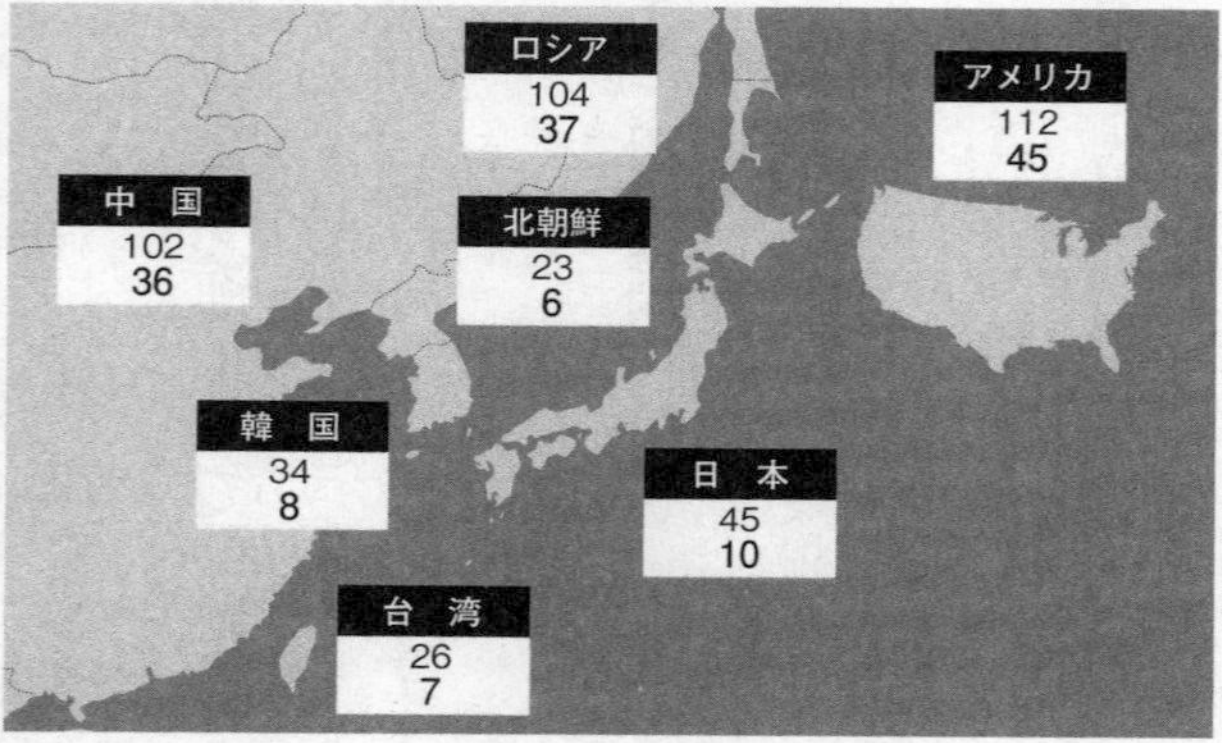

図36

値）

この数値を比較すると、日本はアメリカの約半分の戦力を保有していることになります。アメリカの国防費は日本の10倍以上ありますから、この数値は、通常の認識とは異なります。そこで、数学的指数の重み付けをして計算し、日本を10とした場合の各国の戦力を数値化しました。（日本を基準に各国の数値が何倍になるかをX、ｅのX乗の数値について日本を10として算出）（図36の下段の数値）これで、通常認識されている数値に近づいたと思われます。

ここで算出されている指数とその順位は、純粋な軍事力のみではなく、人口や経済力、産業、石油資源といった国力も対象になっていることから、第２次世界大戦のような国を挙げての総力戦を想定しているのではないかと思われます。つまり、戦争になった場合は志願兵を集め、または徴兵し、予算の多くを戦争のために費やし、国の産業もある一定の割合で兵器の製造等に携わるような状況です。

これらのことを考慮すると、日本の場合は軍事的な事項については他国にない特殊性があるため、順位を下方修正する必要があると思われます。

例えば、日本周辺国のように徴兵制を採用している国に比べ、自衛官の数を大幅に増やすのは容易ではありませんし、自衛隊の活動を制約する多くの法律も改正しなくてはなりません。また、装備品の開発・製造に携わる防衛産業も近年は衰退の傾向にあり、この構造を一気に変えるのは不可能です。自衛隊の戦力そのものも、戦闘を継続するための後方支援能力に多くの問題を抱えています。

これらの特殊性をいかに加味するかは主観的にしか判断できませんが、アメリカ、ロシア、中国との戦力差が小さすぎます。そこで、国防費を評価して数値に加味することとします。

各国の国防予算を評価して、「Global Firepower」の数値を補正

ストックホルム国際平和研究所から出されている日本周辺国の2016年の国防予算を比較しやすいように、簡単な数字で表わしました。(数字はドル換算。本来の数字は×10億ドル)(図37)

国防費ランキングは1位アメリカ、2位中国、3位ロシア、4位サウジアラビア、5位インド、6位フランス、7位イギリス、8位日本、9位ドイツ、10位韓国となっています。

国防費は、兵器の数や性能と違って直接的に戦力を表わしていません。しかし、

兵器の購入費や人件費等、戦力を持つには経費が掛かります。性能の高い兵器は値段が高く、性能の低い兵器は値段が安いということで、兵器の数だけでなく兵器の性能も反映されることとなります。

国防費と「Global Firepower」の数値と比較すると、概ね同じ傾向にあります。ロシアについては、ソ連が崩壊する前の時代に築いた巨大な戦力が基盤となっているため、現在の国防予算と戦力にはギャップがあります。「Global Firepower」の数値のとおり、中国と同等以上の戦力と見るのが妥当でしょう。

ここでは単年度の予算を使用していますが、さらに妥当な数値にするには複数年度の国防予算の合計額を使用するのが良いと

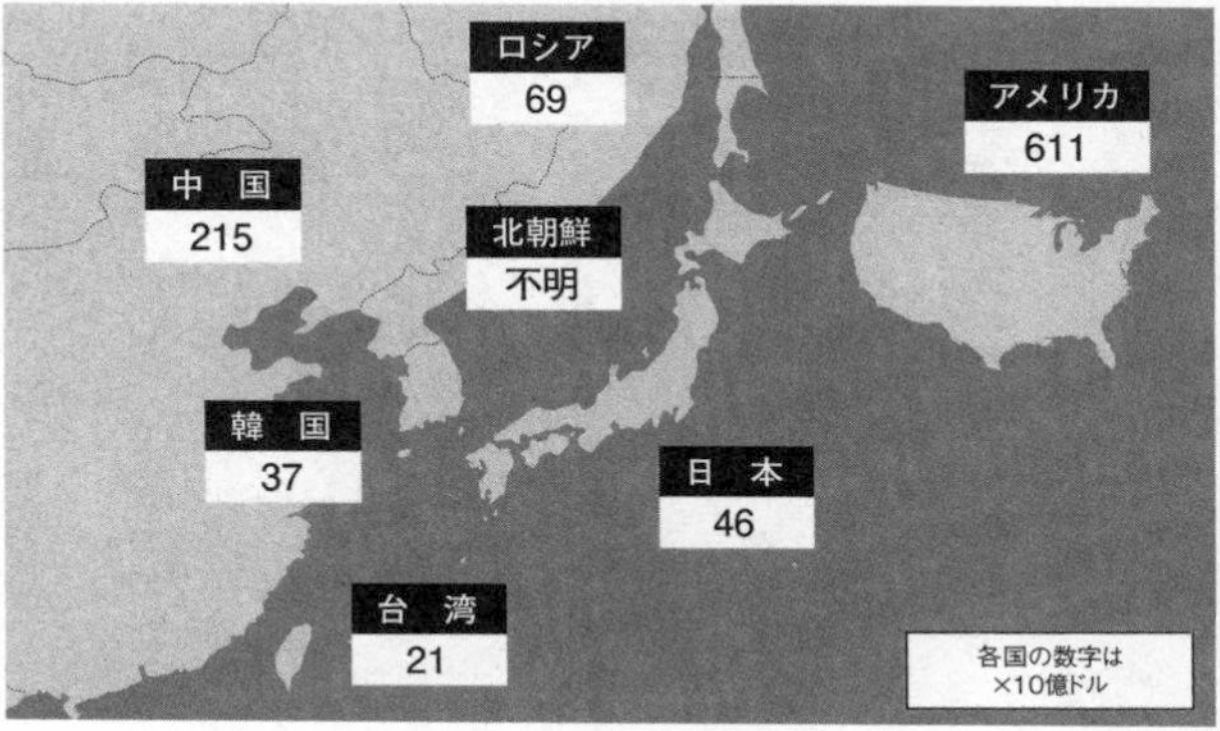

図37

思われます。特に注意を要するのは中国です。他国については毎年の増減はあるものの極端な変動はありません。中国の国防費については過去10年間で3倍と大幅に伸びています。

国防費が大幅な増加傾向にあることは、将来の戦力推移を予測する上ではプラスの補正が必要ですが、現在の戦力を判断する上ではマイナスの補正となります。戦力は複数年度の国防予算の積み上げですから、喫緊の国防費の数値を比較する場合、中国については数割低く見るのが妥当です。

ところで、日本、アメリカと他の5ヵ国では、予算と戦力の関係が異なります。日本、アメリカ以外の国は、徴兵制により人員を確保しているからです。志願制の国に

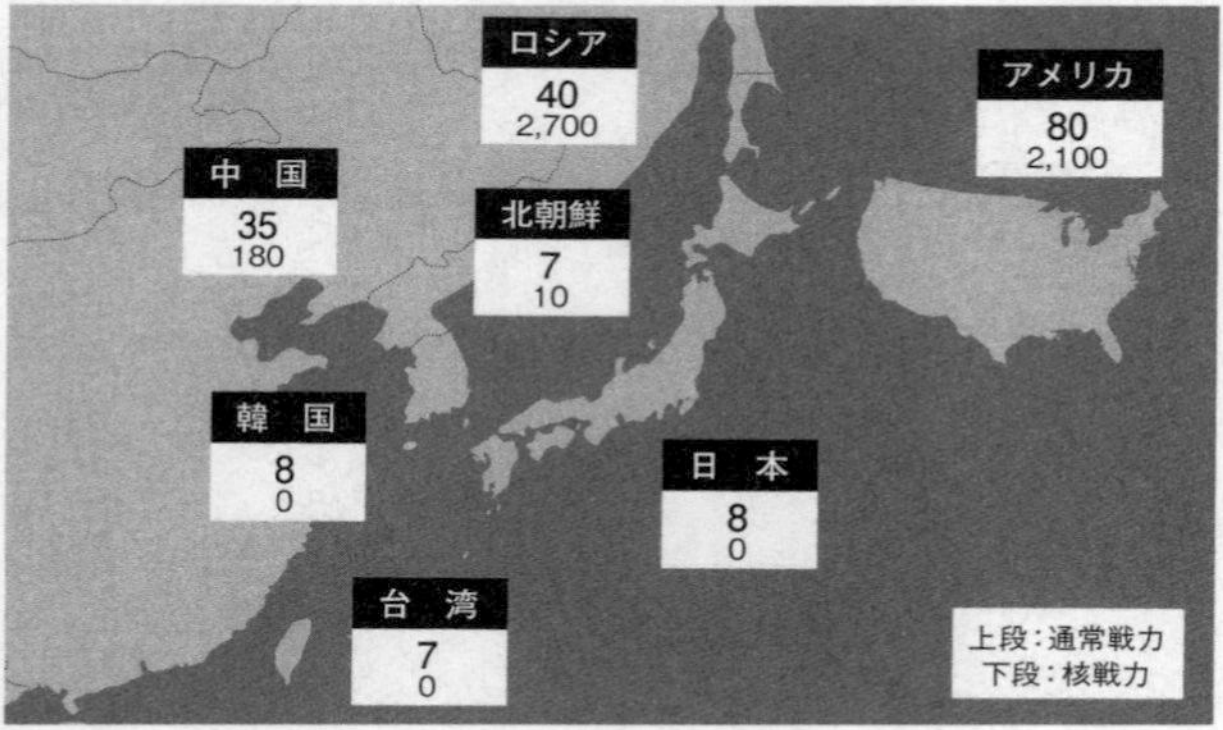

図38

比べ人件費が低く抑えられるので、その分兵器等を購入する予算が多くなります。

日本の防衛費に占める人件費の割合は、４割近くになります。予算だけみると韓国と日本が同レベルですが、韓国は徴兵制により人件費が低く抑えられています。もし、陸上自衛隊の定員を50万人としたら、人件費だけで今の防衛予算の2倍以上が必要となります。したがって、日本、アメリカの戦力については数割低いものと考えるのが妥当でしょう。

以上の評価により、「Global Firepower」を基準として数値を補正しました。補正量をどの程度にしたかは筆者の完全な主観ですが、かなり妥当な数値になったと思われます。核戦力については核兵器の数で表わしました。（図38）

補正した「Global Firepower」の数値で考察する日本周辺の安全保障環境

日本は、軍事力で世界2位のロシア、3位の中国と隣接しその通常戦力の格差は5倍近くあります。アメリカの戦力を頼らないと、日本の地理的有利性だけで国の安全を確保するのは困難な状況です。また、日本の潜在的、顕在的な脅威となっているロシア、中国、北朝鮮の3ヵ国とも核戦力を保有し、アメリカの核の傘なしでは日本の安全は確保できません。

同盟国のアメリカとは距離的問題があるため、在日米軍の存在は日本の防衛にとって抑止力として欠かせないものです。同時に、当事国同士の問題とされるような領土問題については、この抑止力も働かない可能性があることは既に説明したとおりです。

ロシア、中国の2ヵ国の国防費が増加傾向にあることは、将来の日本の安全保障環境に大きな影響を与えます。特に中国に関しては、アメリカに迫る勢いで国防費を増加し戦力を増強しています。現在は総合的な戦力でアメリカが有利ですが、現在の傾向が継続すれば、近いうちに通常戦力がアメリカに追いつくこともあり得ます。

以上の戦力関係から、日本の安全保障のために現在の防衛力が適当なものかどうかを考えてみます。まず、地理的条件、アメリカとの同盟関係を考慮すると、現在の日本周辺地域は、なんとか戦力的バランスがとれた状況であると考えられます。

危惧されるのは、一部の領土問題に関する紛争については、アメリカの抑止力が働かない場合があるということです。このため、万が一の事態を独力で抑止し、これに対処するための防衛力の増強が必要です。

日本が実効支配している領土では尖閣諸島が該当します。他の領土についても、いつ、他国が領有権を主張するかわかりません。

ロシア、中国、北朝鮮の核戦力の脅威に関しては、アメリカの核の傘が有効に機能しており、各国の核兵器の保有数に大幅な変動がない限り、この状態は維持されると思われます。

北朝鮮の核・ミサイル開発が国際的非難の中でも強行されていること、特に、北朝鮮が発射したミサイルが日本の大気圏外上空を通過したことで、日本では北朝鮮の核ミサイルに対し特別な脅威を感じていますが、基本的にはアメリカの核の傘が有効であると考えて問題ありません。ただし、アメリカと北朝鮮の関係で日本に対する核の脅威が顕在化します。細部は第４章で説明します。

将来の状況を考えると、今の防衛力で日本の安全が確保されるかどうかについては、かなり疑問が残ります。中国、ロシアは近年、国防費を着実に伸ばしており、ここ10年間で中国については３倍以上、ロシアについても２倍近い数値になっています。

これに対し、日本は24年度までの10年間、防衛費を削減してきました。25年度以降は増額していますが平均１％です。アメリカについてもマイナス傾向であり、将来、中国、ロシアがアメリカと肩を並べる可能性もあります。しかも、頼りとなるアメリカとの地理的関係は変わることはありませんし、在日米軍の勢力についてもどちらかというと減少傾向にあります。

今が戦力のバランスがとれた状態ならば、周辺国の戦力の増強に追随していかなければバランスが崩れてしまいます。憲法に不戦を謳い、平和国家宣言をし、外交努力に全力を傾けるだけで国を守ることはできません。

戦力が集中する世界でも特殊な安全保障環境に日本が置かれていることを再認識し、防衛力を着実に増強していかなければなりません。何度も説明しているように、防衛力は短期間で整備することはできません。中国のように10年間で3倍にまで国防費を増加できるのであれば問題ありませんが、厳しい日本の国家財政では、最大限努力しても年間5％増が限界でしょう。この数字さえも実際にはかなり困難と思われますが、不断の防衛努力が今こそ必要です。

日本の島国という特殊な環境は、他国が日本を攻める場合には多くの戦力を必要とするため日本に有利に働き、日本が他国を攻める場合にも多くの戦力が必要で、日本に不利に働きます。自国を守るために必要な戦力を持ったからといって他国を攻めることはできませんが、日本の場合は、島国という環境がその特徴をより顕著なものとしています。

防衛力を増強すれば日本が軍事国家に戻り、再び他国に侵攻するという幻想は、完全に消去しなければなりません。そして、日本が様々な潜在的脅威に囲まれていることを、しっかりと認識する必要があります。国の安全の確保は、政策の最重要事項です。戦力が防衛や安全保障の原点であることをよく理解し、日本の防衛力の増強に取り組まなければ、将来の日本の安全は保障できません。

第4章

実際の防衛問題を戦力主体の防衛論で考察

第1節　北朝鮮の核・ミサイル開発問題

北朝鮮の核・ミサイル開発の経緯

北朝鮮の核・ミサイル開発問題については、ミサイルの日本上空通過が印象に強いため、最近問題化したかのように錯覚してしまいますが、20年以上前から問題は続いています。発端は１９９３年のＮＰＴ（核不拡散条約）からの脱退宣言と１９９４年のＩＡＥＡ（国際原子力機関）からの脱退に遡ります。

ＩＡＥＡに加盟している国は、原子力が平和利用のみに使われていることを検査され（核査察という）、これを軍事利用、つまり核兵器を開発できない仕組みになっています。ＮＰＴ加盟国は、アメリカ、ロシア、イギリス、フランス、中国以外、核兵器の保有と開発を禁止されています。ＩＡＥＡとＮＰＴからの脱退は核開発を公式に表明するのと同じです。この時期にも、北朝鮮は世界を騒がせました。

北朝鮮の核・ミサイル開発問題を考察するにあたっては、このあたりの歴史的経緯も頭に入れておくとさらにわかりやすくなりますので、簡単に説明します。

この、最初の核開発を食い止めようと、アメリカは元大統領であるジミー・カーターを北朝鮮に派遣しました。そして当時の国家主席である金日成と直接会談し、北朝鮮が核開発を止める代わりに経済支援を行なうという米朝枠組み合意を結びました。

この合意内容は、北朝鮮にとっては破格のものです。核開発を凍結し（プルトニウム生産のために使用していた黒鉛減速炉という原子力発電所を停止する）、ＩＡＥＡの核査察を受ける代わりに、韓国が40億ドルの経費を負担してプルトニウムが生成されにくい軽水炉という原子力発電所を建設する。また、黒鉛減速炉が停止している間の電力供給に支障がないよう、火力発電所用に年間50万トンの重油をアメリカが供給するというものです。

この後、軽水炉建設や重油供給の遅れから米朝間に亀裂が生じるとともに、北朝鮮によるウラン濃縮の疑惑が直接的原因となり、２００２年に重油供給と軽水炉建設の停止が決定されます。さらには、２００３年に北朝鮮がＮＰＴから脱退し核兵器製造を宣言し、この米朝枠組み合意は完全な白紙となりました。

北朝鮮から見た、周辺の安全保障環境

北朝鮮はロシア、中国、韓国と国境を接し、地理的には防衛上非常に厳しい環境にあります。しかも、ロシア、中国という世界第2位、第3位の軍事大国と接しているわけです。戦力関係だけみると、本来ならこの2ヵ国に最大限の防衛努力を払わなければならないところです。しかし、現実はそうではありません。この状況は現在の戦力関係だけでは説明できず、北朝鮮の建国の歴史と朝鮮戦争の経緯に遡らなければなりません。

まず、北朝鮮の建国の歴史です。先の大戦が終結した後、日本の統治下にあった朝鮮半島はソ連とアメリカによって分割されました。ソ連の支援で北朝鮮が、アメリカの支援によって韓国が建国されたわけです。北朝鮮の初代国家主席が金日成で、本国では様々な伝説を持つ英雄です。

しかし、研究者の調査によると、実際にはソ連によって主席に据えられ、ソ連によって様々な伝説が作られた、偶像であるというのが真相のようです。まさに、ソ連によって作られた国家であるといえます。北朝鮮はソ連によって作られた国であるが

故に、現在でもロシアと北朝鮮の関係は特別であると考えられます。

その2年後に北朝鮮の南進により朝鮮戦争が始まりました。当初は破竹の勢いで北朝鮮が南進し、韓国軍は朝鮮半島の南端まで押し込まれました。その後、アメリカを主体とする連合国が参戦することで、逆に北朝鮮を中ソとの国境付近まで押し返しました。

ここで北朝鮮を支援するために参戦したのが中国です。中国が北朝鮮を支援することにより、再び韓国と連合国軍を押し返し現在の国境付近で休戦を迎えました。このように、北朝鮮と中国の関係も共に朝鮮戦争で戦った同盟国であり、現在でもその関係は続いています。

最近では、中国、ロシアの非難を無視して、北朝鮮が核・ミサイル開発を強行していることから、関係が悪化していることは確かです。しかし、北朝鮮に対する制裁についてはロシア、中国両国とも消極的です。

これは、アメリカの東アジア地域への介入を嫌っているという理由もありますが、根本的には北朝鮮との深いつながりが継続していると考えるべきでしょう。その証拠として、ロシア、中国が北朝鮮に軍事力を指向しようとする兆候も、威嚇も恫喝もありません。

このように、北朝鮮にとって北方に位置するロシア、中国は脅威ではなく、どちらかというと友好国です。脅威となるのは、南に位置する韓国とその同盟国であるアメリカです。日本との関係は、国交もなく拉致問題があるために敵対国といえます。ただし、領土問題もなく軍事的脅威もないため、在日米軍の存在がなければ、北朝鮮にとって日本は脅威となる国ではありません。

しかし、現実に存在する在日米軍が事態を複雑にしています。日本にとって欠かせない抑止力である在日米軍の存在が、北朝鮮との関係だけに限定すると逆の効果をもたらしています。

北朝鮮が核・ミサイル開発を継続する理由

北朝鮮にとって脅威の対象となるのは、韓国とアメリカです。韓国とは朝鮮戦争が未だに休戦状態にある敵対国です。しかし、韓国（日本も含む）を射程圏としたミサイルは既に数百発も保有しているため、韓国を対象としてミサイル開発を進める必要はありません。核戦力を保有せず、通常戦力でもそれほどの格差がない韓国に対して、抑止力としての核戦力も必要ありません。

また、両国の国境と韓国の首都ソウルとの最短距離は30㎞で火砲の砲弾が届くのに対し、北朝鮮の首都ピョンヤンとの距離は１００㎞以上で火砲の射程外です。通常戦力の行使については、地理的にも北朝鮮が圧倒的に有利です。つまり、北朝鮮の核・ミサイル開発の目的は、韓国の脅威に対抗するためではありません。

北朝鮮にとって、アメリカの戦力は圧倒的なものです。距離的には太平洋を隔てた遠くの存在ですが、隣接する韓国には在韓米軍が存在し、日本海を挟んだ日本には在日米軍が存在します。アメリカ軍と韓国軍の間では定期的に大規模な共同軍事演習が行なわれています。この軍事演習の機会を利用して、アメリカが朝鮮半島付近に戦力を集中することは可能です。北朝鮮が米韓の共同軍事演習に特に神経をとがらせるのはこのためです。

加えて、アメリカは自由と民主主義を旗印に掲げる国で、独裁国家を嫌います。現実にイラクのフセイン政権はアメリカの軍事力行使により崩壊しました。当時のイラクはフセインの独裁国家であり、現在の北朝鮮も金日成、正日、正恩と引き継がれた独裁国家です。フセイン政権のイラク崩壊を目の当たりにした北朝鮮が、イラクの二の舞に合うのを避けようとするのは当然のことです。

アメリカが湾岸戦争でイラクからクウェートを解放したのが１９９１年、イラク戦争でフセイン政権を崩壊させたのが2003年ですから、北朝鮮がIAEAから脱退した1994年、NPTから脱退した2003年と時期が重なっており、北朝鮮がイラクの状況を見ながら核開発を推進したとも考えられます。

以上の考察からも、北朝鮮にとっての核・ミサイル開発の目的はアメリカに対抗するためであることは間違いありません。通常戦力での北朝鮮とアメリカの格差は圧倒的であり、アメリカの通常戦力による侵攻を抑止するには核戦力に頼らざるを得ません。

北朝鮮も明言しているとおり、日本に向けられた核ミサイルは在日米軍が目標です。これが、アメリカによる北朝鮮への軍事力行使を抑止しているのも事実でしょう。アメリカが中東の国々に対するのと同じように、北朝鮮に対して軍事行使ができないのも、後ろに控えるロシア、中国の存在は当然のこと、北朝鮮が保有する核戦力による抑止の力が影響しています。

そして、核抑止を確固たるものにするには、アメリカ本土の大都市に届くミサイルが必要となります。アメリカもニューヨークやロサンゼルスへの核攻撃のリスクを抱えながら、北朝鮮への軍事力行使はできません。このために、北朝鮮は長距離の弾道ミサイルや潜水艦搭載用のミサイル開発を継続しているわけです。

他の国策として、友好国であったロシアや中国と強固な軍事同盟を結び、その核の傘によりアメリカの核戦力に対抗することもできました。通常戦力についてもロシアか中国の集団的自衛権の行使に頼れます。

しかし、北朝鮮は核・ミサイル開発の道を選びました。独裁政権を維持するためには、国内に対して権力を誇示しなければならなかったのでしょう。偉大な指導者が他国の力頼みで国を守るというのは、許されないのかもしれません。

北朝鮮の核・ミサイル開発が日本に与える影響

最初に結論を言いますと、現在の核・ミサイル開発が日本に直接与える影響は、ほとんどありません。北朝鮮が国連安保理の決議を無視して、通告もなしに日本の大気圏外上空を通過するミサイルを発射したのは、許されざる暴挙ではありますが、このことが直接日本の防衛に影響するわけではありません。これに対し、アメリカとの関係において、間接的に日本に及ぼす影響は計り知れないものがあります。

まずは直接影響を与えない理由です。第1に、日本に届くミサイルは既に数百発も保有しているといわれ、現在開発中のミサイルは日本を対象としたものではないということです。また、核弾頭に関しても既に数発~10数発を保有しているといわれており、北朝鮮の核・ミサイルの脅威は10年以上も前から継続しています。

ただし、現在の核開発により核弾頭の威力が向上した場合には、核攻撃を受けた際の被害が大きくなるという影響はあります。また、長距離ミサイルを高射角で撃ち出すロフテッド軌道のミサイル攻撃に対してミサイル防衛が難しくなるという影響もあります。

第2に、日本(第1目標は在日米軍)への核の先制攻撃はあり得ないということです。日本は同盟国アメリカの核の傘による核抑止力を有しており、日本への核攻撃が行なわれたならば、これに対するアメリカの報復がなされるからです。それが在日米軍基地であれば、当然、アメリカの報復がなされます。

アメリカの圧倒的な量の核攻撃を受ければ、北朝鮮はこの地上から消滅するでしょう。そのような大きなリスクを負って、核の先制攻撃をするはずがありません。北朝鮮の核戦力は、アメリカの通常戦力による侵攻を抑止するためのものです。

第3に、北朝鮮のミサイル発射の目的が試験なのか威嚇なのかは定かではありませんが、日本の大気圏外上空を通過して発射されるミサイルが、その部品等も含めて日本に落下する可能性はほとんどないということです。

北朝鮮は、過去には人工衛星の打ち上げと称してミサイル発射をしていましたが、現在ではミサイルと断言してこれを発射しています。これが日本に落下した場合は、日本にミサイルを撃ち込んだと見なされます。

これは、日本に対する侵略行為であり、日本が個別的自衛権をアメリカが集団的自衛権を行使する権利が発生します。このような事態になるのは北朝鮮にとって好ましくありません。特に、集団的自衛権によってアメリカに軍事力を行使されるのは最悪の事態です。

北朝鮮が日本列島方向にミサイルを発射する際には、細心の注意を払っているはずです。過去のミサイル発射でも、日本に届かない十分な余裕を持って日本海に落下させるか、日本上空を通過する際は、（日本の領域とされない）大気圏外の高高度を通過させています。

日本に通告した上で、人工衛星の打ち上げと称してミサイル発射をしていた時期は、万が一日本に落下した場合でも言い訳ができました。ミサイル発射と断言している現在ではそうはいきません。それだけ、ミサイルの性能に自信が持てるようになった証かもしれません。

以上の3つの理由で、現在行なわれている北朝鮮の核・ミサイル開発は日本の防衛にほとんど影響しないといえます。別の言い方をすれば、北朝鮮の保有する核兵器やミサイルは既に1990年代から日本にとっての脅威であり、今でもそれが継続しているということです。今開発されているミサイルはアメリカ本土を射程としたもので、脅威の度は大きく変化しません。

ミサイル発射が頻繁に行なわれることにより、潜在的に存在していた脅威が顕在化したわけですが、潜在的でも顕在的でも脅威の質は変わりません。表面上に表われた現象だけにとらわれることなく、周辺国の持つ戦力をしっかり認識し防衛努力を継続していくことが何よりも大切なことです。

なお、核開発に伴い、現在行なわれている地下での核実験に関しては、放射性物質が飛散する可能性も少なく直接日本に及ぼす影響はありません。ただし、地上、海上、大気圏外での核実験が強行された場合は、放射線による直接的影響のほか、放射性物質の飛散やＥＭＰによる電子器材への影響等、大きな被害が出る可能性があります。

しかし、核実験による被害は全世界に拡大する可能性があり、日本の安全保障というよりも、世界の安全保障に対する脅威といった方が良いでしょう。

北朝鮮が日本に対し核ミサイルを発射する事態とは

次に、アメリカとの関係において、日本に対し、間接的に計り知れない影響を及ぼすことについて説明します。繰り返しになりますが、現在行なわれている北朝鮮の核・ミサイル開発は、アメリカ本土を目標とした長射程化であり、潜水艦への搭載です。アメリカが、これの完成をなんとかして防ぎたいのは当然のことです。

現段階では、各種制裁を主体として、核・ミサイル開発を断念させようとしています。しかし、各種制裁が功を奏さず、アメリカが北朝鮮に対する軍事力行使を念頭に置いて準備を始めた場合は、北朝鮮が日本に対し核攻撃する脅威が本格化します。

アメリカが、北朝鮮の核兵器を全て無効化できる確信が得られなければ軍事力行使を断念するでしょう。しかし、確信を得られた場合は北朝鮮に対する軍事力行使を決心し、日本にとって、北朝鮮の核攻撃を覚悟しなければならない最悪の事態となる時です。

アメリカが確信したからといって、全ての核兵器を破壊できるとは限りません。１発でも残存すれば、日本に発射されます。また、北朝鮮がアメリカの作戦を事前に察知して、その前に核・ミサイルを日本に発射する場合も想定されます。

アメリカの軍事力行使が開始されたら、金正恩独裁政権は間違いなく崩壊します。それ故、金正恩はためらいなく核ミサイルのボタンを押すでしょう。北朝鮮の核攻撃を抑止することは出来ません。これに対抗するためには、ミサイル防衛かミサイル基地攻撃しかありません。

しかし、ミサイル防衛も１００％確実ではありません。ミサイル基地を攻撃する場合は目標情報を得るための装備も必要で、これらのシステムを運用出来るまでには10年単位の期間と多額の予算が必要です。今後数年でこれらの処置を講じることは不可能です。

従って、日本が世界で2回目の被爆国にならないよう最大限の外交努力が必要です。アメリカが軍事力を行使しなければ、北朝鮮も核戦力を使用することはありません。安易に同盟国に同調することなく、日本としての姿勢を貫くべきです。

第２節
中国の海洋進出問題

中国が国防費を増加させ、戦力（特に海上戦力）を増強する目的

日本の周辺国で、将来にわたって戦力的に最も脅威となる国は中国です。中国の国防費の伸びは、他の国を圧倒しています。主要国の中でこれだけ国防費を増加させ戦力を増強している国はありません。ロシアについても国防費を着実に増加させていますが、ソ連の崩壊後の落ち込みを少しずつ取り戻しているところです。

では、中国が国防費を増やし戦力を増強する目的は何でしょうか。戦力を保有し増強する目的は、大きく2つあることは冒頭で説明したとおりで、他国に侵攻するか、他国の侵攻から国を防衛するかです。どの国にも属さない、あるいは帰属が明確でない地域に勢力を拡大することも他国に侵攻する目的に含めます。

まずは好意的に捉えて、他国の侵攻から国を防衛するためとした場合について考えてみます。中国に隣接する軍事大国はロシアとインドです。過去にも国境問題による紛争があったことも考慮すると、中国にとって両国が潜在的に脅威であることは間違いありません。現在も、それぞれの国との関係は良好とはいえません。

ロシアの戦力は中国に比べやや有利と言えますが、インドについては「Global Firepower」の軍事力ランキングや国防費でも中国より下位ですし、近年、大幅に国防費を増加させているわけではありません。

ロシアの国防費もソ連崩壊後に落ち込んだ後、近年は着実に増加していますが、いまだ中国の3分の1であり、ソ連当時に築いた戦力で、軍事力ランキングでは中国の上位にランクされている状態です。これらの状況を考えると、隣接するロシア、インドに脅威を感じて、中国が戦力を増強しているとは考えられません。

他の国で、中国が脅威と感じてもおかしくない軍事大国はアメリカですが、アメリカについても近年軍事費を減らしています。また、アメリカとは太平洋を隔てた遠い地理関係にあり、アメリカが中国に戦力を投入することは容易ではありません。アメリカの同盟国である日本、韓国からの戦力の推進も、北朝鮮が緩衝地帯となっているため困難です。

以上の3ヵ国以外で中国が脅威とするような国は存在しません。したがって、好意的に捉えた他国の侵攻から国を防衛するためという目的は否定されます。

では、他国に侵攻するため（または自国の勢力を拡大するため）と捉えた場合はどうでしょうか。他国に侵略することは国際的に禁止されていますから、侵略目的に戦力を増強するのだと公言する国はありません。建前的には、あくまでも自衛のため、または、自国または世界の安全保障上必要があるためです。しかし、実態と建前が違うことは、よくあることです。

そのような観点で中国の近年の行動を捉えると、国防費の急激な増加と、海上戦力の増強、南シナ海への強引な進出、日本の尖閣諸島付近での活発な行動は、全ての歩調が同期していると思われます。

特に海上戦力の増強は特徴的で、10年前、兵員160万人、艦艇107万トン、作戦機3520機であった戦力が、現在では兵員161万人、艦艇150万トン、作戦機2720機と、海上戦力だけが1.5倍に増強されています。

また、南シナ海における強引な活動は目に余るものがあります。南沙諸島では、ベトナムやフィリピンが領有権を主張する岩礁に進出、占拠し、これを埋め立てて軍事基地化しています。このような強引な動きは、現在のところは南シナ海に留まっていますが、活動を逐次活発化させている東シナ海においても、いつ同様の行動に出るかわかりません。

これらの海洋進出は、自国が領有する地域であり自国の安全保障のため当然であると中国は主張していますが、国際社会の反応はほとんどが否定的です。国際司法の場である常設仲裁裁判所においても、国連海洋法条約に違反するとの判断がなされています。

以上の考察から、中国の戦力増強の目的が、他国に侵攻する（自国の勢力を拡大する）に該当するのは明白です。中国は、歴史的な経緯に基づくレトリックを駆使して自国の行動を正当化していますが、国際社会において認められるものではなく、国際司法の場においてもその違法性が明らかにされています。

中国の海洋進出が日本の安全保障に及ぼす影響

中国の一連の行動が、日本の安全保障にどのような影響を及ぼすのか考えてみます。中国の海洋進出は、特に南シナ海において顕著ですが、日本の近海である東シナ海でも年々活発化しています。そして、最も日本にとって問題となるのが、日本の固有の領土である尖閣諸島の領有権を中国が主張しているということです。現在は実効上日本が支配しており、日本政府として領土問題は存在しないという立場をとっていますが、中国側からすれば日本の主張など問題とはなりません。

今は、領有権の主張も尖閣諸島に留まっていますが、もしこれを許してしまったら、その主張は、宮古島、石垣島を含む先島諸島全域に及び、最終的には沖縄の領有権まで主張することとなるでしょう。

尖閣諸島の領有権を主張するようになったのも、１９６８年に海底油田の存在が判明した2年後の１９７０年です。何か自国の利益になるものがあり、少しでも歴史的な理屈があれば拡大して主張し、既成事実化できたものは、さらにそれを拡大していくというのは、過去の中国が実行してきた常套手段です。

特に、尖閣諸島に関しては、日本政府が実効支配していると主張しても、日本の施設もなく住民も居住しておらず、当然自衛隊も駐屯していません。中国側からすれば実効支配しているとは言い難い状況です。一旦、中国の軍隊に上陸されてしまったら、これを取り戻すのは容易ではありません。

現実に、北方領土や竹島は、本来は日本の固有の領土であるはずのものが、北方領土は戦後のどさくさに紛れてソ連によって実効支配され、竹島は戦後7年経った１９

52年に韓国によって実効支配されました。現在も粘り強く外交交渉が続けられていますが、進展は見られません。

南シナ海においても、中国はベトナムやフィリピンが実効支配していた岩礁に次々と進出し、軍隊や国民を派遣し、埋め立て、施設を建設しています。中国にとっての実効支配とはこのような状態をいうのであり、日本の主張は通りません。東シナ海においても、いつ同じことが起こってもおかしくない状況にあります。

戦力的に見ると、南シナ海での中国進出の本格化は米軍がフィリピンから撤退した時期であり、米軍の戦力が抑止力として機能していたことは間違いありません。中国に対抗するため、現在進められているフィリピンへの米軍の再駐留がそれを証明しています。

東シナ海は、在日米軍が沖縄に存在することが抑止力として機能し、南シナ海と同様の行動に出られなかったのは確かなことでしょう。しかし、核戦力を保有する軍事大国同士の狭間にある領土問題に対し、核の傘が、逆に抑止力を働かせなくさせる場合があることを忘れてはなりません。

現在では、日本の外交努力も功を奏し、アメリカは尖閣諸島における紛争についても日米安保を適用、つまり集団的自衛権を行使すると明言しています。これが、中国の尖閣諸島進出の抑止力となっているのは間違いありません。アメリカにとっても東シナ海への中国の進出は好ましいものではありませんから、日本とアメリカの利害関係は完全に一致しているわけです。

また、中国も、南シナ海での実効支配が完成した後に東シナ海へという、自国の保有する戦力運用を考えて、この地域での活動を小手先程度の動きに押さえているのも、事態が拡大しない要因でしょう。中国が現状の勢いで国防費を伸ばし、海上戦力を増強させたならば、将来的にも現状レベルの状態が続くのかは非常に疑問となるところです。

中国の次の目標が東シナ海であることは、日本と中国のＥＥＺ（排他的経済水域）の境付近での油田の建設や年々活発化する尖閣諸島付近での中国船の活動等が証明しています。また、航空自衛隊が行なう対領空侵犯措置（日本の許可を得ずに日本領空に侵入した航空機に対処）に伴う戦闘機のスクランブル発進（緊急発進）の対象も、現在ではロシアを抜き中国が１位となっています。

将来、中国が尖閣諸島へ侵攻し占領するため、その準備を本格化させた場合いかなる状況になるかです。日米安保の適用によりアメリカが紛争に介入することを前提とするなら、アメリカとの紛争を避けたい中国は尖閣諸島への侵攻を諦め抑止が機能するはずです。特に米中間の紛争が核戦争へと拡大することは両国にとって、最も避けたいことです。

しかし、アメリカと中国の持つ核戦力と、アメリカが日本に提供している核の傘が、逆に尖閣諸島に対する中国の進出を抑止できない場合が生起する可能性があります。

これは、第2章の「核戦力を保有しない国の領土問題を複雑にする核の傘」で説明した状況と近似しています。つまり、中国がアメリカの意思を、「核戦争に繋がるリスクを負ってまで尖閣諸島問題には介入しないだろう」と判断した場合は、抑止が破れ中国は侵攻を開始します。

確かに、現在の日米関係が続く限り、アメリカは、最終局面まで尖閣諸島問題に介入することを断言し続けるでしょう。しかし、抑止が破れ中国の侵攻が現実となった場合、本当にアメリカが介入するかどうかは、また、微妙な問題です。

中国が尖閣諸島に侵攻する際は、アメリカが抑止力となり、中国に厳しい判断が求められます。同様に、中国が侵攻を開始した後にアメリカが紛争に介入する際は、中国の核戦力が抑止力となり、アメリカに厳しい判断が求められるということです。

両国とも、核戦争という最悪の事態と目前の領土問題の紛争を天秤に掛けながら決断していくことになります。アメリカにとっては、他の同盟国との信頼関係に及ぼす影響やさらなる中国の海洋進出の阻止等、自国の国益にも絡む事項が多く存在するため、事態の推移は非常に難しいものとなるでしょう。

いずれにせよ、日本としてはアメリカによる抑止が働かないことも想定して、自国でできる限りの防衛努力をしなければなりません。その観点から、現在、日本が当面の重要施策として南西正面の防衛を強化していることは、至極、妥当なことです。ただし、ここでも日本全体の防衛と同様に、海空重視論に振れないよう気をつけなければなりません。島だからといって海上・航空戦力だけで防衛できるわけではありません。陸海空戦力のバランスと統合による効果的・効率的戦力の発揮が極めて重要です。

また、尖閣諸島については、日本が実効支配しているとは言い難い状況にあります。中国との外交上の問題や国際世論も十分配慮する必要がありますが、実効支配するには何らかの証が必要です。第2の竹島とならないよう、防衛努力はもちろんのこと、着実に実効支配のための施策を行なっていくことが、「帰属不明な領土問題」にならないために極めて重要であるといえます。

第3節　集団的自衛権の憲法解釈

日本における集団的自衛権の議論がわかりにくい理由

数年前に集団的自衛権の憲法解釈が変更になり、今までの「日本は国際法上、集団的自衛権を保有しているが、憲法上は行使できない」が、「一定条件下では行使できる」となりました。集団的自衛権を認めるのか、憲法違反にならないのかで大きな議論となりましたが、議論の中身が同床異夢で、ほとんどかみ合っていなかったのが今でも記憶に残っています。多くの国民も「今議論になっている集団的自衛権とは何だろう」と疑問に感じていたのではないでしょうか。

本防衛論でも、集団的自衛権を説明していますが、基本となるわかり易い状況設定なので、誰でも容易に理解できたと思います。（隣国にある小国が協力して大国に対処するために同盟を結び、集団的自衛権を行使するという状況設定）ところが、日本における集団的自衛権の議論は非常に複雑で、一般の人には理解しがたいものとなっていました。いったいなぜ、このような状況となったのでしょうか。それは、日本とアメリカの特殊な関係にあります。

アメリカは世界一の軍事大国であり他国の協力なしに国を守ることができます。一方、日本の戦力は周辺国に対し十分といえるものではなく、アメリカの協力が必要不可欠です。核戦力もないため核の傘も必要です。

日米安保条約は片務的で問題があるといわれますが、両国の戦力をマクロ的に見れば（本防衛論のように国の戦力を1つに表わして見る場合）、日本にとってアメリカの集団的自衛権の行使は必要ですが、アメリカにとって日本の集団的自衛権の行使は必要ありません。つまり、片務的で問題ないということです。ただし、米兵は命をかけて日本を守るのに、日本の自衛官は命をかけてアメリカを守ることはないのかという感情論は残ります。

アメリカとソ連が対立していた冷戦時代には、ソ連側共産主義陣営が太平洋に進出する防波堤として日本が機能しており、日本がアメリカのためにできるのは在日米軍基地の提供がせいぜいでした。日米安保条約に双務性を求めること自体が無理だった訳です。

戦力で見ると、日本が置かれた安全保障環境は、今でもあまり変わっていません。憲法解釈は別として、戦力的関係を考えた場合は、日本の集団的自衛権の行使に疑問が持たれるのもやむを得ません。

しかも、日本とアメリカは地理的に太平洋を隔てた遠隔地であり、米軍は世界の各地で行動しています。このような条件で日本が行使する集団的自衛権を、一般的なものとして解釈すると、「アメリカが他国に侵攻されたら、アメリカに自衛隊を派遣するのか」「中東で行動している米軍が攻撃されたら、助けにいくのか」等のおかしな話が出てきます。

日本がアメリカに対して必要な集団的自衛権行使とは何か

結論を先に言いますと、この問題に関しては本防衛論で説明してきたマクロ的に捉える戦力からは説明できません。戦力をマクロ的に捉えると、アメリカに対する日本の集団的自衛権の行使は必要ないということになります。政府が集団的自衛権の行使で想定している状況は、非常に特殊で限定的なもので、各国の保有する戦力関係から説明できるものではありません。

冷戦の崩壊により国際情勢が大きく変化し、9・11を始めとするテロの脅威や北朝鮮のミサイル発射、日本のシーレーンに影響を及ぼす海峡の機雷封鎖や海賊活動等、マクロ的な視点では捉えられない問題がクローズアップされてきました。このような問題に対処するため、日本の自衛隊が各国と協力して各種任務に当たる場面が増えてきました。

例えば、日本とアメリカの艦艇が協同して、警戒監視任務やミサイル対処を行なうような場面です。この際、日本の艦艇がテロで攻撃されたときには、当然、日本は個別的自衛権を行使できますし、アメリカも集団的自衛権を行使して日本の艦艇を守れます。それが逆に、アメリカの艦艇が攻撃されたときに日本の艦艇がこれを守れないのはおかしいのではないかという疑問が生じます。このような限定された場面での集団的自衛権の行使が必要となってきた訳です。

しかし、集団的自衛権の行使に反対する側は、本防衛論が取り扱ってきたマクロ的な視点で反論していたため、議論が噛み合わず非常にわかりにくいものとなりました。しかも、政府の想定の方が特殊なために、一般の国民からは理解されにくいものになったのだと思います。

これは、閣議決定された集団的自衛権行使の要件、「我が国と密接な関係にある他国への武力攻撃が発生し、これにより我が国の存立が脅かされ、国民の生命、自由および幸福追求の権利が根底から覆される明白な危険があった場合」にも、政府側の苦労が表われています。

一般的な集団的自衛権行使の解釈では、前段の「我が国と密接な関係にある他国への武力攻撃の発生」だけで要件となります。しかし、日本の集団的自衛権はその事態が「我が国の存立を脅かす」という条件で厳しく規制されています。

従って、アメリカ本国が武力攻撃された場合や、中東で行動している米軍が攻撃されたときに自衛隊を派遣することは通常ありません。まず、アメリカが武力攻撃されることがあり得ません（テロを除く）。アメリカが攻撃され、日本の国の存立が脅かされる状態とは、世界そのものが危険な状態にあるということです。

日本での集団的自衛権に関する倒錯した議論は、自衛権の基本を押さえないために起こったものであり、防衛論の基本（幹の部分）の大切さを再認識させるものでした。軍事、防衛、安全保障に関して、基礎の基礎からの知識を得る機会が圧倒的に不足しているのが一因です。

政治や経済、情報通信やコンピューター等に関しては、文字通り簡単で分かりやすい書籍が数多く出版されているのに対し、軍事・防衛・安全保障については、皆無に近いのはさみしい限りです。本書が、少しでもお役に立てれば幸いです。

第４節　憲法第９条

憲法第９条を素直に解釈すると自衛隊は違憲か合憲か

憲法については、「意思」と「戦力」の概念整理からすると、日本における「意思」の分野の筆頭といえるもので、本来は、本書で扱うべきものではないと思われます。しかしながら、憲法第９条には、本防衛論の主体である「戦力」の放棄が謳われており、どうしても触れざるを得ないと考えました。また、非常に重要なテーマでもあることから、節を起こして考察することにします。

まずは、憲法第９条全文です。

第９条　日本国民は、正義と秩序を基調とする国際平和を誠実に希求し、国権の発動たる戦争と、武力による威嚇又は武力の行使は、国際紛争を解決する手段としては、永久にこれを放棄する。

第２項　前項の目的を達するため、陸海空軍その他の戦力は、これを保持しない。

国の交戦権は、これを認めない。

第1項は、不戦条約の「国際紛争解決のため、戦争に訴えないこととし、かつ、その相互関係において、国家の政策の手段としての戦争を放棄する」、国連憲章の「武力による威嚇又は武力の行使を、いかなる国の領土保全又は政治的独立に対するものも、また、国際連合の目的と両立しない他のいかなる方法によるものも慎まなければならない。」と同趣旨であり、日本国憲法独特のものではありません。現在の国際社会では、当然のこととされています。改憲派も護憲派も第1項については議論の対象となりません。

問題は第2項です。

もし、「前項の目的を達するため」の記述が「国際紛争を解決する手段として」であれば、自衛のための「陸海空軍その他の戦力」は保有でき、自衛のために交戦することもできます。

しかし、「前項の目的を達するため」となると、いかなる目的の「陸海空軍その他の戦力」も保有できず、一切の「交戦」もできません。理論的には戦力がなければ戦うことはできないので、交戦権の記述は本来不要です。

「前項の目的を達するため」は「国際紛争を解決する手段として」を意味するから、自衛のための戦力は保持できるとする一部の解釈がありますが、文章を素直に解釈すると無理があります。せめて「前項の目的を達するための」であれば、なんとか読み取ることができます。

つまり、第9条を素直に解釈すると自衛の戦力も持てず、自衛権も行使できません。「他国に侵略されたなら、おとなしく侵略されます」ということになります。

本防衛論では、軍事力も戦力も武力も防衛力も同じものだと説明してきました。自衛隊の持つ力（防衛力）は戦力だと言った途端に、自衛隊は憲法違反になってしまいます。

自衛隊が合憲と解釈される理由

「我が国が独立国である以上、この規定（第9条）は、主権国家としての固有の自衛権を否定するものではありません。政府は、このように我が国の自衛権が否定されない以上、その行使を裏付ける自衛のための必要最小限度の実力を保持することは、憲法上認められると解しています。」（防衛省ホームページ）というのが、日本政府が解釈する自衛隊合憲の理由です。

これを素直に解釈すると、第9条第2項の「陸海空軍その他の戦力」と「自衛のための必要最小限度の実力」とは別物だということになります。本防衛論の説明と政府の解釈とが違うということです。改憲論の第9条修正案のひとつとして、第3項に自衛隊を位置づけるというものがあります。これをすると、自衛隊は憲法上、完全に戦力ではなくなります。

「必要最小限度の実力」や「自衛隊が保有する防衛力」と「戦力」とでは何が違うのでしょうか。自衛のため最小限の力が「防衛力」で、侵攻もできる力が「戦力」とするならば、そこに「意思」が入ってしまいます。

包丁は、料理をするために作られていますが、殺人にも使えます。猟銃もライフル銃であれば、構造機能も軍用銃と紙一重です。極端な話、鉛筆でも殺人に使えます。同じものでも使い方次第で別物になります。

しかも、自衛隊が持つ防衛力と他国が持つ軍事力は、ほぼ同じものです。違いを見つけることの方が難しいくらいです。同じナイフでも山登りに使えば登山用ナイフで、殺人に使えば凶器です。同じものを「意思や目的の違い」で呼称を変えているだけです。

防衛や安全保障を「意思」と「戦力」で概念整理すれば、誰もが理解しやすい議論になります。まずは、戦力と軍事力と防衛力、自衛権と紛争・戦争の概念整理を行なう必要があるでしょう。憲法を改正するかしないか、改正するとしたら第9条をどうするかは、本書の趣旨ではありませんが、議論するためには、まず共通認識が必要です。そのためには、護憲派、改憲派それぞれの固定概念を取り払い、基本的なことから1つ1つ積み上げていくことが重要です。

第５節　ロシアのウクライナ侵攻【緊急加筆】

ロシアのウクライナ侵攻を契機として本書が文庫化されることとなりました。元々の内容だけでもロシアのウクライナ侵攻の問題に答えられるものと思いますが、この節がないと画龍点睛を欠く（肝心な仕上げができていない）ため、非常に限られた時間での分析と考察になりますが、緊急に加筆することとしました。

ウクライナの軍事的抑止力はなぜ働かなかったのか。

ここまでの説明で既に明らかであると思われますが、ロシアが開戦した理由の４分の３はウクライナの軍事的な抑止力が働かなかったことにあります。開戦前にプーチンは「ウクライナに侵攻したなら、ロシア側に大きな損害が出ることなく戦争の目的が達成できる」と判断し、残り４分の１の意思を持って開戦を決断したのです。

結果から分析すると当たり前のことのように感じられるでしょうが、開戦の意思決定を予測できた人は、ほとんどいませんでした。「経済関係等、世界各国の結びつきが複雑な現代において、まさか本格的な戦争は始めないだろう」と世界中の多くの人が思っていました。

しかしながら、プーチンは開戦を決断しました。国家の意思、国家リーダーの意思を予測するのは容易ではありません。開戦するための要素の4分の3を占める軍事力での抑止が機能しない時点で、極めて危機的な状態であると考えなければならないのです。

ロシアとウクライナの軍事力格差は最新の「Global Firepower」でロシア0・05、ウクライナ0・32と指数の比較でロシアがウクライナの6倍となります（指数の値が小さい方が強い）。個別的自衛権だけでは抑止力として不十分です。ウクライナは核兵器も保有せず、集団的自衛権で参戦してくれる同盟国もありませんでした。安全保障理事会での決議は常任理事国であるロシアの拒否権により否決されます。つまり、国連による集団安全保障も機能しないのです。

アメリカやNATO諸国が戦争に介入しない理由として通常戦争が核戦争にエスカレートする危険性が指摘されますが、そもそも第三国が戦争に介入する枠組みがないのです。あくまで結果論ですが、もし、ウクライナがロシアに対応のいとまを与えず

NATOに加入していたなら、抑止力は機能しロシアは侵攻をためらったはずです。

今回の事態は、戦争を開始するための2つの要素である「意思」と「戦力」のうち、「意思」を予測するのが如何に困難であるか、「戦力」をしっかりと整え抑止力を高めることが如何に重要であるかを証明しました。

ロシアと中国が連携して日本に2正面作戦を強要する可能性も

さて、重要なのは日本の対応です。当面は、ウクライナに対する支援とロシアへの経済制裁が主体となるでしょうが、この事態を対岸の火事で済ませてはいけません。戦争が行なわれている場所が日本からは遠いために、人ごとのように感じてしまいますが、侵攻の主体であるロシアは日本の隣国です。北海道の根室半島の先端、納沙布岬からはロシアに占領されている北方領土の水晶島が見え、双眼鏡を使うと建造物も見えます。

ここ十数年、日本政府は、日本に対する当面の脅威は中国の南洋進出と北朝鮮の弾道ミサイルであり、ロシアに関してはしばらくの間は脅威にならないだろうと考えてきました。このため、防衛力についても南へ重点をおいて態勢を整えています。

限られた防衛予算の中でのこの政策は間違ってはいません。また、日本にとっての最大の脅威が中国であることは、今回の事態を受けても変化ありません。ただし、今まで脅威ではないとしてきたロシアの脅威が顕在化しました。

これは、日本も4分の1の意思を重視し、近い将来、ロシアが脅威となることはないだろうと判断してきた結果でもあります。本書の「おわりに」にある「どこの国が日本に攻めてくるのですか」という財政当局の言葉が示すとおりです。

今回の事態を受け、国家や国家リーダーの意思を予測するのが非常に困難であることをしっかりと認識し、中国とロシアの2ヵ国の軍事力に対応した防衛の態勢を早急に整える必要があります。

中国は驚異的な速度で軍事力を増強しています。また、中国が台湾へ侵攻するのも間近であるとの分析もあります。尖閣諸島は、中国が太平洋へ進出するためにも中国が台湾へ侵攻するためにも拠点となる、戦略上極めて重要な地域です。台湾の大陸側の海は大陸棚で水深が浅いために、中国が台湾に侵攻するためには尖閣諸島を通過して太平洋側から軍事力を指向しなければなりません。

今回の事態を受け、中国が尖閣諸島を占領するために、ロシアと連携して日本に2正面作戦を強要する可能性も高まりました。ロシアの狙いは稚内です。稚内を局所的に占領することで、ロシアが太平洋に進出するための宗谷海峡を抑えることができます。

日米安保と日本の防衛力は抑止力として有効か

現在、中国１ヵ国またはロシア１ヵ国の軍事力に対しては、日米安保と相まって日本の防衛力が抑止力として機能しているものと考えられます（この考えも甘いのかもしれません）。しかしながら、２ヵ国同時侵攻に対して現在の防衛力が抑止力として機能するのでしょうか。そして驚異的な速度で増強している中国の軍事力に対して抑止力はいつまで有効なのでしょうか

もし、日米安保を考慮した日本の防衛力が「戦力として」中国やロシアの侵攻を抑止できない状態であるとしたら、つまり、「日本に侵攻しても、自国に大きな損害が出ることなく戦争目的を達成できる」と中国やロシアが判断しているとしたら、後は国家や国家リーダーの意思次第です。

今回の事態で国家や国家リーダーの意思を推測するのが如何に困難であるかが改めて明らかになりました。戦力が抑止力として機能しない状態は何時侵攻されてもおか

しくない危機的状態ということです。

令和4年の年末までに日本の安全保障戦略を見直すことが既に決定されています。鉄は熱いうちに打て。ロシアのウクライナ侵攻の記憶が生々しいうちに日本の防衛力を確固たるものとする戦略を打ち立てなければなりません。中国、ロシアの2ヵ国同時侵攻を抑止できる防衛力です。当然、今の防衛費ではまかなうことはできません。大幅な防衛費増額は必須です。しかし、立派な戦略を立てても予算の不足を理由に防衛費は増額しないというのが日本の常です。

日本の防衛費を決定する流れは、「国家安全保障戦略→防衛計画の大綱→中期防衛力整備計画→年度の防衛予算」となります。このうち、中期防衛力整備計画までが閣議決定で、防衛予算は国会決議です。最終的には国会決議が優先されるため防衛費の増額は見送られます。

この流れを断ち切るには、国家安全保障戦略を国会決議とし、その中で防衛費増額を具体的な数値で示すことです。国家安全保障戦略は国の基本方針ですが、そこに具体的な数値を入れるのはおかしなことではありません。

軍事的な危機が実感されない日本にとって防衛費の大幅な増額は極めて困難です。

しかし、これを成し遂げなければ日本の安全は隣国によって常に脅かされるものとなります。政治家の強い意思と多くの国民の応援が不可欠です。本書を読まれている読者一人一人の力が必要なのです。

終　章　日本が将来必要とする防衛力

本防衛論の総括

本防衛論では、前段で基本となる戦力関係を主体とした防衛論を説明し、後段ではその防衛論の知識を元に、現実の日本周辺の安全保障環境を概観するとともに、近年話題となっている防衛問題を考察しました。集団的自衛権のように、戦力関係だけでは分析できない問題も多数存在しますが、各国の戦力関係をきちんと押さえておけば、大筋から外れないことは確認できたのではないでしょうか。

日本においては、防衛や安全保障というと「意思」の分野に議論が集中し、軍事問題というと兵器の性能等、細部の事項に議論が集中する、極端に専門的な議論になってしまう傾向が強い気がします。

例えば、北朝鮮のミサイル発射に関しては、ミサイルの性能や日本が有するミサイル迎撃能力に議論が集中してしまいます。核・ミサイル開発の原点となる核抑止や核の傘、アメリカとの戦力関係を元にした北朝鮮の意図や目的は分析されません。「世界に対する威嚇、挑戦、挑発」「アメリカへの恫喝」等で終わりです。

中国の海洋進出については、潜水艦や船舶の性能・目的、あるいは中国の国家戦略の分析等に話題が集中して、海上戦力の増強と海洋進出の関連性、アメリカの戦力の抑止効果との関連性等について議論されることは希です。

防衛や安全保障で基本となるのが「意思」と「戦力」であることを常に念頭に置いて、両者の視点から問題を分析しないと、日本の防衛政策に有効に反映することはできません。

本書では、幹であり入り口である「戦力」を焦点に、防衛論を展開してきました。これを基本として、さらに様々な要素を付加して考察すると、今までわからなかった安全保障・防衛・軍事問題が少しずつ明らかになってくると思います。

日本の防衛力整備の方向性を考察、提言

最後に、ここまでの分析を元に、日本の防衛力整備の方向性を考察してみたいと思

います。これまでのスタンスどおり、戦力に焦点を置き、意思の分野である法整備や制度改革等は考察の対象としません。

まず、最初に押さえておくべきは日本周辺の安全保障環境です。日本の防衛費のランキングや「Global Firepower」の軍事力ランキングは世界の中で上位にありますが、これは、日本の防衛力が十分であることを意味しません。徴兵制による国防費の節減を考慮すると、日本の周辺国は、日本と同等以上の軍事力を持つ国ばかりだということをよく認識する必要があります。

しかも、ロシアとは領土問題、中国とは領土問題と歴史問題、北朝鮮とは拉致問題、同じアメリカの同盟国である韓国についても領土問題と歴史問題があり、それぞれの国とは友好国とは言い難い状態です。台湾は親日国ではありますが、尖閣諸島の領有権を主張しています。

このような環境下で、日本の地理的条件、アメリカとの同盟、大国同士の牽制等によって、なんとか日本の安全が保たれてきたと考えられます。中国の戦力増強や北朝鮮の核・ミサイル開発が継続され、ロシアの経済状況が好転し往年の軍事力を取り戻せば、日本周辺の戦力バランスは大きく崩れます。加えて、韓国と北朝鮮の関係や中国と台湾の関係がどのようになるのかも、日本の安全保障に大きく影響します。

そして、当面の問題として、北朝鮮の核・ミサイル開発問題と中国の海洋進出問題があります。これら現在の問題に対応するとともに、10年、20年後の将来を見据えて、防衛力を整備していかなければなりません。

北朝鮮の核・ミサイルへの対応（その1　ミサイル防衛）

最初に、当面の問題で、近年特に話題となっている北朝鮮問題から考察します。北朝鮮の核・ミサイルは当面、日本にとっての最も重大な脅威であることは間違いありません。ただし、アメリカの核の傘による抑止効果と、北朝鮮が核を使用する条件を分析することなく防衛力整備に結びつけると、結果的に防衛費の無駄使いになってしまいます。

よくある意見は、北朝鮮が核やミサイルを保有していること自体が危険であり、何度もミサイル発射を繰り返しているから、しっかり対応すべきだというものです。しかし、ロシアや中国も核やミサイルを多数保有しています。ロシアや中国が北朝鮮と比べてどれだけ危険でないといえるのでしょうか。同じように危険であれば、ロシアや中国のミサイルにも対応しなければなりませんが、経費的にもそれは不可能です。

北朝鮮の核戦力に関しては、アメリカの核の傘が有効に機能していることは間違いありません。例え金正恩が異常な独裁者としても、自分の地位と命が奪われる選択はしないはずです。北朝鮮が威嚇や恫喝で核の先制攻撃をいくら叫ぼうと、これを実行することはほぼ１００％ありません。アメリカからの核の報復攻撃で、北朝鮮は消滅するからです。北朝鮮の核は、アメリカの軍事力行使を防ぐための抑止力です。先に使用したのでは意味がありません。

北朝鮮の核戦力が現実的な脅威となるのは、既に説明したとおりアメリカが北朝鮮に対して軍事力行使を決意したときです。これにより、金正恩の独裁体制が崩壊するとなれば、北朝鮮は核兵器の使用も辞さないでしょう。この時に備えて日本がミサイル防衛システムを整備するとしたら、どの程度の経費が必要になるでしょうか。

核弾頭こそ10発程度といわれていますが、日本を射程圏内とするミサイルは数百発といわれています。どのミサイルに核が搭載されているのかわからない以上、全てを打ち落とさなければなりません。

アメリカがステルス機等を使った先制・奇襲攻撃により、核やミサイルをどれだけ破壊できるかが鍵となりますが、ミサイル発射前に全てを破壊するのは、極めて難しい作戦になります。特に、アメリカの作戦を事前に察知して、その前に北朝鮮が核・

ミサイルを発射する場合は、多くのミサイルが日本に向け飛んでくることになります。

仮に10発の核弾頭、１００発のミサイルが、日本に向け発射された場合を想定して試算します。（最善はアメリカが全て破壊で0発、最悪はアメリカの作戦前に発射で数百発、の中間）イージス艦搭載型ミサイル（ＳＭ３）の命中率は90％程度といわれています。これを１００発で迎撃すると、打ち漏らした北朝鮮のミサイルは10発が日本に届き、そのうち核弾頭が１発含まれます。これでは、日本の安全は確保できません。

命中率を上げるには、北朝鮮のミサイル1発に対し、ＳＭ3を2発、合計２００発で迎撃しなければなりません。これで99％の命中率になります。しかし、まだ打ち漏らしたミサイルが1発届き、それが核弾頭である確率は10分の1です。

さらに、ミサイル１発に対しＳＭ３を3発、合計３００発で迎撃すると命中率は99・９％になります。ミサイル１発が10分の1の確率で届き、それが核弾頭である確率が１００分の１になります。つまり、確実にミサイル防衛するには３００発が必要となる訳です。この場合でも１００分の１の確率で核攻撃を受ける恐怖に耐える必要があります。

ミサイルの値段は30億円以上といわれていますから、３００発取得すると約１兆円になります。日本の防衛費が約5兆円ですから、これに掛る経費を考えると、とても現実的ではありません。しかも、300発を短期間で撃つとなるとミサイルを発射するシステムも不足するため、さらに数千億から1兆円の経費が必要になります。

ミサイルの命中率もその時々の条件によって変わりますから、90%は最良の条件と考えるべきです。命中率を低く想定すれば、取得する数も多くなります。アメリカの先制攻撃で残存する核弾頭とミサイル数、それを迎撃するミサイルの命中精度が把握できないと、確実にミサイル防衛するための必要数がわかりません。

核戦力を保有する北朝鮮に対する軍事力行使は、慎重にも慎重を期す必要があります。北朝鮮の核兵器を100%破壊できる確証が得られない限り、軍事力行使はするべきではありません。核攻撃を受ける可能性のある日本としては、これに対し、断固反対すべきです。アメリカの軍事力行使がなければ、北朝鮮から日本に対する核攻撃はありません。

以上の考察から、ミサイル防衛のための防衛費は、万が一の偶発的不測の事態に備えるのを前提として必要最小限にすべきです。つまり、国民の安心のための必要数です。中途半端な量を整備しても、最悪の事態には対処できません。無駄な経費をつぎ込むことになります。

ミサイル防衛に使用する経費は、国民の安心のためのものです。安全と安心を混同してはなりません。この経費を、日本の安全を確保するためにギリギリの金額しかない現在の防衛費から捻出することは、日本の安全をどこかの分野で犠牲にすることに繋がります。補正予算等、別の予算編成で整備・維持すべきです。

北朝鮮の核・ミサイルへの対応（その2　策源地攻撃能力）

ミサイル防衛と並行して策源地攻撃能力を日本が持つべきだという意見もあります。例えばクルージングミサイル等で北朝鮮のミサイル基地を攻撃する能力です。日本が持つ抑止力として有効な能力にも思えますが、実際の使用場面を想定するとあまり意味がありません。

北朝鮮の核の先制攻撃を抑止するため（本書では省略した「通常戦力による核戦争の抑止」です）と想定した場合、既にアメリカの核の傘があるのに、何故必要なのか疑問となります。アメリカの核の傘が機能しない状況が想定できません。核弾頭でない場合でも、アメリカは集団的自衛権を行使します。

アメリカの同盟国は世界に20ヵ国以上あります。北朝鮮の核に対し、日本に提供する核の傘が有効でないとすると、世界の他の同盟国にも影響を与えます。それは集団的自衛権の行使に関しても同様です。

日本は元々専守防衛で自国を守るための防衛力を整備してきました。一部の機能だけ追加して、策源地を攻撃するのは無理があります。策源地攻撃については、日本より遥かに高い能力を持つアメリカに頼り、アメリカをアシストすることで日本の役割は果たせます。

アメリカの軍事力行使に備えてということであれば、余計に不必要となります。アメリカの軍事力行使には、憲法上協力することはできません。アメリカが軍事力行使したときに、北朝鮮の報復を抑止するためであれば、それは不可能です。独裁政権が崩壊し自分の命も失われることを前提とした報復に、抑止は働きません。

ミサイル防衛については、国民の安心のために必要性がありますが、策源地攻撃能力については完全に防衛費の無駄遣いとなります。ただし、クルージングミサイル等の長射程ミサイルは、離島防衛には有効に機能します。防衛力を整備するには、作戦準備から実行までのシナリオを描いて、装備品をいつ、何のために使うのかを明確にしないと最終的に無駄遣いとなってしまいます。

中国の海洋進出への対応

次に、当面のもう一方の問題である中国の海洋進出です。中国の海洋進出の目標が南シナ海の次が東シナ海であることは、ほぼ確実です。しかも、アメリカの抑止力が有効に働かない危険性もあります。

最近の防衛政策は、これに対応するために防衛力を南西方面にシフトし、島嶼防衛や警戒監視のための防衛力整備に経費を充当しているのは妥当な防衛政策といえるでしょう。

特に、最近まで宮古島以西には自衛隊の駐屯地、基地がなく、数百キロに及ぶ日本の領域に戦力的空白地帯が存在していました。２０１６年に与那国島に陸上自衛隊が駐屯しこの空白が一部埋まりました。中国の海洋進出を抑止する上で非常に重要な防衛策です。

領土の実効支配で最も望ましいのは、その国の軍隊が存在することです。軍隊は国を守るために存在し、その軍隊を置くことにより、国としてその地域を守り抜くのだという強烈な意思表示となります。今後も、継続した警戒監視により自衛隊の存在を示すとともに、逐次、島に自衛隊を配置して空白を埋めていく努力が必要でしょう。

中国の海洋進出に対抗する上で、1つ気になるのが防衛力の構成要素です。防衛力、戦力が最終的な力として機能するのには、打撃力である火力、つまり弾薬やミサイル等の力が必要です。これがないと敵戦力を叩くことはできません。不断の情報収集や警戒監視は重要ですし、各兵器をシステム化し、陸海空戦力を統合化する指揮統制機能も必要です。しかし、火力がなければ、戦力として能力を発揮することができません。

現在、日本が南西正面対応のために重点的に経費を投入しているのは火力以外の要素であり、全体の防衛費が大幅に伸びない状況の中で削られていくのは火力の要素です。これでは、せっかく整備した防衛力が抑止力として働きません。

日本の領土である島々に上陸しようとしている敵国の戦力を叩き、また、上陸してしまった戦力を叩くのは火力です。この、最終的な力があるからこそ、防衛力が抑止力として機能するのです。

戦力を構成する陸上、海上、航空戦力のバランスも重要ですし、戦力の構成要素である指揮統制、情報、機動、火力、後方支援等のバランスも重要で、特に、最終的に戦力を力として機能させる火力は必要不可欠です。当面の問題に対する防衛力整備も、この点に関しては再考する必要があると思われます。

将来の日本周辺の安全保障環境を見据えての防衛力整備

最後は、将来を見据えての視点です。日本の防衛にとって、北朝鮮の核・ミサイルと中国の海洋進出が喫緊の問題であることは、異論のないところであり、まずは当面の問題への対応として2つの視点で考察しました。制限された防衛費の中で当面の問題に対応し、これに経費を充当するのはやむを得ないことです。しかし、繰り返し説明しているように防衛力は短期間で整備できるものではなく、10年後、20年後を見据えての経費の充当も重要です。

北朝鮮の核・ミサイル問題へ対応するためミサイル防衛に、中国への海洋進出に対応するため警戒監視機能や情報収集機能、水陸両用作戦機能に防衛予算を充当することは、他の機能のための予算を削らなければできません。この他の予算が、将来の10年後、20年後に向けて日本周辺国との戦力バランスを維持していくために必要な予算です。

現在、当面の問題に対応するために構築している防衛力は、機能が特化されたものが主体です。しかも、これらの特化された機能を重視して整備することにより、日本の防衛力全体としては、抑止力としての効果が低減していく傾向にあります。ミサイル防衛に関しても、警戒監視、情報収集に関しても、水陸両用作戦機能に関しても、相手国の戦力を打撃しダメージを与えるものではありません。

日本の海上戦力や航空戦力は、もともと打撃力の部分は米軍に頼るところが大でした。10数年前はある程度の打撃力を有していた陸上戦力についても、戦車や火砲といった火力の削減が継続的に行なわれ、現在は海上戦力や航空戦力と変わらない状況となりつつあります。

ロシアや中国が国防費を伸ばしていく中、日本の防衛費は逆に数年前まで削減されていました。最近はようやく増加傾向ですが、1％前後の伸びです。同盟国アメリカの国防費もどちらかというと削減傾向にあります。北朝鮮も、核戦力について着実に増強しています。この状況が、このまま推移すると戦力バランスがロシア、中国、北朝鮮側に傾くことになります。

10年後、20年後の国際情勢を予測することはできません。ソ連の崩壊、9・11を始めとする大規模なテロ、日本の3・11に伴う原発事故、リーマンショックによる世界的な経済ダメージ、世界各地で発生している大規模な自然災害等、不測事態が現実に生起してきました。

将来、これら様々な事態が引き金となって紛争が生起し、それが大規模な戦争に拡大する可能性は否定できません。紛争や戦争が起きるのは、各国が戦力を保有しているからで、世界に戦力があるかぎり紛争や戦争が生起する危険性は常に存在します。そして、紛争や戦争を抑止するのもやはり最終的には戦力です。

日本周辺の安全保障環境が軍事力の集中した世界でも特殊な地域であることを再認識し、周辺国との戦力バランスを保つための将来に向けた着実な防衛力の増強と、当面の防衛問題に対応する防衛力整備を両輪で考えなければなりません。現在や近い将来の平和や安全を守ることは当然重要ですが、将来の平和や安全を確保するための防衛力を整備していくことも我々世代の責務といえるのではないでしょうか。

おわりに

「今時、戦車や火砲が必要ですか」、「どこの国が日本に攻めてくるのですか」と予算編成時期によく質問されました。この質問は「日本を守ってきたのは憲法第9条ですす」とどこが違うのでしょう？　これらの言葉の前提には日本の自衛隊の存在とアメリカとの同盟関係があるのではないでしょうか。

もし、日本が防衛力を持たず、アメリカとの同盟関係がなかったら、戦後の日本の安全は確保されていたのでしょうか。防衛や安全保障を考えるときに、1度はゼロから出発しないと本質がつかめません。空気や水があるのが当然として、無秩序に近代化を進め、公害による被害が拡大してからようやく空気と水の重要性に気付くのと同じです。そのために、本防衛論では国が1つの場合、戦力がゼロの場合から話をスタートしました。

日本のように銃や刀剣類が厳しく規制された国にいると、戦力が集中する地域という安全保障環境に気付きません。アメリカでは銃の保有が認められ、ほぼ自由に銃を買い、保持することができます。そのために乱射事件も多数発生し、多くの死傷者も出してきました。自分がそのような環境で暮らしたときに、理念や理想だけで自分の安全が守れるのか、1度、想像してみる必要があります。

現実の世界は、日本国内よりもアメリカ国内に近い環境です。ほとんどの国が戦力を保有し、常に近代化を図っています。日本周辺には核保有国が3ヵ国もあります。理念や理想を描き、それを追い求めるのは極めて大切なことです。しかし、現実にも対応していかなければ、ゲームの中のバーチャルな世界にはまり、引きこもりになってしまうのと同じです。現実世界、現実社会で生きるとはそういうことです。

最後に、日本が非武装で安全を確保できる方策を考えてみました。世界の3大軍事国家と同盟を結び、それぞれの国の軍隊を日本国内に駐留させることです。在日米軍、在日ロシア軍、在日中国軍です。これで、日本に対する脅威はなくなります。今から実行するとなると、アメリカが最大の障壁になりますが、不可能ではないでしょう。実態は分割占領されているようなもので、日本国民として耐えられるかどうかですが。

と、ここまで思考を巡らせて、日本の国としては非武装ですが、日本の領土は非武装にはなりません。やはり、独自の戦力を持つ以外に日本の安全を確保する道はありません。

単行本　平成三十年三月『猫でもわかる防衛論』改題・加筆　大陽出版
装　幀　伏見さつき
DTP　佐藤敦子

産経NF文庫

素人のための防衛論

二〇二二年五月二十日　第一刷発行

著　者　市川文一

発行者　皆川豪志

発行・発売　株式会社　潮書房光人新社

〒100-8077　東京都千代田区大手町一-七-二

電話／〇三-六二八一-九八九一(代)

印刷・製本　凸版印刷株式会社

定価はカバーに表示してあります

乱丁・落丁のものはお取りかえ致します。本文は中性紙を使用

ISBN978-4-7698-7047-0　C0195

http://www.kojinsha.co.jp

産経NF文庫の既刊本

誰も語らなかったニッポンの防衛産業

桜林美佐

防衛産業とはいったいどんな世界なのか。どんな企業がどんなものをつくっているのか、どんな人々が働いているのか……あまり知られることのない、日本の防衛産業の実情について分かりやすく解説。大手企業から町工場までを訪ね、防衛産業の最前線をリポート。

定価924円（税込）

ISBN978-4-7698-7035-7

日本に自衛隊がいてよかった

自衛隊の東日本大震災

桜林美佐

誰かのために―平成23年3月11日、日本を襲った未曾有の大震災。被災地に入った著者が見たものは、甚大な被害の模様とすべてをなげうって救助活動にあたる自衛隊員の姿だった。自分たちでなんでもこなす頼もしい集団の闘いの記録、みんな泣いた自衛隊ノンフィクション。

定価836円（税込）

ISBN 978-4-7698-7009-8

産経NF文庫の既刊本

頭山満伝　玄洋社がめざした新しい日本

井川 聡

日本が揺れる時、いつも微動だにせず進むべき道を示した最後のサムライ。日本とアジアの真の独立を目指しながら、戦後は存在を全否定、あるいは無視されてきた男の実像。

定価1298円（税込）　ISBN 978-4-7698-7044-9

明治を食いつくした男 大倉喜八郎伝

岡田和裕

渋沢栄一と共に近代日本を築いた実業家の知られざる生涯。帝国ホテル、大成建設、サッポロビール……令和時代に続く三〇余社を起業した巨人の足跡を辿る。大倉財閥創始者の一代記を綴る感動作。

定価913円（税込）　ISBN 978-4-7698-7039-5

産経NF文庫の既刊本

本音の自衛隊

桜林美佐

自衛隊は与えられた条件下で、最大限の成果を追求する。たとえ自らの骨を削り、肉を裂くことになっても、血を流しながら、身を粉にして、彼らは任務を遂行しようとするだろう。(「序に代えて」より)訓練、災害派遣、国際協力……任務遂行に日々努力する自衛官たちの心意気。

定価891円(税込)　ISBN 978-4-7698-7045-6

プーチンとロシア人【緊急重版】

木村　汎

最悪のウクライナ侵攻——ロシア研究の第一人者が遺したプーチン論の決定版！　ロシア人の国境観、領土観、戦争観は日本人と全く異なる。彼らには「固有の領土」という概念はない。二四年間ロシアのトップに君臨する男は、どんなトリックで自国を実力以上に見せているか！

定価990円(税込)　ISBN 978-4-7698-7028-9